KB179125

아내를 모자로 착각한 남자

Oliver Sacks

아내를 모자로 착각한 남자
The Man Who Mistook His Wife for a Hat

올리버 색스 지음 ♦ 조석현 옮김 ♦ 이정호 그림

alma

병에 대해서 말하는 것,
그것은 《아라비안나이트》를 즐기는 것과 같다.
윌리엄 오슬러

———

의사는 자연학자와는 달리 (…) 단 하나의 생명체,
역경 속에서 자신의 주체성을 지키려고 애쓰는 하나의 개체,
즉 주체성을 지닌 한 인간에 마음을 둔다.
아이비 맥킨지

차례

파스칼이 말했듯이 "책을 쓸 때 가장 마지막에 결정해야 하는 것은 처음에 무엇을 쓸 것인가이다". 그래서 여러분이 읽게 될 기묘한 이야기들을 모으고 정리하고 체계를 잡고 책 첫머리에 쓸 인용문 두 개를 정하고 나서 나는 내가 무엇을, 왜 했는지에 대해 차분히 생각해 봐야만 했다.

책 첫머리에 실은 인용문들의 양면성, 그리고 그것들이 갖는 상반되는 면, 그중에서도 특히 아이비 맥킨지가 제기한 의사와 자연학자 사이의 양면성은 내 안에 있는 어떤 양면성과 통하는 면이 있다. 나는 나 자신을 자연학자인 동시에 의사라고 생각한다. 나는 질병과 사람 양쪽 모두에 똑같은 관심을 가지고 있다. 또한 적절한 표현일지는 모르겠지만, 나는 이론가이자 극작가이기도 하다. 나는 과학적인 것과 낭만적인 것 모두에 푹 빠져 있고, 그 둘을 단순히 질병이 아니라 인간을 에워싼 조건 속에서 끊임없이 고찰하고 있다. 병은 인간이 처한 본질적인 조건이다. 동물도 질병에 걸리기는 하지만, 병에 빠지는 것은 인간뿐이기 때문이다.

내 직업, 아니 내 삶은 병든 사람들과 함께 보내는 것이다. 환자 그리고 그들이 걸린 병과 함께 지내다 보니 나는 이 길을 걷지 않았다면 아마 꿈도 꾸지 못했을 문제들에 대해 생각하게 된다. 그 결과 이제 나는 니체가 제기한 질문을 버릇처럼 입에 담게 되었다. '우리 인간은 병 없이 살아갈 수는 없을까?' 그리고 이 구절이 말하고자 하는 바가 바로 핵심적인 문제라고 생각한다. 환자를 접하다 보면 의문이 끊임없이 샘솟았고, 나는 그 의문을 풀기 위해 환자 곁으로 쉬지 않고 달려갔다. 따라서 이 책에 담겨 있는 이야기 혹은 연구 속에는 그러한 의문과 환자 사이를 끊임없이 왔다 갔다 하는 모습이 그려져 있다.

연구서? 그렇다. 이 책은 연구서이다. 하지만 이 책은 이야기 혹은 임상 보고서일 수도 있다. 질병을 처음으로 병력이라는 맥락에서 바라본 사람은 히포크라테스였다. 그는 질병에 일정한 경로가 있어서 첫 징후에 이어 위기가 오고 그다음에는 다행스러운 결말 혹은 치명적인 결말이 따른다고 보았다. 이렇게 해서 그는 '병력' 즉 질병의 자연사에 대한 기술記述이라는 개념(예전에 쓰던 용어인 병적학이 더 정확하다)을 내놓을 수 있었다. 이러한 이야기 혹은 역사는 자연사의 한 형태이다. 그러나 병력은 개인에 대해 그리고 그 개인의 '역사'에 대해서는 아무것도 말해주지 않는다. 다시 말해서 병력은 질병에 걸렸지만 그것을 이기려고 싸우는 당사자 그리고 그가 그 과정에서 겪는 경험에 대해서는 아무것도 전해주지 못하는 것이다. 이러한 좁은 의미의 '병력' 속에는 주체가 없다. 오늘날의 임상 보고에는 주체가 '삼염색체백색증에 걸린 21세 여성'과 같은 피상적인 문구 안에 넌지시 모습을 드러낼 뿐이다. 이런 식의 병력은 인간이 아니라 쥐에 대해서도 똑같이 적용될 수 있다. 인간을 인간으로 바라보고 기록한 병력이라고 말할 수 없는 것이다. 인간이라는 주체

즉 고뇌하고 고통받고 병과 맞서싸우는 주체를 중심에 놓기 위해서는 병력을 한 단계 더 파고들어 하나의 서사, 하나의 이야기로 만들 필요가 있다. 그리고 그렇게 할 때에만 우리는 비로소 '무엇이?'뿐만 아니라 '누가?'를 알게 된다. 병과 씨름하고 의사와 마주하는 살아 있는 인간, 현실적인 환자 개인을 바라보게 되는 것이다.

고차적인 신경학과 심리학 연구에서는 환자를 인간 자체로서 대단히 중시한다. 환자를 치료하려면 환자의 인간적인 존재 전체를 근본적으로 문제 삼아야 하기 때문이다. 따라서 이 분야에서는 병의 연구와 그 사람의 주체성에 대한 연구가 분리될 수 없다. 그래서 이러한 분야를 서술하거나 연구하기 위해서는 당연히 새로운 방법의 도입이 요구된다. 감히 이름을 붙인다면 '주체성의 신경학'이라고 말할 수 있지 않을까? 이러한 새로운 방법은 어떤 사람을 '바로 그 사람'으로 만들어주는 근본적인 신경의 세계를 다루고, 옛부터 제기되어온 머리와 마음의 문제를 다루기 때문이다. 정신(심리)과 물질(육체)은 서로 다른 영역이다. 둘 사이에는 뛰어넘기 어려운 벽이 필연적으로 존재한다. 이것은 틀림없는 사실이다. 그러나 이 두 영역을 동시적으로 다루고 분리할 수 없도록 결합시켜 실행하는 연구가 가능하다면 범주가 서로 다른 그 두 영역을 접근시키는 데 도움이 될지도 모른다. 바로 이것이 내가 이 책에서 특별히 관심을 기울이며 추구하는 목적이기도 하다. 그리고 그것이 가능하다면 우리는 메커니즘과 생명이 교차하는 장소로 다가가 병리적 기술과 '한 인간의 역사'가 맞물리는 지점에 좀더 깊은 관심을 기울일 수 있을지도 모른다.

인간미 넘치는 임상체험을 글로 남기는 습관은 19세기에 절정을 이룬 후, 신경학이라는 객관적인 과학의 도래와 함께 쇠퇴하였다. 루리야는 이렇게 말했다. "글로 남기는 힘, 이것은 19세기의 위대한 신경학자와 정신과 의사들의 보편적인 자질이었지만 지금은 거의 사라지고 말았다. (…) 우리는 이 힘을 반드시 회복해야 한다." 《모든 것을 기억하는 남자》와 《지워진 기억을 쫓는 남자》와 같은 루리야 후기 저작은 그러한 상실된 전통을 되살리기 위한 시도였다. 그런 의미에서 이책은 그토록 뿌리깊은 '이야기' 전통으로의 회귀이다.

우리는 고전 속에서 영웅, 희생자, 순교자, 전사들의 원형을 만난다. 신경학의 환자도 다종다양하며, 우리는 그러한 인간의 모든 원형과 마주친다. 우리의 경험은 고전의 세계를 뛰어넘기도 한다. 왜냐하면 이 책에 담긴 기묘한 이야기 중에는 고전 속에는 존재하지 않는인물이 등장하기 때문이다. 예를 들면 '길 잃은 뱃사람'을 비롯한 여러명의 특이한 인물들은 고전에 묘사된 인간의 원형 그 어디에도 해당되지 않는다. 이 책에 등장하는 환자들은 상상을 뛰어넘는 나라를 여행한 사람들이다. 만일 그들이 가르쳐주지 않았다면 우리로서는 그런불가사의한 나라가 있으리라고는 상상도 못했을 것이고 꿈도 꾸지 못했을 것이다. 그들이 묘사하는 나라는 그만큼 불가사의한 나라이다.

그들의 인생과 여행에는 탁월한 소설적 요소가 숨 쉬고 있으며그 때문에 나는 오슬러가 《아라비안나이트》에 비유해 쓴 글귀를 책첫머리의 인용문으로 골랐다. 그리고 바로 그 때문에 임상 보고뿐 아니라 '이야기'를 해야겠다는 결심을 굳힌 것이다. 이러한 영역에서는과학적인 것과 신비로운 것이 함께 얼굴을 내민다(루리야는 '신비로운 과학'이라는 말을 쓰기를 좋아했다). 사실과 꿈 같은 이야기의 뒤얽힘. 이 책에등장하는 환자들의 생애를 특징짓는 것은 그 둘의 뒤얽힘이다. 이 점은 나의 책 《깨어남》에서도 마찬가지이다.

그렇다 하더라도 이 책에 등장하는 이야기들을 사실이 아니라고 거부할 수 있을까? 그 믿기 어려운 상상력에 감탄하지 않을 도리가 있겠는가? 그들의 이야기에 비견할 수 있는 것이 달리 또 있을 수 있을까? 유례가 없다면 비교할 수도 없다. 원형이라고 말할 수 있는 것도 없다. 새로운 상징, 새로운 신화의 시대가 도래한 것은 아닐까?

이 책에 실린 8편은 이미 발표한 글이다. 〈길 잃은 뱃사람〉 〈매들린의 손〉 〈자폐증을 가진 예술가〉는 〈뉴욕 리뷰 오브 북스〉(1984, 1985)에 실렸다. 〈익살꾼 틱 레이〉 〈아내를 모자로 착각한 남자〉 〈회상〉은 〈런던 리뷰 오브 북스〉(1981, 1983, 1984)에 실렸다. 그러나 이 잡지에 실었을 때의 〈회상〉은 글이 훨씬 짧았고 제목도 〈음악적인 귀〉였다. 〈수평으로〉는 〈사이언스〉(1985년)에 발표된 글이다. 〈억누를 길 없는 향수〉는 〈랜싯〉(1970년 봄 호)에 발표된 글이지만 그때의 제목은 〈엘도파 L-Dopa가 가져다준 억누르기 어려운 향수〉였다. 이 글은 내 환자 가운데 한 사람이 아주 오래전에 들려준 이야기이다. 그는 《깨어남》에 나오는 로스 R.의 모델이 된 인물이다. 희곡 〈일종의 알래스카〉를 쓴 해롤드 핀터는 나의 《깨어남》을 읽고 힌트를 얻어 극중에 데보라라는 여자를 등장시켰는데 위에서 말한 환자는 이 데보라의 모델이기도 하다. 〈환각〉 속에 실린 4편에 대해 말하자면 앞의 두 편은 〈브리티시 메디컬 저널〉(1984년)에 〈진료기담〉이라는 제목으로 실었던 글이다. 이전에 내가 쓴 책에서 뽑아 이 책에 옮겨 실은 짧은 글이 있다. 그중 한 편의 제목은 〈침대에서 떨어진 남자〉이며 이것은 《나는 침대에서 내 다리를 주웠다》에서, 다른 하나는 〈힐데가르트의 환영〉으로 《편두통》에서 각각 발췌하였다. 나머지 12편은 한 번도 발표한 적이 없는 새로운 글이며, 1984년 가을부터 겨울에 걸쳐 집필하였다.

이 책이 세상의 빛을 본 것은 순전히 다음과 같은 편집자들 덕분이다. 먼저 〈뉴욕 리뷰 오브 북스〉의 로버트 실버스와 〈런던 리뷰 오

브 북스〉의 메리 케이 월머스, 케이트 에드거가 있다. 그리고 뉴욕 서
미트 북스사의 짐 실버맨과 런던의 덕워스사의 콜린 헤이크래프트,
두 분은 이 책의 출판을 위해 다방면으로 정성껏 도와주셨다. 진심으
로 감사의 말을 전한다.

　　동료 신경학자들 중에서 특히 감사의 말을 전해야 할 분은 제
임스 퍼든 마틴 박사이다. 그분은 내가 찍은 '크리스티너'와 '맥그레거
씨' 등 두 편의 비디오를 보고 이 두 환자에 대해서 충분한 시간에 걸
쳐 의견을 밝혀주셨다. 그 결과 〈몸이 없는 크리스티너〉와 〈수평으로〉
를 집필하게 되었다. 따라서 이 두 편은 그분에게 힘입은 바 크다. 다음
으로 감사할 분은 내가 런던에 근무할 때 신경정신과 과장이었던 마
이클 크레이머 박사이다. 박사는 《나는 침대에서 내 다리를 주웠다》를
읽은 후 자신이 경험한 매우 비슷한 임상례를 써서 보내주었다. 그 글
은 〈침대에서 떨어진 남자〉의 뒷이야기에 소개했다. 그다음으로 도널
드 매크래 박사가 있다. 그는 아주 희귀한 시각인식불능증 환자를 다
룬 경험이 있다. 그것은 나의 예와 놀라울 만큼 비슷한 임상경험이었
고 내가 그것을 발표한 2년 뒤에 우연히 알게 되었다. 〈아내를 모자로
착각한 남자〉의 뒷이야기에 적은 글이 그것이다. 뉴욕에 있는 친한 벗
이자 동료인 이사벨 라핀 박사에게는 각별한 감사의 말을 전한다. 그
녀와 나는 많은 임상경험을 교환했다. 크리스티너(《몸이 없는 크리스티너》)
를 소개해준 사람도 바로 그녀이다. 또한 그녀는 자폐증에 빠진 예술
가 호세를 아이 때부터 오랜 기간에 걸쳐 치료한 인물이기도 하다.

　　나는 이 책에 등장하는 많은 환자들(혹은 경우에 따라서는 환자 가
족과 친지분들)의 사심 없는 후원과 관용에 깊은 감사의 말을 전하고 싶
다. 그들은 자신들이 절망적인 상황에 빠진 것을 알면서도(실제로 알고
있는 경우가 많다) 내가 그들의 이야기를 쓰는 것을 허락했다. 때로는 격

려까지 해주었다. 아무쪼록 다른 사람들이 나의 글에서 무엇인가를 얻고 그것을 바탕으로 좀더 깊이 이해함으로써 어느 날인가 치료법을 발견한다면 그것으로 만족하겠다고 생각한 것이다. 《깨어남》의 경우에도 그랬지만 나는 이야기를 글로 적으면서 환자의 이름과 세세한 사항은 바꾸었다. 이것은 그들과의 개인적인 신뢰, 나아가 나의 직업적 신뢰와 관계된 문제이기 때문이다. 그러나 그들의 생활에서 근본적인 토대를 이루는 감정만은 하나도 빠뜨리지 않으려고 노력했다.

마지막으로 나의 훌륭한 조언자이자 의사인 그분께 깊은 감사의 말을 전하면서 이 책을 바친다.

1985년 2월 10일 뉴욕에서

올리버 색스

1부

상실

그 누구의 동정과 도움도 받을 수 없다는 것, 이것 또한 가혹한 시련이다.

그녀는 장애인이지만 그것이 겉으로는 뚜렷하게 나타나지 않는다.

그녀는 시각장애인도 아니고 신체가 마비되지도 않았다.

겉으로 나타나는 장애는 아무것도 없다.

따라서 종종 거짓말쟁이나 얼간이로 취급된다.

우리 사회에서는 밖으로 드러나지 않은 숨은 감각에 장애가 있는 사람들은

누구나 같은 취급을 받는다.

'결손'이란 용어는 신경학에서 매우 자주 사용되는 단어로, 신경 기능의 장애나 불능을 가리키는 말이다. 예를 들면 이 말은 말소리 상실, 언어상실, 기억상실, 시각상실, 정체성상실, 몸을 자유롭게 움직이는 기능의 상실 그리고 그 밖의 많은 특정 기능(또는 능력)의 결함이나 상실을 지칭할 때 쓰인다. 이러한 '기능 장애'들(이것 역시 자주 사용되는 단어이다)에는 그것들 각각을 지칭하는 (우리들만의) 전문용어들이 있다. 소리못냄증, 운동성 실어증, 언어상실증, 읽기언어상실증, 행위상실증, 인식불능증, 기억상실, 조화운동불능증 같은 것이 바로 그런 용어들이다. 이것들은 모두 질병이나 부상 혹은 발달 장애로 인해 환자들이 특정 신경 혹은 정신 기능의 일부나 전부를 상실하는 것을 말한다.

뇌와 정신의 관계에 대한 과학적 연구는 1861년에 시작되었다. 당시 프랑스의 브로카가 뇌 좌반구의 특정 부위에 손상이 생기면 그에 해당하는 특정한 장애 즉 언어상실증이 반드시 뒤따른다는 것을 밝혀낸 것이다. 이러한 발견은 대뇌신경학의 탄생으로 이어졌고, 그후

수십 년에 걸쳐 사람 뇌의 '지도'가 그려짐에 따라 언어, 지각 등의 능력은 각각 그에 해당하는 뇌의 특정 '중추'들이 관장한다는 사실이 밝혀졌다. 19세기 끝 무렵이 되자, 좀더 예리한 관찰자들이 등장했는데, 그중 특히 프로이트는 자신의 책《언어상실증》에서 기존의 뇌 지도가 지나치게 단순하며, 모든 정신활동에는 매우 복잡한 내적 구조가 있고 그와 똑같이 매우 복잡한 생리학적 원리가 있음이 분명하다고 주장했다. 인지나 지각능력에 발생하는 특정한 장애를 연구하면 그 점을 더욱 분명하게 알 수 있을 것이라고 생각한 그는 '인식불능증'이란 용어를 만들어내기도 했다. 그는 언어상실증이나 인식불능증을 제대로 이해하려면 좀더 새롭고 세련된 과학이 필요하다고 믿었다.

프로이트가 염두에 두었던 새로운 과학은 제2차 세계대전 기간에 러시아에서 모습을 드러냈다. A. R. 루리야(그리고 그의 부친 R. A. 루리야), 레온체프, 아노킨, 번스틴과 그 밖의 여러 과학자들이 힘을 합쳐 새로운 분야를 창조하고, 그것에 '신경심리학'이란 이름을 붙인 것이다. 새로운 과학은 루리야의 일생에 걸친 연구에 힘입어 풍부한 결실을 낳았다. 그러나 혁명적인 중요성에 비해, 신경심리학이 서유럽으로 전파되는 데는 오랜 시간이 걸렸다. 신경심리학은《인간의 상위뇌피질 기능》(영어판은 1966년)이란 기념비적인 책 안에 체계적으로 집대성되었다. 또한 일종의 전기 즉 '병적학'이라는 전혀 다른 방식으로《지워진 기억을 쫓는 남자》(영어판은 1972년)에도 실렸다. 이 책들은 그 나름대로 거의 완벽하지만, 루리야가 전혀 손을 못 댄 영역도 있었다.《인간의 상위뇌피질 기능》은 뇌의 좌반구가 관장하는 기능만을 다루었다. 그리고《지워진 기억을 쫓는 남자》의 주인공 자제츠키 역시 좌반구에 심각한 손상을 입은 사람이었다. 우반구에 대한 언급은 단 한 마디도 없었던 것이다. 이런 관점에서 본다면 신경학과 신경심리학의 역사는 좌반구 연구의 역사라고 해도 그리 지나친 말이 아닐 것이다.

'열등한' 반구라고 불리는 멸시를 당할 정도로 우반구에 대한 연구가 소홀하게 다루어진 중요한 이유 가운데 하나는, 좌반구의 손상 부위와 그에 따른 증상을 밝혀내는 것이 비교적 쉬운 일이었던 데 반해, 우반구의 각 영역에 해당하는 증후군은 알아내기가 어렵다는 사실이었다. 우반구는 좌반구보다 좀더 '원시적'인 것으로 비하되곤 했다. 반면 좌반구는 인간의 진화가 만들어낸 꽃으로 간주되어 왔다. 그리고 어떤 의미에서는 그 주장이 옳다. 좀더 정교하고 전문화되어 있으며 영장류의 뇌, 특히 인간의 뇌에서는 가장 나중에 발달한 부분이기 때문이다. 그러나 사실을 인식하는 능력 즉 생명체가 생존하는 데 반드시 있어야 할 능력을 담당하는 것은 우반구이다. 이 우반구에 컴퓨터가 연결되어 있고 그 컴퓨터에 해당하는 것이 좌반구이기 때문에 이쪽은 말하자면 프로그램과 도식에 해당한다고 말할 수 있다. 고전적인 신경정신학은 사실보다 도식 쪽에 관심을 기울였다. 따라서 우반구에 원인을 가진 증후군이 나타나면 그것을 특이하고 기묘한 현상으로 간주했다.

과거에도 우반구의 증후군을 연구하려는 시도가 없었던 것은 아니다(예를 들면 1890년대의 안톤과 1928년의 푀츨). 그러나 우반구를 연구하려는 시도는 어쩐 일인지 번번이 무시되고 말았다. 참으로 불가사의한 일이다. 루리야는 말년에 지은 저서 중의 하나인 《기능하는 뇌》에서 약간의 지면을 할애하여 우반구의 증후군에 대한 고찰을 덧붙였다. 지극히 짧으면서도 대단히 흥미를 끄는 날카로운 고찰이었다. 그는 마지막에 이렇게 결론지었다.

지금까지 전혀 연구된 적이 없었던 이러한 결함은 좀더 근본적인 문제 가운데 하나로 우리를 인도한다. 즉 직관적 지각작용에서 우반구가 담당하는 역할이다. (…) 대단히 중요한 이 분야의 연구는 지금까지 소홀히 취급되어 왔다. (…) 나는 앞으로 작성할 논문에서 그 문제를 자세하게 검토할 생각이다.

결국 루리야는 죽음을 눈앞에 둔 마지막 몇 개월 동안 우반구를 다룬 논문 몇 편을 작성했다. 그러나 살아 있는 동안에는 발표하지 못했고 그후에도 소련에서는 출간되지 않았다. 그는 우반구를 다룬 논문을 영국의 R. L. 그레고리에게 보냈고, 그레고리가 자신이 편집중이던《옥스퍼드 컴패니언, 정신편》에 실었던 것이다.

우반구를 연구하는 일이 어려운 까닭은 환자 스스로 자신의 증상을 알 수가 없고 게다가 외부 관찰자도 알기 어렵기 때문이다. 우반구 증후군에 시달리는 경우, 환자 본인은 자기 자신에게 일어난 문제가 무엇인지를 알기가 어렵다. 불가능하다고 말해도 좋다(바빈스키는 이 희귀하고 특수한 상태를 '병식결손증病識缺損症, anosagnosia'이라고 이름을 붙였다). 한편 외부 관찰자가 이러한 환자의 내면상태를 상상하는 것도 매우 어렵다. 대단히 날카로운 관찰자라 해도 그렇다. 그가 지금까지 알고 있는 그 어떤 지식과 비교해도 전혀 다르기 때문이다. 좌반구 증후군의 경우에는 비교적 손쉽게 상상할 수 있다. 우반구 증후군은 좌반구 증후군과 거의 같은 빈도로 일어날 수 있다. 그럼에도 우반구 증후군이 신경정신학과 신경심리학의 문헌에 얼굴을 내미는 빈도는 터무니없이 떨어진다. 우반구 증후군의 서술이 1이라면 좌반구 증후군의 서술은 1,000 정도의 비율이다. 마치 우반구 증후군 따위는 신경학의 체질과 어울리지 않는 이방인 취급을 당하는 꼴이다. 그러나 루리야가 말했듯이 우반구의 문제는 대단히 중요하다.

따라서 새로운 유형의 신경학이 또 하나 탄생한다고 해도 전혀 이상할 것이 없다. 우반구 증후군은 그만큼 중요하다. 그 새로운 유형의 신경학은 '개인 주체의' 과학이라고 말할 수 있을 것이다. 혹은 루리야가 특히 즐겨 사용한 용어를 빌려서 '낭만적' 과학이라고 말해도 좋을 것이다. 왜냐하면 이 과학에서는 '자기'라든가 '인격'의 밑바탕에 있는 기초가 밝혀지고 검증되기 때문이다. 루리야는 이런 유형의 과학에서는 이야기의 형태를 빌리는 것이 가장 적절하지 않을까 하고 생각했다. 우반구에 중대한 장애가 있는 사람에 대해 그 자세한 병력을 서술하는 것이다. 즉 《지워진 기억을 쫓는 남자》와 대비되는 병력사를 서술하는 것이다. 루리야는 죽기 직전에 나에게 보낸 편지에서 이렇게 말했다. "그러한 이야기를, 설령 스케치 정도에 불과하더라도 꼭 발표하기 바랍니다. 그것은 엄청난 경이의 세계입니다." 솔직히 말해서 나는 이러한 장애에 각별한 흥미를 지니고 있다. 그것은 지금까지 거의 누구도 파고들지 않았던 새로운 세계를 열어주기 때문이다. 적어도 그러한 세계를 약속해주기 때문이다. 그리고 과거의 딱딱한 기계주의적 신경학과는 분명히 구분되는, 좀더 개방적이고 시야가 넓은 신경학과 심리학으로 나를 인도하기 때문이다.

당시 내가 흥미를 품었던 분야는 지금까지 말한 '결손'보다는 오히려 '자기' 그 자체를 비정상적으로 만들어버리는 신경장애였다. 이러한 장애에는 여러 가지 종류가 있을 것이고 또한 기능의 결손이 아니라 기능의 과잉이 원인인 것도 있을 것이다. 그렇다면 이 두 가지를 일단 구분해서 별도로 생각하는 방법이 타당할지도 모른다. 그러나 먼저 이것만은 못 박아두고 싶다. 즉 병이란 결코 상실이나 과잉만이 아니다. 병에 걸린 생명체, 다시 말해서 개인은 항상 반발하고 다시 일어서고 원래대로 돌아가려고 하고 주체성을 지키려고 한다. 혹은 잃어버린 주체성을 되찾으려고 하고 아주 기묘한 수단을 동원하면서까지 반드시 반응한다. 이러한 수단을 조절하거나 유도하는 것은, 분명히 신경조직에 대해서는 과도한 요구일 수도 있겠지만, 의사인 우리들의 기본적인 의무이다. 아이비 맥킨지는 이 점을 당당하게 서술했다.

도대체 '병의 본질'이라든가 '새로운 병'이란 것은 무엇을 뜻하는 말일까? 의사는 자연학자와는 달리 다양한 생명체들이 환경에 적응하는 방식을 이론화하는 것보다, 단 하나의 생명체, 역경 속에서 자신의 주체성을 지키려고 애쓰는 하나의 개체, 즉 주체성을 지닌 한 인간에 마음을 둔다.

정신의학은 훨씬 오래전부터 이러한 역동적인 활동, 즉 수단과 결과가 아무리 기묘하더라도 정체성을 지키려고 하는 노력에 주의를 기울여왔다. 특히 프로이트는 이 방면에 매우 심혈을 기울였다. 프로이트에 따르면 편집광의 망상이란 산산이 부서져 혼돈으로 변한 세계를 무언가에 의해 보상받고 다시 한번 재구축하는 노력의 결과라고 한다. 따라서 노력한다는 점이 중요하지 수단이 잘못되었다는 것은 전혀 중요하지 않다. 프로이트와 똑같은 견해를 아이비 맥킨지는 이렇게 피력했다.

파킨슨 증후군의 치료란 혼돈에서의 복구라고 말할 수 있다. 조화를 이루던 것이 무너지고 최초의 혼돈이 온다. 그것이 재활지도를 통해 아직은 불안정한 토대 위에서 재통합되는 것이다.

《깨어남》은 어떤 하나의 병으로 인해 발생한 혼돈의 '복구와 재통합'을 묘사한 연구이다. 따라서 이 저작에 이어지는 연구는 하나가 아니라 다양한 병으로 인해 발생한 혼돈과 그것에서 빠져나오는 복구와 재통합이어야 한다.

제1부 '상실'에서 가장 중요한 것은 지극히 특수한 시각적 '인식불능증'의 예, 즉 〈아내를 모자로 착각한 남자〉일 것이다. 나는 이것이 근본적으로 중요하다고 생각한다. 이러한 임상 보고는 고전적인 신경학에서 공리처럼 믿어 의심치 않았던 고정관념에 대한 도전이다. 기존의 견해에 따르면 뇌의 손상은 그것이 어떠한 손상이든 '추상적·범주적인 태도'(이것은 쿠르트 골드슈타인의 용어이다)를 마비, 상실시킨다. 이것이 마비 또는 상실된 인간에게 남는 것은 감정과 구체적·즉흥적인 태도뿐이라는 것이다(1860년대의 휴링스 잭슨도 이와 거의 비슷한 견해를 밝혔다). 그러나 이 책에 실린 음악가 P선생의 경우에는 정반대이다. 그는 감정, 구체성, 개인적인 것, 현실적인 것 모두를 잃어버리고 (그렇다고는 해도 이것은 시각의 세계에 대해서뿐이지만) 추상적·범주적인 것만을 부둥켜 안고 살며 극히 비상식적인 행동을 하곤 했던 것이다. 잭슨과 골드슈타인이 지금 이 사실을 안다면 과연 뭐라고 말할까? 나는 다음과 같은 장면을 이따금씩 상상한다. 그 두 사람에게 나의 환자 P를 진찰하게 한 다음에 이렇게 묻는 것이다. "자, 선생님, 어떻게 생각하십니까?"

아내를 모자로 착각한 남자

P선생은 오랫동안 뛰어난 성악가로 명성을 날렸던 지방의 음악 교사였다. 그에게 이상한 증상이 나타나기 시작한 것은 음악 학교에서 학생들을 가르치던 무렵이었다. 학생들이 자기 앞으로 다가와도 얼굴을 알아보지 못하는 일이 생긴 것이다. 학생이 말을 걸면 목소리를 듣고 그제서야 누구인지를 알았다. 이런 일이 점점 더 빈번해지자 P선생은 당혹스러워하기도 하고 멋쩍어하기도 하고 때로는 불안에 휩싸이기도 했다. 가끔은 웃지 못할 일도 벌어졌다. 상대의 얼굴을 알아보지 못할 뿐만 아니라 눈앞에 아무도 없는데도 사람의 얼굴이 보였기 때문이다. 거리를 거닐다가 소화전이나 주차요금 자동징수기를 보면 마치 아이들의 머리라도 본 것처럼 행동하기도 했다. 그리고 가구의 장식을 향해 다정하게 말을 걸었다가 아무런 대답이 없어 깜짝 놀라기도 했다. 주변 사람들도 처음 한동안은 그가 착각을 일으키는 모습을 보고 웃어넘겼다. P 자신도 웃었다. 그에게는 남다른 유머감각이 있었고 선문답처럼 들리는 역설과 과장이 그의 장기이기도 했기 때문이다. 음

악적 재능도 여전히 눈부시게 빛을 발하고 있었다. 달리 아픈 데도 없었고, 건강이 전보다 나빠진 것도 아니었다. 게다가 그의 실수들이 어찌나 익살맞으면서도 재기가 넘쳐 보이던지, 심각하게 받아들이는 사람도, 또 앞으로 뭔가 심각한 문제가 생기리라고 생각하는 사람도 없었다. '뭔가 문제가 있다'는 생각이 들기 시작한 것은 그로부터 3년 후에 그가 당뇨병에 걸리고 나서부터였다. 당뇨병이 눈에 안 좋은 영향을 줄 수도 있다는 것을 알고 있었던 P선생은 안과를 찾아가 진찰을 받고 자세한 검사를 받았다. 의사는 "선생의 눈에는 아무런 이상이 없습니다. 하지만 시각을 담당하는 뇌 부분에 문제가 있네요. 저보다는 신경전문의에게 가보세요." 하고 말했다. P선생이 나를 찾아온 것도 그 때문이었다.

　　　　일반적인 의미의 치매 증상이 없다는 것은 처음 만난 순간부터 바로 알 수 있었다. 그는 교양이 넘치는 매력적인 사람이었고, 말도 또박또박 잘하는 데다 상상력과 유머감각도 풍부했다. 그가 왜 나를 찾아왔는지 도무지 알다가도 모를 정도였다.

　　　　그러나 약간 이상한 점도 있었다. 나를 쳐다보면서 이야기하기는 했지만 뭔가가 이상했다. 뭐라고 딱 꼬집어 말할 수는 없지만, 내 느낌으로 그의 귀는 분명 나를 향해 주의를 기울이고 있었지만 눈은 아닌 것 같았다. 보통 평범하게 사람을 쳐다보는 그런 눈빛이 아니었던 것이다. 그의 시선은 한곳에 고정되어 있지 않고 여기저기 옮겨다녔다. 코, 오른쪽 귀, 뺨을 거쳐 다시 오른쪽 눈으로… 마치 내 얼굴의 부분부분을 자세히 연구하는 것처럼 보였다. 그러나 내 얼굴의 전체적인 모양이나 표정 변화는 보지 않는 것처럼 보였다. 하지만 그런 사실을 그 당시에 정확하게 파악하고 있었는지는 자신할 수 없다. 그저 뭔가 조금 이상하다고 느꼈을 뿐이었다. 시선 처리와 표정이 남들과 약간 달랐던 것이다. 그는 나를 바라보고, 아니 훑어보고 있었다. 그런데….

"어디가 안 좋아서 오셨나요?" 하고 묻자, 그는 미소를 지으며 대답했다.

"내가 보기에는 아무런 문제도 없어요. 하지만 다른 사람들은 내 눈에 뭔가 문제가 있다고 생각하는 것 같아요."

"그렇다면 선생님께서는 아무런 시각적인 문제도 못 느끼신다는 말씀이신가요?"

"그럼요. 아무런 문제도 없어요. 하지만 가끔씩 실수는 해요."

잠깐 밖으로 나와 그의 아내와 이야기를 나눈 다음 다시 방으로 돌아와 보니, P선생은 창가에서 평온하게 창밖을 주의 깊게 바라보고 있었다. 아니 바라보고 있다기보다는 듣고 있었다.

"차 다니는 소리가 들리네요. 저기 멀리서 기차 소리도 들리고요. 마치 교향곡처럼 들리지 않나요? 혹시 오네게르의 〈퍼시픽 231〉이라는 곡을 아시나요?"

정말로 멋진 사람이라는 생각이 들었다. 도대체 이런 멀쩡한 사람에게 어떻게 그렇게 심각한 문제가 생길 수 있는 걸까? 검사를 해보자고 하면 혹시 언짢아하지 않을까?

"물론 그러셔야죠, 의사 선생님."

늘 하던 일상적인 검사인 근육 강도, 팔다리 협조 기능, 반사 반응, 피로도 검사 등을 하는 사이에 불안감은 조금 가라앉았다. 그 역시 마찬가지였을 것이다. 처음으로 이상한 점이 눈에 띈 것은 반사 반응을 검사할 때였다. 왼쪽 구두를 벗기고 열쇠로 발바닥을 긁자 작은 이상 징후가 나타난 것이다. 시시해 보일지는 몰라도 이것은 반사 반응을 검사할 때 반드시 해야 하는 과정 중 하나이다. 그런 다음 그에게 신을 신어도 좋다고 말하고 검안경을 준비했다. 그런데 놀랍게도 그는

1분이 지나도록 신을 신지 않고 그대로 있었다.

"좀 도와드릴까요?"

"뭘요? 누구를 도와주신다는 말씀이지요?"

"선생님이 신을 신는 것 말입니다."

"아차, 신을 깜빡했군."

그는 마치 독백이라도 하듯 "신? 신?" 하며 난감해했다.

나는 다시 말했다.

"선생님의 신 말이에요. 조금 전에 벗어놓았던 신 말입니다."

그는 계속해서 아래쪽을 찾았지만, 엉뚱한 곳만 열심히 보고 있었다. 그러다가 마침내 그의 시선이 자기 발에 가서 딱 멈추었다.

"이게 내 신 맞죠?"

내가 잘못 들은 것일까? 아니면 그가 잘못 본 것일까?

손을 자신의 발에 갖다대며 이렇게 말한 것이다.

"제 눈이… 이게 제 신 맞죠? 아닌가요?"

"아닙니다. 그건 선생님의 발이에요. 신은 저쪽에 있어요."

"그런가, 어쩐지 발인 것 같더라니."

농담을 하고 있는 걸까? 아님 미쳤을까? 아니면 정말 눈이 안 보이는 것일까? 이게 바로 그가 말하는 '이상한 실수'라면, 그것은 내가 본 중에 가장 이상한 실수일 것이다.

더이상 일을 복잡하게 만들고 싶지 않았던 나는 그가 신(그의 발)을 신을 수 있게 도와주었다. P선생은 아무런 문제도 안 된다는 듯 태연했다. 아니, 오히려 즐기고 있는 듯했다. 나는 다시 검사를 시작했다. 왼쪽에 놓인 물건을 못 보는 일이 가끔 있기는 했지만, 시력은 바닥에 떨어진 바늘도 쉽게 찾아낼 수 있을 정도로 아주 좋았다.

그의 눈은 사물을 보는 데는 아무런 이상이 없었다. 그렇다면 무엇이 문제일까? 나는 〈내셔널 지오그래픽〉지를 펼쳐서 그에게 보여준 다음 그 잡지에 어떤 사진이 있는지 말해달라고 부탁했다.

그의 반응은 아주 이상했다. 그의 눈은 내 얼굴을 쳐다볼 때처럼 여기저기로 빠르게 옮겨다니며 각각의 세세한 특징을 잡아냈다. 그중에서도 특히 밝게 빛나는 것이나 색채, 형태에 대해 민감한 반응을 보이며 설명을 했다. 그러나 결코 장면 전체를 파악하지는 못했다. 마치 레이더 화면이라도 확인하는 것처럼 사소한 것은 잘 보았지만 전체적인 것은 안중에도 없었다. 사진의 전체적인 인상에 대해서는 관심도 두지 않았고 말을 하려 들지도 않았다. 풍경이나 전체적인 장면은 전혀 이해하지 못했던 것이다.

나는 모래 언덕이 끝없이 펼쳐져 있는 사하라 사막의 사진이 실린 잡지의 표지를 보여주었다.

"이 사진이 뭐로 보이시나요?"

"강이군요. 물 위로 테라스가 딸린 작은 집이 있고, 사람들이 테라스에 나와 식사를 하고 있고요. 색색의 파라솔이 여기저기에 보이네요."

그는 표지에서 시선을 떼고 허공을 보면서(본다는 말이 맞기나 한 걸까?) 사진에 있지도 않은 것들을 꾸며대서 말하고 있었다. 사진에 있지도 않은 강, 테라스, 색색의 파라솔을 상상하고 있는 것 같았다. 그의 얼굴에 나타난 미소를 보면 알 수 있었다. 그는 검사가 다 끝났다고 여겼는지 모자를 찾기 시작했다. 그는 손을 뻗어 아내의 머리를 잡고서 자기 머리에 쓰려고 했다. 아내를 모자로 착각한 것일까? 그런데도 그의 아내는 늘 있어온 일이라는 듯 태연한 모습이었다.

내가 알고 있는 기존의 신경학(또는 신경심리학)적 지식으로는 도저히 설명할 수 없었다. 그는 어떤 면에서는 지극히 정상이었지만, 또 어떤 면에서는 도저히 어떻게 손써볼 도리도 없을 정도로 증세가 심각해 보이기도 했다. 아내를 모자로 착각할 정도인 사람이 어떻게 음악학교에서 학생들을 가르칠 수 있단 말인가?

생각할 시간이 필요했고, 한 번 더 그를 만나봐야 했다. 그것도 그의 평소 모습을 가장 잘 볼 수 있는 곳, 바로 그의 집에서.

며칠 뒤 나는 P선생의 집을 방문했다. 내 가방 안에는 〈시인의 사랑〉의 악보(나는 그가 슈만을 좋아한다는 것을 알고 있었다)와 지각 검사에 필요한 여러 도구들이 들어 있었다. P선생의 부인은 세기말의 베를린을 연상시킬 정도로 천장이 높은 방으로 나를 안내했다. 방 가운데에는 고풍스러운 뵈젠도르퍼 피아노가 자리 잡고 있었고, 그 주변에는 악보대, 악기, 악보 등이 놓여 있었다. 책도 있고, 그림도 있었지만, 주인공은 뭐니뭐니 해도 음악이었다. P선생이 들어 왔다. 그러나 정신은 딴 곳에 가 있는 것 같았다. 악수를 하려고 손을 내밀면서도 그는 자꾸만 커다란 벽시계를 향해 가고 있었다. 그러다가 내 소리가 들리자 그제야 방향을 바로잡고 내게로 다가와 악수를 했다. 인사를 나눈 후, 우리는 최근에 열렸던 연주회와 공연에 대해 잠시 이야기를 나누었다. 나는 약간 주저하며 그에게 노래를 한 곡 청했다.

"〈시인의 사랑〉이군요?"

그는 소리를 높였다.

"그런데 어쩌죠. 이젠 악보를 읽을 수가 없어요. 의사 선생님께서 반주 좀 해주실 수 있나요?"

나는 한번 해보겠다고 말했다. 오래된 피아노 덕분인지 어쨌든 내 피아노 연주도 꽤 그럴듯하게 들렸다. P선생의 목소리는 나이든 티를 숨길 수는 없어보였지만 그래도 풍부한 성량은 마치 피셔 디스카우의 목소리를 빼닮은 듯했다. 완벽한 귀와 목소리 그리고 반짝이는 음악적 지성이 어우러진 그런… 음악 학교가 단지 동정심 때문에 그를 붙잡고 있는 것이 아니라는 사실은 분명했다.

P선생의 관자엽에는 분명 아무런 이상이 없었다. 피질은 음악에 관한 한 완벽했다. 문득 마루엽과 뒤통수엽 그중에서도 시각에 관여하는 부분에 문제가 발생했는지 궁금해졌다. 나는 신경 검사를 하려고 가지고 온 정다면체들을 써보기로 했다. 나는 우선 하나를 꺼내서 물었다.

"이게 뭐죠?"

"정육면체죠."

"그럼 이건요?"

두 번째 것을 보여주며 물었다.

그는 좀 자세히 살펴봐도 되냐고 묻고 나서 날렵하게 여기저기를 만져보고 대답했다.

"십이면체네요. 더이상 번거롭게 할 필요는 없을 것 같군요. 전 이십사면체라도 알아낼 수 있을 겁니다."

추상적인 형태를 인지하는 데는 아무런 문제도 없었다. 그렇다면 사람의 얼굴은? 나는 카드 한 벌을 꺼냈다. 그는 모든 카드를 제대로 골라냈다. 잭, 퀸, 조커까지도. 그러나 카드에 그려져 있는 그림은 모두 정형화된 것이기 때문에 그것만으로는 그가 얼굴을 보고 구별해냈는지, 아니면 그냥 패턴만을 보고 골라냈는지 판단할 수 없었다. 나는 가방에 넣어온 만화책을 보여주기로 했다. 이번에도 그는 대체로 정확히 골라냈다. 처칠의 시거, 쉬노즐의 코… 그는 두드러진 특징이 있는 사람의 경우는 누구의 얼굴인지 금방 알아맞췄다. 그러나 만화 역시 형식적이고 도식적이기는 매한가지였다. 나는 그가 진짜 얼굴 즉 사실적으로 표현된 얼굴에는 어떤 반응을 보일지를 알아봐야겠다고 생각했다.

소리가 안 나오게 한 채로 텔레비전을 틀자, 베티 데이비스의 초창기 영화가 나왔다. 러브 신이 나오는 장면이었다. P선생은 배우가 누구인지를 알아보지 못했다. 그러나 그것은 그가 베티 데이비스를 원래부터 몰랐기 때문일 수도 있는 일이었다. 그러나 정말 기가 찰 노릇은 그가 그녀나 상대 배우의 얼굴 표정을 전혀 알지 못한다는 것이었다. 텔레비전 속 장면은 아주 격렬한 장면으로, 열정과 놀라움, 반감과 분노가 교차하다가 결국 화해에 이르는 내용이었다. 그러나 P선생은 아무것도 이해하지 못했다. 그는 화면 속에서 어떤 일이 벌어지고 있는지, 심지어는 남자인지 여자인지조차 알지 못했다. 영화에 대해 그가 하는 말들은 횡설수설 그 자체였다.

화면 속 장면이 영화의 비현실성 즉 할리우드의 세계를 담고 있기 때문에 어려움을 겪었을 수도 있었다. 그렇다면 현실 속 사람들의 얼굴은 좀더 잘 알아볼지도 모른다는 생각이 들었다. 벽에는 그의 가족, 동료, 제자 그리고 그 자신의 사진들이 걸려 있었다. 나는 사진들을 한데 모아 그에게 보여주면서 조금은 근심스럽게 지켜보았다. 그는 영화를 보여주었을 때와 똑같은 반응을 보였다. 어처구니없고 우스꽝스러운 일이 실제 생활에서도 그대로 나타나는 비극이 벌어진 것이다. 그는 거의 아무도 알아보지 못했다. 가족도, 동료도, 제자도, 자기 자신조차도. 아인슈타인의 사진은 알아봤지만 그것은 특이한 머리와 콧수염 덕분이었다. 그는 아인슈타인 말고도 한두 사람을 더 알아봤다. "아, 폴!" 동생의 사진을 본 그가 말했다. "각진 턱, 커다란 이, 폴이라면 언제든 알아볼 수 있어요." 그러나 그가 알아본 것이 정말 폴이었을까? 폴의 얼굴 특징 중에 한두 개만을 보고 이 사람이 폴이구나 하고 나름대로 추정한 것은 아닐까? 뭔가 뚜렷한 특징이 없는 경우에는 결코 사진을 알아보지 못했다. 그러나 문제는 단순한 인지력 혹은 직관력 장애에 있는 것이 아니었다. 그의 전반적인 인지 방식에 뭔가 근본적인 잘못이 있었던 것이다. 사람의 얼굴을 대할 때 그가 보이는 반응은 마치 추상적인 퍼즐 검사를 받는 사람처럼 보였다. 심지어는 친척이나 친한 사람의 사진일 경우도 마찬가지였다. 자기와는 아무런 관련도 없는 것을 대하듯 건성건성 보고 말 뿐이었다. 아는 사람의 얼굴을 대하는 표정이 전혀 아니었다. 사람이 아니라 물건의 특징을 찾아내려는 태도를 보였던 것이다. 사람을 대한다는 기색은 전혀 없었다. 그는 모든 것을 그저 형태로만 대했다. 게다가 자신이 본 것을 표현하는 데도 무관심했다. 우리는 얼굴을 보면 그 사람의 개성을 알 수 있다고 생각한다. 즉 얼굴을 통해 그 사람의 개성을 보는 것이다. 그러나 P선생에게는 얼굴이 전혀 그런 구실을 하지 못했다. 그에게는 얼굴의 겉모습도, 얼굴 속에 들어 있는 내면의 개성도 아무런 의미가 없었다.

　　나는 그의 집에 오기 전에 꽃집에 들러 화려한 붉은 장미 한 송이를 샀고 그것을 윗주머니에 꽂고 있었다. 나는 그 꽃을 빼서 그에게 건네주었다. 그러나 그는 마치 표본을 받아든 식물학자나 형태학자 같은 행동을 했다. 꽃을 받는 사람의 태도와는 거리가 멀었다.

　　"길이가 15센티미터 정도군요. 붉은 것이 복잡하게 얽혀 있고, 초록색으로 된 기다란 것이 붙어 있네요."

　　나는 맞장구를 치며 말했다.

　　"맞아요. 그게 뭐 같나요?"

　　"뭐라고 콕 꼬집어 말하기가 쉽지 않네요."

　　그는 당혹한 표정을 지었다.

　　"플라토닉 다면체 같은 그런 단순한 대칭성은 없네요. 하지만 나름의 고차원적인 대칭성은 있을지 모르겠군요… 혹시 꽃일지도 모르겠네요."

"꽃일지도 모르겠다고요?"

"꽃인 것 같아요."

이번에는 딱 잘라 말했다.

"한번 냄새를 맡아보세요."

내 말에 그는 다시 곤혹스러운 표정을 지었다. 고차원적인 대칭성을 냄새로 알아내라는 말로 받아들인 모양이었다. 그러나 그는 점잖게 그것을 코에 갖다댔다. 그의 얼굴에 갑자기 화색이 돌았다.

"예쁘군요! 철 이른 장미. 정말 천국 같은 향기예요!"

그는 "장미, 백합…" 하고 흥얼거리기 시작했다. 시각이 아니라 후각을 통해 실체를 인식한 것처럼 보였다.

나는 마지막으로 한 가지 검사를 더 해보았다. 아직은 초봄이라 날이 추웠다. 나는 외투와 장갑을 소파에 벗어두었었다.

나는 장갑을 들어올리며 뭐냐고 물었다.

"조사해봐도 되겠습니까?"

그는 장갑을 손에 들고 마치 기하학적인 형태를 조사하는 것처럼 자세하게 조사해나갔다.

마침내 그가 입을 열었다.

"표면이 단절되지 않고 하나로 이어져 있어요. 주름이 잡혀 있군요. 음, 또 주머니가 다섯 개 달려 있는 것 같군요. 음, 말하자면…."

그가 주저하며 말했다.

"맞습니다. 설명을 하셨으니 이제 그게 뭔지 말해보세요."

나는 조심스럽게 말했다.

"뭔가를 넣는 물건인가요?"

"그래요. 그런데 뭘 넣는 거죠?"

"안에다 뭔가를 넣는 거겠죠."

P선생은 그렇게 말하며 웃었다.

"여러 가지가 가능할 것 같아요. 예를 들면 잔돈주머니일 수도 있겠군요. 크기가 다른 다섯 가지 동전을 집어넣는… 아니 어쩌면…"

나는 말이 엉뚱한 데로 흐르는 것을 막았다.

"뭔가 흔히 보던 것 같지 않나요? 몸의 일부를 넣는 것이라는 생각은 안 드시나요?"

그의 얼굴에는 뭔가를 알아냈다는 기색이 전혀 보이지 않았다.♦

장갑을 보고 "표면이 단절되지 않고 하나로 이어져 있다"라고 말할 수 있는 아이는 단 하나도 없을 것이다. 그리고 아이는 장갑을 보면, 그것이 손에 끼는 친숙한 물건 즉 장갑이라는 것을 금방 알아차릴 것이다. 그러나 P선생은 그렇지 않았다. 그는 어떤 물건 앞에서도 그것을 친숙한 물건으로 보지 않았다. 시각적인 면에서 볼 때, 그는 생기가 없는 추상의 세계에서 길을 잃고 있었다. 현실의 시각 세계는 그에게 존재하지 않았다. 그에게는 현실의 시각적 자아가 없었다. 그는 사물에 대해 얼마든지 이야기할 수는 있었지만, 그것들을 있는 그대로 보지는 못했다. 휴링스 잭슨은 언어상실증이나 좌반구 장애 환자들은 '추상적'이거나 '명제적'인 사고 능력을 상실한 사람들이라고 말한다. 그는 그런 환자들을 개에 비유한다(사실은 개를 언어상실증 환자에 비유한다). 그러나 P선생의 뇌는 기계처럼 정확하게 기능했다. 시각 세계에 대해 무관심하다는 면에서 그는 컴퓨터와 똑같았다. 더 놀라운 점은 그가 중요한 특징이나 도식적인 연관관계를 토대로 컴퓨터와 똑같은 방

♦ 나중에 우연히 그것이 무엇인지를 알아내고는 그는 소리쳤다. "아니, 이거 장갑이잖아!"라고. 이런 모습을 보고 생각나는 사람이 하나 있었다. 바로 쿠르트 골드슈타인의 환자 라누터이다. 그는 물건을 실제로 사용해보아야만 그것이 무엇인지를 인식할 수 있었다고 한다.

식으로 세계를 구성해낸다는 것이었다. 얼굴의 부분을 그린 그림 세트를 이용해 범인의 몽타주를 만들 때처럼, 그러한 도식은 현실과 전혀 대응하지 않더라도 나름의 의미는 가질 수 있다.

지금까지 내가 했던 검사로는 P선생의 내면세계에 대해서 아무것도 알 수 없었다. 그의 시각적 기억력이나 상상력에는 아직 아무런 이상이 없는 것일까? 나는 그에게 집 근처에 있는 광장을 북쪽에서부터 걸어온다고 상상하면서 거리에 보이는 건물들에 대해 말해달라고 부탁했다. 그러자 그는 오른쪽에 있는 건물들은 말했지만 왼쪽에 있는 건물에 대해서는 전혀 말하지 않았다. 그래서 이번에는 반대로 남쪽에서부터 걸어온다고 상상해보라고 했다. 그런데 이번에도 그는 자기의 오른쪽에 있는 건물들만을 말했다. 방금 전만 해도 생략했던 바로 그 건물들을 말이다. 그가 방금 전에 마음속으로 '보았던' 건물들을 이번에는 전혀 말하지 않은 것이다. 아마 그것들이 더이상 '보이지' 않는 모양이었다. 그가 왼쪽에 있는 것을 보는 데 어려움을 겪고 있다는 것 즉 시각을 담당하는 뇌 부분에 어떤 장애를 가지고 있다는 것은 외적인 문제일 뿐만 아니라 내적인 문제이며, 그것이 시각적 기억력과 상상력에도 영향을 끼치고 있다는 것만큼은 이제 명백해졌다.

좀더 높은 수준에서 그의 내면에는 어떤 시각 세계가 펼쳐지는 것일까? 소설 속 등장인물들을 시각화하고 그들에게 생기를 불어넣는 데 거의 환상적인 재능을 가지고 있는 작가인 톨스토이가 떠오른 나는 P선생에게 《안나 카레니나》에 대해 질문해보았다. 그는 소설 속에 나오는 사건들을 쉽게 기억해냈을 뿐만 아니라 줄거리도 속속들이 파악하고 있었다. 그러나 시각적인 특징이나 시각과 관련된 사건 그리고 시각적인 장면은 하나도 기억해내지 못했다. 그는 등장인물들이 한 말은 기억하고 있었지만 그들의 얼굴은 기억하지 못했다. 그는 소설에 나오는 인상적인 문장들을 말해줄 수 있느냐는 물음에 그것들을 거의 단어 하나 틀리지 않을 정도로 정확히 기억해서 인용해냈다. 그럼에도 불구하고 시각적인 묘사에 대한 그의 인용은 공허했다. 그의 말에는 감각적이거나 상상적인 혹은 정서적인 현실감이 전혀 깃들어 있지 않았다. 다시 말하면 내면적인 인식불능증에 걸렸다고 할 수 있었다.♦

그러나 모든 경우에 다 이런 장애가 발생한 것은 아니었다. 시각화 능력의 장애는 얼굴이나 장면의 시각화 또는 시각적인 면이 두드러지게 드러나는 이야기나 드라마의 경우에만 크게 드러났다(시각화의 능력이 거의 없다고 해도 과언이 아니었다). 그러나 도식과 관련된 시각화에는 아무런 손상이 없었다. 아니 더 강화되었다고 할 수 있다. 머릿속으로 체스 게임을 해보자 했을 때도 그는 체스 판이나 말의 움직임을 머릿속으로 그리는 데 아무런 어려움도 느끼지 않았다. 아니 나 정도는 쉽게 이길 정도로 대단했다.

루리야는 자제츠키가 게임할 수 있는 능력을 완전히 상실했지만 '생생한 상상력'만큼은 조금도 손상되지 않았다고 말했다. 자제츠키와 P선생은 모두 똑같은 세계에 살고 있었던 것이다. 그러나 그 둘 사이의 가장 안타까운 차이는 루리야가 말한 것처럼 자제츠키는 '그 지

♦ 헬렌 켈러가 시각적인 서술 표현을 할 수 있었다는 것을 나는 종종 불가사의하게 생각했다. 웅변을 토하듯이 서술하기는 하지만 과연 속 빈 강정이 아니라 뒷면의 실체가 있을까 하고. 아니면 촉각을 통해 획득한 것을 시각적 이미지로 전환시키는 것을 반복하는 동안에(이것도 정말 놀랄 만한 일이다), 혹은 언어나 형이상학적 세계의 것을 감각적·시각적인 것으로 이미지 전환을 반복하는 동안에 눈으로 사물을 보고 그것이 대뇌의 시각피질을 직접 자극하는 과정 없이도 시각적 이미지의 창조능력을 획득하게 된 게 아닐까 하고. 그러나 P의 경우에는 영상을 만드는 데 필요불가결한 시각피질에 분명한 결함이 있었다. 흥미로운 일이지만 그는 이미 꿈을 시각적으로 꾸지 못했다. 꿈속에서조차 모든 게 비시각적인 것으로 전달되었던 것이다.

옥 같은 상황에 굴복하지 않고, 잃어버린 자신의 능력을 되찾기 위해 끈질기게 싸운' 반면에 P선생은 그렇지 않았다는 것이다. 그는 자신이 무엇을 잃어버렸는지도 몰랐다. 하지만 그 둘 중 어느 쪽이 더 비극적일까? 둘 중 누가 더 지옥 같은 상황에 처한 것일까? 상황을 알고 있는 쪽? 아니면 아무것도 모르는 쪽?

검사가 끝나자 P선생의 부인이 커피와 맛있어 보이는 케이크를 탁자에 차려놓고 우리를 불렀다. P선생은 노래를 흥얼거리면서 급히 케이크를 먹기 시작했다. 그는 빠른 동작으로 접시를 자기 쪽으로 끌어당긴 다음, 멜로디에 맞춰 자연스럽게 이것저것 집어먹었다. 연신 노래를 흥얼거리며 케이크를 집어먹는 모습이 마치 물 흐르듯 자연스러워 보였다. 그러다 갑작스럽게 동작을 멈췄다. 문을 두드리는 소리가 크게 난 것이다. 깜짝 놀라 움찔한 그는 먹고 있던 동작을 멈추고 마치 꽁꽁 얼어붙은 사람처럼 미동도 하지 않고 가만히 앉아 있었다. 얼굴에는 당황한 기색이 역력했다. 여전히 탁자를 보고 있었지만 이제는 아무것도 보이지 않는 것 같았다. 탁자와 탁자 위에 놓인 케이크 모두 그의 눈에는 보이지 않는 듯했다. 그때 그의 부인이 커피를 따랐다. 커피 냄새가 코를 간질이자 현실로 돌아온 그는 다시 노래를 흥얼거리며 케이크를 먹기 시작했다.

궁금해졌다. 도대체 그는 어떻게 생활하는 것일까? 옷은 어떻게 입고, 화장실에는 어떻게 가고, 목욕은 어떻게 하는 것일까? 나는 부엌으로 그의 아내를 따라가 그가 어떻게 옷을 갈아입는지 등을 물어보았다.

"식사할 때랑 비슷해요. 늘 두는 장소에 제가 남편의 옷을 갖다 둡니다. 그러면 노래를 흥얼거리며 혼자 별다른 어려움 없이 갈아입어요. 하지만 뭔가 방해를 받아 맥이 끊기면 완전히 아무것도 못하게 되죠. 그이는 입으려던 옷이 뭔지 잊어버려요. 자기 몸조차도 알아보지 못한답니다. 그이는 모든 걸 노래를 부르면서 해요. 먹을 때도, 옷을 입을 때도, 목욕할 때도 말이에요. 뭘 하든 노래를 부르면서 해요. 노래를 부르지 않고는 아무것도 할 수 없어요."

우리가 이야기를 나누는 동안 나는 벽에 걸린 그림에서 눈을 떼지 못했다. 그러자 P선생의 부인이 말했다.

"그래요. 그이는 노래뿐 아니라 그림도 잘 그렸어요. 학교에서 해마다 그림을 전시할 정도로요."

나는 그 그림들을 흥미롭게 둘러보았다. 그것들은 그림을 그린 시간순으로 걸려 있었다. 그의 초기 작품들은 모두 생생한 느낌이 살아 있는 사실적인 그림이었다. 게다가 아주 세밀하고 구체적이었다. 그러나 시간이 지날수록 생생함도 사실성도 구체성도 떨어져갔다. 훨씬 더 추상적으로 변해간 것이다. 아니 기하학적이고 입체파적이기까지 했다. 아주 최근에 그린 그림들은 물감으로 선과 얼룩을 아무렇게나 되는 대로 그려넣은 것에 불과해 보였다. 적어도 내 눈에는 그랬다. 나는 부인에게 내 느낌을 그대로 이야기해주었다.

그녀는 "어머나, 의사 선생님. 그림 볼 줄 모르시네요! 선생님은 '예술적인 발전'을 보지 못하시나요? 처음에는 사실주의였다가 나중에는 거기서 벗어나 추상적인 비구상 그림으로 발전했잖아요" 하고 말했다.

'그렇지 않아요.' 나는 속으로 생각했다(차마 가련한 P부인에게 그런 말은 할 수 없었다). 그의 그림은 분명 사실주의에서 비구상으로, 다시 추상으로 바뀌어갔지만, 발전한 것은 화가 자신이 아니라 그의 병세였다. 시각인식불능증은 더 심해졌고 그에 따라 사물을 재현하고 상상하는 능력, 구체성에 대한 감각, 현실감이 모두 파괴되어가고 있었다. 그림들이 걸려 있는 그 벽은 비극적인 병세를 전시하는 벽이었다. 그리고 그 그림들은 예술이 아니라 신경학의 세계에 속하는 것이었다.

그렇지만 부인이 한 말에도 일리가 있을지 모른다는 생각이 들었다. 왜냐하면 그의 병세와 그의 창작력이 투쟁하는 모습도 어느 정도는 보였기 때문이다. 그리고 희미하게나마 그 둘 사이의 융합도 보였다. 아마도 그가 입체파로 기울었던 시기에, 예술적인 발전과 병리학적 발전이 함께 이루어졌을 수도 있고, 그래서 그것들이 독창적인 형태를 만들어낸 것일 수도 있다. 왜냐하면 구체성을 잃어가면서 추상성을 얻었고 그래서 선, 경계, 윤곽성 등 모든 구조적인 요소들에 대해 전혀 다른 감각을 발전시켰을지도 모르기 때문이다. 그것도 사실은 구체성 안에 있지만 쉽게 알아차리기 힘든 추상성을 포착해서 그려내는 피카소의 능력에 버금갈 정도로 말이다. 마지막 그림들에서 전율을 느끼기는 했지만, 그림들 속에 혼돈과 시각인식불능증의 흔적밖에는 보이지 않는다는 사실에는 변함이 없었다.

우리는 커다란 음악실로 돌아왔다. 뵈젠도르퍼가 한가운데 있었고 P선생은 노래를 흥얼거리며 마지막 남은 과자를 먹고 있었다.

"아, 색스 선생님, 선생님께서는 절 아주 흥미로운 환자라고 생각하고 계시죠? 저도 인정합니다. 이제 저의 어디가 잘못되었는지 말씀해주시고 조언도 해주실 수 있습니까?"

"저로서는 어디가 잘못된 건지 말씀드릴 수가 없습니다. 다만 제가 보기에 좋은 점은 말씀드릴 수 있습니다. 선생님은 훌륭한 음악가이고 음악은 선생님의 삶 그 자체입니다. 만약 제가 처방을 내린다면, 음악 속에 파묻혀서 생활하시라고 하고 싶습니다. 이제까지 음악이 선생님 생활의 중심이었다면, 이제부터는 생활의 전부라고 생각하고 지내시라고 말입니다."

그때가 4년 전이었다. 나는 그를 두 번 다시 만나지 못했지만 그가 세계를 어떻게 이해했는지 이따금 궁금해지곤 한다. 시각능력을 완전히 상실하고 음악에만 의존해 살아가는 그를… 그에게 음악은 시각을 대신하는 것이었으리라고 나는 생각한다.

그는 자신의 몸조차 제대로 볼 수 없었지만, 대신 음악에 맞춰 행동할 수 있었다. 바로 그 때문에 그는 동작을 자연스럽게 할 수 있었다. 그러나 '내면의 음악'이 멈추면 그는 당황해서 행동을 딱 멈추고 말았다. 그리고 그것은 외부 세계에 대해서도 마찬가지였다.♦

《표상과 의지로서의 세계》에서 쇼펜하우어는 음악을 '순수 의지'라고 불렀다. 그가 만약 P선생, 표상으로서의 세계를 완전히 상실했지만 음악 즉 의지로서 세계를 완전하게 파악하는 P선생을 만났다면 얼마나 매료되었을까?

다행스럽게도 이 점은 끝까지 변하지 않았다. 질병(커다란 종양 즉 뇌에서 시각을 담당하는 부분의 퇴행)의 점진적인 악화에도 불구하고 P선생은 마지막 순간까지 음악을 가르치며 살았다.

뒷이야기

P선생이 장갑을 장갑으로 보고 판단할 수 없었다는 것을 어떻게 해석해야 좋을까? 비록 인지적인 가정은 잘했지만 인지적인 판단은 제대로 하지 못했다. 판단이란 것은 직관적이고 개인적인 동시에 종합적이고 구체적인 것이다. 우리는 사물을 접할 때 그것을 다른 것들

♦　나중에 그의 아내에게 들어서 알게 된 사실인데 그는 학생이 얌전히 앉아 있으면 누가 누군지 알 수 없었다고 한다. 이미지만으로는 파악할 수 없었기 때문이다. 그러나 학생이 몸을 움직이면 "너 칼이구나. 움직이는 모습을 보면 알 수 있지" 하며 금방 누군지 알아맞히곤 했다는 것이다.

과의 관계 속에서 '본다'. P선생에게 부족한 것은 바로 이 '보는' 능력 즉 관계를 짓는 능력이었다(그의 판단력은 그 밖의 영역에서는 정상적이며 동시에 빠르기까지 했다). 시각 정보의 부족 때문이었을까, 아니면 시각 정보를 처리하는 데 문제가 있었기 때문일까? 그것도 아니라면, 그의 태도에 문제가 있어서 자기가 본 것을 자기 자신과 연관시키지 못했던 것일까?

이러한 설명 혹은 설명 방식들은 서로 모순되는 것이 아니다. 그것들은 서로 공존할 수 있고 둘 다 사실일 수 있다. 그 점은 이미 고전적인 신경학에서도 암묵적으로 혹은 공공연하게 인정받고 있다. 시각의 기본틀 즉 시각 정보의 처리나 통합 능력에 생긴 결함을 원인으로 돌리는 것만으로는 부족하다고 본 매크래는 이를 암묵적으로 인정한 것이다. 그리고 '추상적 경향'을 거론한 골드슈타인은 공공연하게 인정한 것이다. 그러나 추상적 태도라는 것은 '범주화'를 인정하는 것인데, 이것은 P선생의 경우에는 들어맞지 않는다. 그리고 아마 '판단'이라는 개념 일반에도 들어맞지 않을 것이다. 왜냐하면 P선생에게는 '추상적 경향'이 존재했기 때문이다. 사실 그에게는 추상적 경향만이 존재했고 그 밖의 것은 아무것도 없었다. 그래서 그는 사물의 실체와 개별성을 인지할 수 없었고 따라서 판단을 제대로 할 수 없었던 것이다.

이상한 이야기처럼 들리겠지만, 신경학이나 심리학은 모든 것을 다 말하지만, '판단'에 대해서만큼은 단 한 마디도 하지 않는다. 그러나 판단력의 결함(P선생처럼 특수한 영역의 장애도, 그리고 더 일반적인 장애인 코르사코프 증후군 즉 이마엽 증후군의 증세를 보이는 환자들의 경우에도 그렇다. 〈정체성의 문제〉와 〈예, 신부님, 예, 간호사님〉 참조)이야말로 수많은 신경심리학적 장애의 핵심 가운데 하나이다. 특히나 이런 환자들의 경우에는 개별성을 인식하는 능력과 판단력이 거의 재앙 수준에 가까울 수 있는데도, 신경심리학은 그에 대해 전혀 언급하지 않는다.

그러나 철학적인(예를 들면 칸트적인) 의미에서나 혹은 경험론적·진화론적인 의미에서 볼 때 판단이야말로 우리가 가진 능력 중에서 가장 중요한 능력이다. 동물의 경우 아니 인간의 경우라도 '추상적 경향' 없이 살수는 있지만, 판단 능력이 없다면 당장 사멸하고 말 것이다. 판단은 고등한 생활이나 정신을 유지하는 데 '가장 중요한' 기능임에도, 고전적인(계량적인) 신경학에서는 무시되거나 잘못 해석되어왔다. 이런 터무니없는 일이 생긴 원인은 신경학 그 자체가 상정하고 있는 가정들 즉 신경학의 진화 과정에서 찾아볼 수 있다. 고전적인 신경학은 고전 물리학이 그랬던 것처럼 항상 기계적인 성격을 띠어왔다. 뇌를 기계에 비유한 잭슨부터 컴퓨터에 비유하는 오늘날의 신경학자들에 이르기까지.

물론 뇌는 하나의 기계이자 컴퓨터이다. 그 점에 관한 한 고전 신경학은 전적으로 옳다. 그러나 우리의 존재와 삶을 구성하는 정신 과정은 단순히 추상적 혹은 기계적인 과정만이 아니라 개인적인 것이기도 하다. 대상을 분류하고 범주화할 뿐만 아니라 판단하고 느낀다. 따라서 판단과 느낌을 배제한다면, 우리는 P선생과 마찬가지로 일종의 컴퓨터 같은 존재로 전락하고 말 것이다. 따라서 느낌과 판단이라는 개인적인 것을 인지과학에서 배제한다면, 그 역시 P선생과 똑같은 결함을 가지게 될 것이다. 즉 구체적이고 현실적인 것을 파악하는 능력을 상당 부분 상실하게 되는 것이다.

우스꽝스러운 동시에 무서운 비유일 수도 있지만, 현재 우리의 인지신경학과 인지심리학은 P선생의 모습과 조금도 다를 바가 없다. 지금 우리에게 필요한 것은 P선생이 그랬던 것처럼 구체적이고 현실적인 것이다. 그럼에도 우리는 그런 사실을 제대로 보지 못하고 있다. 우리의 인지과학 역시 P선생과 마찬가지로 시각인식불능증에 걸려 있는 것이다. 따라서 P선생의 사례는 어떤 의미에서는 우리에게 던져진 하나의 경고이자 우화일 수도 있다. 판단이나 구체적인 것, 개별적인 것을 등한시하고 완전히 추상적이고 계량적으로만 변해가는 과학이 장차 어떻게 될지에 대한 경고 말이다.

나로서는 피치 못할 사정이 있기는 했지만, 그렇다고 하더라도 P선생의 예후를 계속 관찰해 더 실제적인 병리학적 연구를 진행하지 못한 일은 두고두고 아쉬운 일로 남았다.

P선생과 같은 이상한 증상을 보이는 환자를 대할 때면 우리는 그러한 경우가 '독특하고 유례없는' 경우가 아닐까 하고 걱정한다. 그래서 우연히 1956년에 나온 《브레인》지를 읽다가 P선생과 이상할 정도로 똑같은 사례를 발견했을 때, 아주 큰 흥미로움과 반가움을 느꼈다. 아니 일종의 안도감까지 느껴졌다. 이 학술지에 실린 사례는 신경정신학적으로나 현상학적으로나 P선생과 비슷한 아니 거의 똑같은 증세를 보인 환자에 관한 것이었다. 다른 점이 있다면, 그 환자의 경우는 P선생과 달리 머리에 심한 손상이 있다는 점과 생활 환경이 완전히 다르다는 점뿐이었다. 논문의 필자들은 이런 사례는 '단 한 번도 보고된 적이 없는 장애'라고 했다. 그리고 내가 그랬듯이 그들 역시 자신들이 알아낸 사실들에 대해 무척 놀라워했다.♦ 흥미를 느끼는 독자는 매크래와 트롤이 쓴 원 논문(1956년)을 읽어보길 바란다. 여기서는 원문을 인용해 그 개요만을 간략하게 소개하기로 한다.

32세의 젊은 남자인 그 환자는 심한 자동차 사고를 당한 후 3주 동안 의식 불명 상태에 있었다. 그는 "사람의 얼굴을 알아보는 데 심한 곤란을 느꼈다. 심지어는 아내와 아이들의 얼굴조차 알아보지 못했다." 그에게는 '낯익은' 얼굴이라고는 단 하나도 없었다. 그러나 그가 알아보는 얼굴이 셋 있었는데, 그들은 모두 그의 직장 동료였다. 한 사람은 한쪽 눈을 심하게 껌뻑거리는 사람이었고, 또 한 사람은 뺨에 커다란 점이 있는 사람이었고, 마지막은 '어찌나 키가 크고 비쩍 말랐는지 도저히 다른 사람으로 혼동할 수 없는' 사람이었다. 매크래와 트롤은 그 환자가 이들을 알아볼 수 있었던 것은 얼굴에 나타난 '아주 두드러진 특징' 때문이라고 설명했다. 일반적으로 그는 P선생과 마찬가지로 목소리를 통해서만 사람을 알아보았다.

그는 거울에 비친 자기 얼굴조차도 제대로 알아보지 못했다. 매크래와 트롤이 자세히 설명한 것처럼 "처음 회복기에 그는 면도를 하려고 거울을 들여다보다가도 거울 속 얼굴이 자기가 맞느냐고 묻곤 했다. 거울에 비친 것이 자기 자신의 얼굴이 분명하다는 사실을 알고 있으면서도 그는 얼굴을 찌푸려보기도 하고 혀를 내밀어보기도 하면서 한 번 더 확인하려 들었다". 거울 속의 얼굴을 자세히 관찰하는 일을

◆ 이 책을 쓰면서 알게 된 사실이지만, 시각인식불능증에 관한 문헌, 특히 사람의 얼굴을 인식하지 못하는 병에 대한 사례 보고는 얼마든지 많다. 특히, 최근에 이와 같은 시각인식불능증 환자에 대한 지극히 상세한 연구(1979년)를 발표한 앤드루 커테츠 박사를 만날 수 있어서 나는 무척 기뻤다. 커테츠 박사가 해준 말 중에는 다음과 같은 예가 있었다. 얼굴인식불능 증세가 점점 심해진 어떤 농부는 결국 자기가 기르던 소나 말의 얼굴까지 알아보지 못하게 되었다고 한다. 자연사박물관의 안내원이었던 또다른 환자는 거울에 비친 자신의 모습을 보고 유인원의 입체모형으로 착각했다고 한다. P의 경우나 매크래와 트롤의 환자 경우와 같이 상대가 특히 살아 있는 생물체일 경우에 터무니없는 착각을 일으키는 것이다.

반복하면서 그는 느리게나마 그것이 자신의 얼굴임을 깨닫기 시작했다. 그러나 여전히 그전처럼 '단숨에' 알아보지는 못했다. 그는 머리와 얼굴의 윤곽선 그리고 왼쪽 뺨에 난 작은 점 두 개를 확인하고 나서야 거울에 비친 것이 자기 자신의 얼굴임을 알았다.

그는 '한 번 힐끗 보는 것'만으로는 눈앞에 있는 것이 무엇인지를 알지 못했다. 한두 가지 특징을 찾아낸 후 그것을 근거로 추측하는 식의 방법을 썼지만, 터무니없이 빗나가는 경우가 많았다. 생명이 있는 대상인 경우에는 유독 어려움을 많이 겪었다.

반면, 가위나 시계 혹은 열쇠처럼 틀에 박힌 형태를 가진 물체를 인식하는 데는 아무런 문제가 없었다. 매크래와 트롤은 그 점에 대해 이렇게 설명했다.

"공간에 관한 기억 능력은 이상했다. 뭔가 모순적인 것처럼 보였다. 그는 집에서 병원까지도 잘 찾아가고 병원 주변도 잘 돌아다녔지만, 자기가 걸어온 길의 이름을 대지 못했다(P선생과는 달리 그는 약간의 언어상실증이 있었다). 마치 지나온 길을 시각화해서 기억하는 것 같았다. 정말로 모순적인 일이었다."

그의 시각적 기억 능력은 사고가 일어나기 훨씬 전부터 이미 심각하게 손상되어 있었다. 사람들의 행동이나 버릇까지도 잘 기억했지만, 외모나 얼굴은 전혀 기억하지 못했다. 심지어 그에게는 꿈속에서조차 시각적인 이미지가 등장하지 않는다는 것을 매크래와 트롤은 자세한 질문을 통해 알 수 있었다. 따라서 P선생과 마찬가지로 그 환자도 단순히 시각적인 인식능력에만 문제가 생긴 것이 아니라 시각적인 상상력과 기억력 즉 시각적인 재현의 기본적인 토대가 되는 능력이 손상된 것이었다. 적어도 개인적이고 친숙하고 구체적인 영역에서는.

　　마지막으로 재미있는 이야기 하나. P선생은 아내를 모자로 착각하기도 했지만, 매크래의 환자는 자기 아내를 전혀 알아보지 못했다고 한다. 그가 아내를 알아보기 위해서는 시각적으로 눈에 잘 띄는 뭔가 특징적인 것이 필요했다. '그것도 눈에 확 띄는 뭔가가… 예컨대 커다란 모자 같은 것' 말이다.

길 잃은 뱃사람♦

기억을 조금이라도 잃어버려봐야만 우리의 삶을 구성하고 있는 것이 기억이라는 사실을 알 수 있다. 기억이 없는 인생은 인생이라고조차 할 수 없다는 것을. 우리의 통일성과 이성과 감정 심지어는 우리의 행동까지도 기억이 있기 때문에 존재하는 것을. 기억이 없다면, 우리는 아무것도 아니다(내가 기다리는 것은 완전한 기억상실뿐이다. 그것만이 내 삶을 모두 지워버릴 수 있다. 내 어머니가 그랬던 것처럼…). ─ 루이스 부뉴엘

부뉴엘의 회고록에 있는 비참하면서도 가슴 섬뜩한 이 말은 몇

♦ 이 이야기를 써서 발표한 뒤, 나는 엘코논 골드버그 박사와 공동으로 이 환자를 신경학적으로 좀더 체계를 세워서 연구해보기로 했다(골드버그 박사는 루리야의 제자이며 《기억의 신경심리학》의 러시아판을 엮었다). 우리가 실시한 연구의 일부는 이미 중간보고의 형태로 골드버그 박사가 학회에서 발표하였다. 모든 연구결과는 가까운 장래에 간행될 예정이다.

개의 근본적인 문제 즉 임상적·실제적·실존적·철학적인 문제를 제기한다. 만약 기억의 대부분을 잃어버린다면, 그래서 자신의 과거를 잃어버리고 현재 자신이 의지할 곳을 잃어버린다면, 과연 그 사람에게는 어떤 삶(만약 그런 게 있다면), 어떤 세계, 어떤 자아가 남게 될 것인가?

이러한 질문에 딱 들어맞는 예로 내가 전에 맡았던 환자 하나가 금방 머릿속에 떠올랐다. 매력적인 데다가 머리도 좋았지만 기억상실증 증세가 있는 지미 G.라는 사람이었다. 뉴욕시 근처에 있는 우리 요양병원으로 그가 이송된 것은 1975년 초였는데, 전에 그를 담당했던 의사가 보낸 진료 기록에는 "가망성 없음, 치매, 착란, 정체성 장애 증상 보임"이라고 아주 간략하게 쓰여 있었다.

외견상 지미의 모습은 단정했으며, 머리는 희끗희끗하게 세었고 숱은 그다지 많지 않았다. 겉보기에는 건강하고 준수해 보였다. 나이는 49세였고 명랑하고 사교적이며 활발했다.

"안녕하세요. 선생님. 정말 날씨 한번 좋은데요. 의자에 앉아도 될까요?" 하고 그가 말했다.

그는 붙임성이 있었고, 막힘없이 말도 잘했고 무엇을 물어도 척척 대답했다. 자신의 이름과 생년월일도 밝혔고, 또 그가 태어난 코네티컷주의 작은 마을에 대해서도 애정 어린 말로 설명하면서 지도까지 그려서 보여주었다. 부모가 살던 집에 대해서도 이야기해주었고, 집 전화번호까지 기억했다. 학교나 학창시절의 일, 그 당시의 친구에 관한 일 그리고 자신이 수학과 과학을 특히 좋아했었다는 것 등등을 이야기해주었다. 특히 해군에 근무할 때 있었던 일을 말할 때에는 아주 신바람이 났다. 그가 해군에 입대한 것은 1943년, 고등학교를 갓 졸업한 17세 때였다. 원래 이공계열이었기 때문에 라디오나 전자제품에 대해서는 금세 익숙해졌고, 텍사스에서 속성코스로 연수를 받고 난 다음에는 잠수함의 부통신사가 되었다. 승선했던 잠수함의 이름도 모두 외 웠고 여러 가지 임무나 배속되었던 장소, 동료 승무원 중에서 친했던 사람들의 이름까지 모두 기억했다. 모르스 전신부호도 기억했다. 또또 또또… 하면서 지금도 거침없이 쳐낼 수 있을 정도였다.

이처럼 즐겁고 보람 있던 젊은 시절의 일을 그는 아주 극명하고 자세하게 그리고 정감 있게 기억해냈다. 그러나 어떻게 된 일인지 그의 회상은 거기서 딱 멈추고 말았다. 똑똑하게 기억해서 말할 수 있는 것 은 전쟁시절과 군대에 복무했던 시절, 전쟁이 끝날 때 있었던 일들 그 리고 전쟁이 끝나면 어떻게 해야 할 것인가를 이모저모 생각했던 일 등등이었다. 해군이 적성에 맞는 것 같아서 그대로 말뚝을 박을까 생 각했다고도 한다. 그러나 군에 복무한 사람에게 여러 가지 혜택이 주 어진다는 것을 알고 있었던 그는 대학에 진학하는 것이 가장 좋겠다 고 생각했다. 그의 형은 경영학과에 다니면서 오리건주 출신의 대단한 미인과 약혼까지 했다.

옛날 일을 다시 되살려 기억하면서 지미는 매우 행복해했다. 과 거지사가 아니라 현재의 일을 이야기하는 듯했다. 그런데 나는 그의 이야기가 학교시절에서 해군시절로 넘어가면서 시제가 변한 것을 알 고는 깜짝 놀랐다. 조금 전까지만 해도 과거형으로 말했는데 지금은 현재형을 쓰는 것이 아닌가. 그것도 과거의 일을 소설에서처럼 일부러 현재형으로 표현하는 것이 아니라(적어도 나는 그렇게 생각했다) 과거의 직 접경험을 아무런 꾸밈도 없이 현재형으로 사용했던 것이다.

순간 나는 짙은 의혹을 느꼈다.

"선생님, 그것이 몇 년도의 일이지요?"

당혹감을 애써 감추며 그에게 물었다.

"1945년도의 일이지요. 왜요, 뭐 잘못됐습니까?"

그는 말을 계속했다. "우리는 전쟁에서 이겼어요. 루스벨트가 죽고 트루먼이 대통령이 됐으니, 지금부터는 정말 살기 힘든 세상이 될 거예요."

"그런데 말이다. 지미, 너 지금 몇 살이지?"

나는 반말로 불쑥 물었다.

무슨 까닭인지 그는 머뭇거렸다. 자신의 나이를 가늠하는 듯했다.

"저, 그러니까 열아홉 살… 일걸요. 이번 생일에 스무 살이 되니까요."

머리가 허옇게 센 남자를 눈앞에 두고 나는 애가 타서 견딜 수가 없었다(나중에 다시 생각해보니 내가 그때 너무 심했다는 생각이 들었다. 지미가 지금까지 그때 일을 기억할지 어떨지는 모르겠지만 어쨌든 그때 그 방법은 더할 나위 없이 잔혹했고 지금까지도 나 자신을 용서할 수 없는 기분이다).

나는 그에게 거울을 들이밀며 말했다.

"자, 그럼 이걸 좀 봐. 거울에 뭐가 보이지? 거울에 비친 모습이 열아홉 살의 젊은 얼굴인가?"

그는 얼굴이 창백해지면서 의자의 팔걸이를 꽉 잡았다.

"아니 이게 어떻게 된 거야."

그는 중얼거렸다.

"도대체 어떻게 된 일이지? 뭐가 어떻게 잘못된 거야. 꿈일까 아니면 내 머리가 잘못된 것일까. 혹시 선생님이 날 골탕먹이고 있는 것 아닙니까?"

그는 낭패감을 느낀 나머지 미친 듯이 외쳤다.

"괜찮아, 지미. 뭔가 좀 잘못된 것 뿐이라고. 걱정할 필요 없어요. 자, 봐!"

나는 그를 창가로 데리고 갔다.

"날씨가 정말 좋지? 아이들이 야구하는 게 보이지?"

그의 얼굴에는 다시 화색이 돌았고 약간의 미소도 지을 정도가 되었다. 나는 그에게 못할 짓을 하게 만든 그 꺼림칙한 거울을 집어 들고는 방을 살짝 빠져나왔다.

2분 후 다시 방으로 들어가자 지미는 아까처럼 그대로 창가에 서서 아이들이 야구를 하는 모습을 재미있게 내려다보고 있었다. 내가 문을 열고 들어온 것을 알고 그가 몸을 돌렸다. 얼굴 표정이 밝아져 있었다.

"안녕하세요, 선생님. 좋은 아침이지요. 자, 저에게 뭔가 하실 말씀이 있으시죠? 여기 이 의자에 좀 앉아도 되겠습니까?"

시원시원하고 거리낌 없는 얼굴에는 내가 조금 전에 만났던 바로 그 사람이라는 것을 아는 듯한 표정은 전혀 없었다. 난생처음 만나는 사람을 대하는 듯한 태도였다.

"전에 한 번 만난 것 같지 않아요?"

나는 그냥 지나가는 말로 물어보았다.

"아니요. 없는데요. 선생님처럼 멋있는 수염을 가진 사람을 만나고 잊을 리 있겠습니까?"

"그런데 왜 나를 보고 선생님이라고 부르는 거죠?"

"아니, 의사 선생님이시잖아요. 안 그래요?"

"맞아요. 그런데 만난 적도 없는데 어떻게 내가 의사라는 것을 아셨죠?"

"말씀하시는 투가 의사 선생님인 것 같아요. 의사 선생님 맞죠?"

"네, 말씀하신 대로입니다. 나는 이곳의 신경과 의사입니다."

"신경과 의사? 아니 그럼 내가, 신경이 이상하다는 말인가요?

그리고 여기는 뭘 하는 곳이지요? 여기가 도대체 어디죠?"

"그건 바로 제가 드리고 싶은 말입니다. 지금 당신이 어디에 있다고 생각하십니까?"

"침대가 많고 아픈 사람이 많이 있는 것으로 봐서 뭐랄까 병원 같기도 한데 말이죠. 그런데 내가 이런 병원에 무슨 볼일이 있어서 왔을까요. 노인들이나 드나드는 이런 곳에 말입니다. 여기 있는 사람들이 거의 나보다 나이가 들어 보이는데요. 나는 건강한 편이고 어느 한 군데 나쁜 데도 없는데, 수소처럼 건강하다 그 말입니다. 혹시 여기서 일거리를 찾으려고 온 걸까… 일거리? 어떤 일이지? …아냐, 아냐. 선생님이 고개를 젓는 걸 보니 그것도 아니고… 알겠어요. 여기서 일할 건 아니란 말이죠. 그렇다면 선생님, 내가 환자란 말이에요? 아니 내가 환자면서 어디가 아픈지도 모른단 말입니까? 야, 이거 미칠 노릇이네, 갑자기 무서워지는데요. 그냥 저하고 농담하시는 거죠?"

"그렇다면 선생은 뭐가 어떻게 돌아가는지를 전혀 모르신다는 말이군요. 정말 모르십니까? 선생이 선생의 어린 시절 이야기를 나에게 들려주었다는 것을 잊어버렸습니까? 어린 시절 코네티컷에서 성장했고 그후에 잠수함 부통신사가 되었다는 이야기를 내게 들려주었잖아요? 형님이 오리건주 출신의 여자와 약혼했다는 얘기도 들려주었고요."

"어이구, 잘도 아시네요. 말씀하신 대로예요. 그래도 난 얘기한 적 없어요. 지금까지 한 번도 선생님을 만난 적이 없는데 어떻게 얘기를 합니까. 혹시 내 경력서를 읽으신 것 아니에요?"

"그럼 좋아요. 내가 얘기해드리지요. 어떤 남자가 의사에게 와서 기억을 깜박깜박 잘 잊어먹어서 고통스럽다고 호소했습니다. 의사는 몇 가지 형식적인 질문을 하고 나서 말했습니다. '어떤 기억을 깜박 깜박 잘 잊지요?' 그러자 환자가 대답했습니다. '뭘 말입니까? 뭘 깜박 깜박 잊는단 말입니까?"

그는 웃으며 말했다. "맞아요, 맞아. 내 문제도 바로 그래요. 나도 가끔 그런 짓을 해요. 나도 가끔 잊어버리지요. 방금 전에 일어난 일을 말이에요. 하지만 옛날 일은 또렷하게 기억합니다."

"선생을 좀더 검사해봐야겠습니다. 몇 가지 검사를 해도 되겠습니까?"

"그럼요. 그렇게 하세요. 뭐든지 다 검사하세요."

지능검사를 한 결과 그의 지능은 대단히 뛰어났다. 머리 회전도 빨랐고 관찰력도 뛰어났으며 논리적이었고, 복잡하고 어려운 문제도 간단하게 풀었다(그러나 금방 해결되는 문제는 간단하게 풀어나갔지만 시간이 좀 걸리는 문제는 그것을 푸는 도중에 자기가 뭘 하는지 잊어버렸다). 다음에는 체커(서양 실내 놀이의 하나 — 옮긴이)를 시켜보았다. 기민했고 실력이 대단했다. 교묘했고 공격적이었다. 나 정도는 간단하게 이길 수 있었다. 그러나 체스의 경우에는 달랐다. 한 판을 두는 데 꽤 많은 시간이 걸렸다.

그의 기억력을 검사한 결과, 특이하게도 바로 전에 있었던 일을 기억하지 못한다는 사실이 드러났다. 따라서 어떤 말을 하거나 어떤 것을 보여주어도 몇 초 후에는 벌써 잊어버리고 말았다. 나는 시계와 넥타이 그리고 안경을 책상 위에 올려놓고 그 위에 보자기를 뒤집어씌운 다음 그에게 그 밑에 있는 물건을 외워두라고 했다. 그리고 1분 정도 다른 말을 하다가 밑에 어떤 물건이 있는지를 물어보자 그는 아무것도 기억해내질 못했다. 외워두라는 말조차 잊고 말았다. 나는 한 번더 같은 검사를 해보았다. 이번에는 그에게 세 가지 물건의 이름을 종이에 써놓으라고 했다. 그리고 조금 있다가 그 보자기 밑에 무엇이 있느냐고 물어보았다. 역시 그는 기억하질 못했다. 그때 그가 써놓은 것을 보여주었더니, 그는 화들짝 놀라면서 자기가 그것을 썼다는 사실조차 기억하질 못했다. 그러나 적힌 글자를 보고 그것이 자신의 필적이라는 것은 인정했다. 그러더니 잠시 후에 아까 자기가 그것을 썼다는 사실을 희미하게나마 떠올리는 눈치였다.

때때로 희미한 기억이 남아 있을 때도 있었다. 희미한 메아리라든가 처음이 아니라는 의식의 형태로 남아 있는 것이었다. 예를 들면 그는 나와 틱택톡을 둔 지 5분 정도 후에 조금 전에 어떤 의사와 틱택톡을 두었다는 기억을 떠올렸다. 그러나 '조금 전'이 몇 분을 말하는지 몇 개월을 말하는지에 관해서는 전혀 몰랐다. 그는 잠자코 생각하면서 뜸을 들이더니 말했다.

"그 의사 선생이 당신이었는지도 모르겠군요."

그렇다고 대답하자 그는 쾌활한 얼굴이 되었다. 쾌활함과 싸늘한 무관심이 서로 엇갈리는 것이 그의 두드러진 특징이었다. 시간관념이 없는 것도 특징이었다. 오늘이 몇 월 며칠이냐고 넌지시 물으면 순간적으로 그는 슬쩍 엿볼 달력을 찾느라 여기저기 주변을 둘러보는 것이었다. 그러나 이미 내가 책상에 있던 달력을 숨기고 난 뒤였다. 그러면 그는 창밖으로 눈을 던지며 날짜를 세어보려고 애쓰곤 했다.

그가 아무리 노력해도 기억을 머릿속에 새겨둘 수 없다는 사실이 드러났다. 기억을 새겨두는 기능이 약해서 기억이 금세 사라지고 마는 것이었다. 그의 기억력은 고작 1분 정도에 머물렀다. 뭔가 강한 자극을 주어서 그의 주의를 흩뜨리는 경우에는 1분도 안 되어 기억에 새겨두었던 것이 사라지고 말았다. 반면에 지성이나 지각능력은 전혀 훼손되지 않고 보존되어 있었다. 더 바랄 나위 없이 뛰어나기까지 했다.

지미의 과학적 지식은 우수한 이과계열 고등학교 졸업생 못지 않았다. 산술적 계산 능력은(대수도 마찬가지였다) 오히려 더 뛰어났다. 단지 순간적으로 풀어나가는 계산의 경우에만 그랬고 많은 과정을 거칠 필요가 있거나 많은 시간이 걸리는 문제를 접하면 지금 자기가 무엇을 하는지조차 몰랐다. 문제마저 잊어버렸다. 원소에 대해서도 잘 알아서 서로 비교하거나 주기율표를 작성하기도 했다. 그러나 우라늄 이후의 원소는 쓰지 못했다.

"그게 다입니까?"

나는 그가 써놓은 주기율표를 보고 물었다.

"전부예요. 최신 과학에 바탕을 두고 쓴 겁니다."

"우라늄 다음에 또 원소가 있을 텐데요."

"농담이시겠지요. 원소는 모두 아흔두 가지뿐인걸요. 우라늄이 맨 마지막이에요."

나는 잠깐 멈춘 후 책상 위에 있는 〈내셔널 지오그래픽〉지를 휙휙 넘기며 물었다.

"행성들 그리고 거기에 관해 알고 있는 것이 있으면 말해보세요."

말이 끝나기가 무섭게 그는 자신감 넘치는 모습으로 대답했다. 행성의 이름과 어떻게 해서 발견되었는지, 태양에서의 거리, 질량, 여러 가지 성질 그리고 중력의 크기 등등….

"이건 뭐죠?" 나는 잡지의 한쪽 면에 있는 사진을 보여주면서 말했다.

"달인데요."

"틀렸습니다. 이것은 달에서 찍은 지구의 사진입니다."

"거짓말하지 마세요, 선생님. 그렇게 하려면 누군가 사진기를 갖고 달에 가야 한다는 얘긴데…."

"당연하죠."

"말도 안 돼요. 어떻게 그런 일이 있을 수 있겠습니까?"

발군의 연기력을 지닌 배우거나 아니면 아예 느끼지도 못한 놀라움을 아주 그럴듯하게 꾸며대는 사기꾼이라면 모를까, 나는 그때까지 그의 대답을 통해 그가 아직도 과거에 그대로 머물러 살고 있다는 사실을 분명히 깨달았다. 그가 하는 말, 얼굴에 나타나는 표정, 천진난만하게 놀라는 모습, 눈에 보이는 것이 납득되지 않았을 때 안달하는 모습은 확실히 1940년대의 지성을 가진 젊은이의 모습 그대로였다. 지난 30년간의 사건에 대해서 전혀 모르고, 예측이나 예상도 하지 못하는 그런 인간의 모습이었다. 나는 노트에 적어두었다. "그의 기억이 1945년을 경계로 그 뒷부분이 싹뚝 잘려져 나간 것은 명백하다. 내가 보여준 것, 내가 해준 이야기는 그에게는 정말 진정한 놀라움이었다. 소련이 최초의 인공위성을 발사하기 이전 시대에 살았던 어떤 지적인 청년에게 이런 얘기를 했더라도 그는 지미가 보여준 것과 똑같은 반응을 보였을 것이다."

잡지에 또 한 장의 사진이 있길래 나는 그것을 내밀었다. 그가 말했다.

"항공모함이군요. 정말 현대적으로 잘도 만들었네. 이런 건 정말 처음 보는데요."

"그 항공모함의 이름은요?"

그는 사진을 흘긋 내려다보았다. 얼굴에 동요가 일렁거렸다.

"니미츠호!"

"뭐가 잘못됐습니까?"

"환장할 노릇이군. 항공모함 이름은 다 알지만 니미츠라는 이름은 들어보질 못했어요… 니미츠라는 제독은 있지만, 그래도 그 사람의 이름을 딴 항공모함이 있다는 소리는 금시초문이란 말이에요.”

그는 벌컥 화를 내면서 말하더니 잡지를 내팽개쳤다.

그는 피곤해 보였다. 약간은 안절부절하며 불안한 모습이었다. 아까부터 그로서는 이해하기 어려운 뜻밖의 일들이 계속되고, 신경을 곤두세워야 하는 내용이 눈앞에 줄줄이 펼쳐졌으니 피곤을 느낄 만도 했다. 내가 스스로 깨닫지 못하는 사이에 그를 공포 속으로 몰아넣었던 것이다. 이만큼 했으니 이제 그만둬야겠다고 생각했다. 우리는 또다시 창가 쪽으로 걸어가서 햇살이 내리쬐는 야구장의 내야를 바라보았다. 그러는 동안 그의 얼굴에서 긴장감이 사라졌다. 그는 니미츠호나 우주선에서 찍은 사진, 그리고 그를 피곤하게 했던 그 모든 것을 잊어버리고 아래에서 펼쳐지는 야구시합에 정신을 쏟기 시작했다. 그때 식당에서 맛있는 냄새가 흘러나왔다. 그러자 그는 입맛을 다시면서 “아, 점심시간이구나” 하고 한마디 하면서 빙긋이 웃더니 총총히 사라졌다.

혼자 남게 된 나는 가슴이 죄어오는 것을 느꼈다. 이렇게 가슴 아픈 일이 있을까? 이렇게 기묘한 일이 있을까? 그의 인생이 망각의 세계에서 녹아내리고 있다고 생각하니 정말 어찌해야 할지 모를 지경이었다.

나는 다시 노트에 적었다. “그는 순간 속의 존재이다. 말하자면 망각이나 공백이라는 우물에 갇혀서 완전히 고립되어 있는 것이다. 그에게 과거가 없다면 미래 또한 없다. 끊임없이 변동할 뿐 아무 의미도 없는 순간순간에 매달려 있을 뿐이다.” 그리고 이어서 좀더 무미건조하게 다음과 같이 썼다. “그 밖의 점에서는 신경학적 검사 결과 완벽하게 정상이었다. 지금까지 받은 인상에 입각해서 말한다면 아마 코르사코프 증후군 즉 알코올로 인해 일어난 유두체 변성乳頭體變性이라고 여겨진다."

　　노트에는 사실과 감상이 하나로 얽힌 여러 문장들이 뒤범벅되었다. 긴 문장이 있는가 하면 조목조목 적어놓은 요점만 있기도 했다. 그에게서 보이는 문제점들이 무엇을 의미하는지 순간순간마다 생각해야 했기 때문이다. 이 가엾은 남자가 누구이며, 무엇이며, 어디로 가는지 등의 문제를 여러모로 생각해야 했다. 그리고 이처럼 기억이 끊겨서 연속성을 잃어버린 존재를 과연 '존재'라고 말할 수 있는지 없는지에 대해서 곰곰이 생각해야 했다.

　　나는 이때도 그리고 나중에 노트에 적은 내용 속에서도 이 '잃어버린 영혼'(이 말은 과학적인 용어는 아니지만)에 대해서 생각을 거듭했다. 어떻게 하면 연속성을 그에게 돌려줄 수 있을까? 그는 뿌리가 없는 인간이었다. 아니 먼 과거의 일에만 뿌리가 남은 사람이었다.

　　'연결', 하지만 그가 어떻게 뿌리를 연결할 수 있단 말인가? 어떻게 해야 그가 뿌리를 연결하도록 도울 수 있단 말인가, 대관절 연속성이 없는 인생이란 어떤 것일까? 흄은 이렇게 말했다.

　　감히 말하자면 우리는 무수하고 잡다한 감각의 집적 혹은 집합체에 불과하다. 그러한 감각은 믿기 어려운 속도로 차례차례 이어지고 움직이고 변화하고 흘러간다.

　　어떤 의미에서 지미는 흄이 말한 바로 그런 상태가 되어버렸을지도 모른다. 만일 흄이 지미를 만났다면 그는 틀림없이 지미에게 흥미를 느꼈을 거라고 나는 생각한다. 자신의 견해를 실증해주는 사례가 나타났기 때문이다. 인간이 이미 산산이 부서져서 일관성이 없는 유동과 변화의 존재로 탈바꿈해버린 예가 바로 지미였다.

기존의 의학 관련 문헌을 찾아보던 중에 실마리 혹은 참고가 될 만한 것을 발견했다. 주로 러시아의 문헌에 많이 있었다. 그중 오래 된 것은 1887년에 나온 코르사코프의 독창적인 논문이었다. 이 논문 은 기억상실의 병례에 대해서도 많이 다루었고, 여기에서 코르사코프 증후군이라는 명칭도 생겨났다. 그리고 비교적 최근의 저작으로는 루 리야의 《기억의 신경심리학》을 꼽을 수 있다(이 책은 내가 처음 지미를 만난 1년 후에 번역되어 출간되었다). 코르사코프는 1887년에 다음과 같이 썼다.

최근에 일어난 일의 기억은 지독하게 혼란스럽다. 근래에 일어난 일부 터 가장 먼저 잊어버리고 만다. 반면에 예전의 일은 별 문제 없이 기억 할 수 있다. 환자의 지성이나 두뇌 기능, 능력 등에는 거의 영향을 받 지 않는다.

코르사코프의 관찰은 대단히 탁월하지만 양적으로는 부족한 감이 있다. 그후 약 1세기에 걸쳐서 더 깊이 있는 연구가 계속되었다. 그중에서도 가장 내용이 풍부하고 깊이가 있는 것은 뭐니뭐니해도 루 리야의 연구라고 할 수 있다. 루리야는 탁월한 문장가이다. 그는 과학 을 시에 가깝게 표현했다. 그가 기억상실에 관해 기록한 글을 읽노라 면, 그 어떤 비극도 흉내낼 수 없는 아픔이 읽는 이의 마음을 절절히 파고든다. 루리야는 이렇게 썼다.

이런 환자들은 자기가 받은 인상 전체를 종합해서 시간적 순서에 따 라 하나로 연결짓는 것이 불가능하다. 그 결과, 그들은 시간의 흐름을 이해하지 못하며 하나하나 분리되고 고립되어서 아무런 맥락도 없는 잡다한 인생의 굴레 속에서 살고 있는 것이다.

그는 또 이렇게 덧붙였다.

인상의 상실은 가까운 일에서 좀더 먼 과거 쪽으로 향한다. 또한 역방
향으로 펼쳐지는 일조차 있으며 극심한 경우에는 그 파급이 아주 먼
옛날 일에까지 미친다.

이 책에 등장하는 루리야의 환자들은 거의 모두가 뇌종양에 걸
린 사람들이었고, 그 결과 코르사코프 증후군과 같은 증상을 보였다.
결국 종양이 넓게 퍼져서 그들을 죽음으로 몰아넣는 것이다. 따라서
이 책 속에서는 '단순한' 코르사코프 증후군의 병례는 하나도 다루어
지지 않았다. '단순한' 사례란 코르사코프가 말한 바와 같이 뇌의 다
른 부분은 이상이 없으나 작지만 아주 중요한 부위인 유두체의 신경세
포가 알코올 때문에 파괴된 경우를 말한다. 즉 일부의 신경세포만 파
괴된 경우이다. 따라서 루리야의 책에는 장기간에 걸쳐서 관찰을 계속
한 사례가 하나도 없다.

처음에 나는 왜 지미의 기억이 1945년에서 딱 끊기고 말았는지
를 알지 못하고 그저 이상하게만 생각했다. 그해는 제2차 세계대전이
끝난 때로, 대단히 상징적인 해였다. 나는 노트에 다음과 같이 기록
했다.

엄청난 공백이 있다. 그때 혹은 그 직후에 어떤 일이 일어난 것인지 알
수 있을까? 우리들은 '잃어버린' 세월들을 어떻게 해서라도 메워야만
한다. 그의 형, 해군 아니면 전에 치료 받던 병원에 알아볼까? 그 당시
에 지미가 어떤 심한 부상이라도 입었던 것일까? 치열한 전투를 벌이
다가 머리를 심하게 다쳤거나 정신적으로 큰 충격을 받은 것일까? 그

래서 그 영향이 지금까지 그늘을 드리우고 있는 것일까? 전쟁 중이야 말로 그의 '절정기', 다시 말해서 그의 인생 가운데 진실로 충실했던 기간이었고 그후의 생활은 맥 빠지는 나락의 나날이었을까?♦

우리는 여러 가지 검사를 해보았다. 뇌에 심각한 장애는 없었다 (하지만 유두체에 미소한 위축이 있었다 하더라도 검사에서는 발견되지 않았을 것이다). 해군에서 보내온 답신에는 지미가 1965년까지 해군에 복무했으며 그 당시 대단히 유능한 군인이었다고 쓰여 있었다.

이어서 벨뷰 병원에서도 아주 짤막한 기록을 보내왔다. 1971년 까지의 기록이었다. '방위상실 증상이 두드러지며 (…) 알코올로 인한 뇌증후군이 천천히 진행되고 있음(이 무렵에는 간경화 증세까지 나타나기 시작함).'

그후 벨뷰 병원에서 나온 지미는 같은 마을에 있는 의료원에 들어갔다. 이름만 의료원일 뿐 열악하기 그지없는 곳이었다. 그리고 1975년에 우리 의료원의 도움으로 그곳에서 빠져나올 수 있었다. 처음 우리 의료원에 왔을 때 그의 모습은 그야말로 굶주림에 시달린 볼

♦ 《선한 전쟁》(1985년)은 스터즈 터클이 많은 사람들과 인터뷰한 것을 편집한 것으로, 제2차 세계대전 중에 인생의 충실감을 맛볼 수 있었다고 말하는 남녀(특히 남자 전투원)의 이야기가 많이 수록되어 있다. 그들에게 전쟁이란 자신들의 생애에서 가장 생생하고 충실한 의미를 가진 시기였다. 그에 비해 그후의 시기는 빛바래고 활기 없는 시기라고 할 수 있다. 이런 사람들은 아직도 전쟁에서 벗어나지 못한 채 당시의 전투나 동지애, 도덕적 확신과 열의를 다시 체험한다. 그러나 이러한 과거로의 몰입, 현재의 감정이나 기억에 대한 차디찬 열의 등은 지미의 기질적인 건망과는 전혀 다르다. 최근에 터클과 이야기할 기회가 있었는데, 그때 그는 이렇게 말했다. "내가 만난 수천 명의 사람들은 1945년 이후에 말하자면 제자리걸음을 하면서 산 사람들입니다. 그러나 당신의 환자 지미처럼 1945년에서 시간이 완전히 끊긴 사람은 단 한 사람도 보지 못했습니다."

썽사나운 몰골이었다.

우리는 그의 형이 있는 곳을 수소문했다. 경영학과에 다니고 있고 오리건주 출신의 아가씨와 약혼했다는 말을 지미에게서 들은 바 있었다. 확인 결과 그는 오리건주 출신의 여자와 결혼해서 아이를 둔 아버지가 되어 있었고 게다가 손자들까지 두고 있었다. 그는 이미 30년 넘게 일한 베테랑 회계사였다.

우리는 그의 형에게 많은 이야기를 들을 수 있겠다고 기대했다. 그러나 그는 아주 정중하지만 지극히 짧은 편지 한 통을 보내왔다. 그 편지를 통해 특히 글 사이의 숨은 뜻을 통해 알게 된 사실은, 1943년 이후 두 사람이 거의 만나지 않았다는 점이다. 두 사람은 단 한 번의 교차점도 없이 각자의 길을 갔던 것이다. 그 이유는 거주지와 직장이 서로 멀리 떨어져 있었고, 게다가 서로 기질이 전혀 달랐기 때문이다 (그렇다고 해서 둘의 사이가 나빴다는 것은 아니다). 지미는 결코 '한곳에 엉덩이를 붙이고 꾸준히 있는 성격'이 아니었고 '낙천적인 성격'에다가 늘 '술독에 빠져서' 살았던 모양이다. 형이 기억하기로 지미는 해군에 있을 때는 아주 안정된 생활을 했지만 1965년 제대한 다음부터 약간 이상해지기 시작했다고 한다. 생활에 안정을 주던 구조이자 닻의 역할을 하던 것이 없어지자 무기력해지면서 '산산조각이 나고' 말았다. 폭음을 하게 된 이유도 거기에 있었던 것 같다. 1960년대 중반쯤, 특히 후반에 이르자 코르사코프형의 기억장애가 시작되었다. 그러나 그다지 심한 편은 아니었다. 그래서 지미는 특유의 낙천적인 기질을 발휘해서 어떻게 해서든지 '극복하려는' 모습을 보였다. 그러나 1970년대에 들어서면서 폭음은 더욱 심해졌다.

이것도 그의 형이 들려준 이야기이지만 그해 크리스마스 무렵부터 갑자기 지미의 '머리가 이상해지기' 시작했고, 자신도 모르는 사이에 흥분하거나 정신착란 증상을 보였다. 이렇게 해서 그는 결국 벨뷰 병원에 입원했던 것이다. 이듬해 1월에 흥분과 정신착란 상태는 약간 가라앉았으나, 그 뒤부터 아주 기묘한 기억장애(의사들 사이에서는 기억의 '결함'이라고 한다)가 뚜렷이 나타나기 시작했다. 그 당시 형은 지미를 만나러 갔다. 두 사람이 만난 것은 20년 만이었다. 지미는 형을 알아보지 못했다. 그뿐만이 아니었다. 지미는 놀랍게도 이렇게 말했다.

"우리 아버지처럼 늙어보이는 당신이 내 형이라고요? 농담하지 마세요. 우리 형은 젊다고요. 대학에서 경영학을 전공하고 있는데요."

이런 이야기를 전해 들은 나는 더욱더 미궁으로 빠져들었다. 무슨 이유로 지미는 해군에 복무했던 마지막 시기를 기억하지 못하는 것일까, 어째서 그는 1970년까지의 일을 기억하지 못하는 것일까, 어째서 그때까지의 기억이 종합되지 않는 것일까? 당시 나는 그와 같은 환자에게는 역행성 건망(뒷이야기 참조)의 가능성이 있다는 것을 전혀 알지 못했다. 나는 그 당시의 일을 노트에 이렇게 써놓았다. "이러한 기억상실증은 발작흥분형일까, 아니면 둔주곡형일까? 그도 아니면 기억하고 싶지 않을 만큼 무서운 그 어떤 것으로부터의 도피라고 생각해도 될까?" 결국 나는 그에게 정신분석의의 진찰을 받아볼 것을 권했다. 정신분석의의 보고는 아주 철저하고 세세했다. 그녀는 소듐 아미탈 검사를 해보았다. 만일 억압된 기억이 있으면 그것으로 되살릴 수 있기 때문이었다. 그녀는 또 지미에게 최면술도 걸어보았다(이것은 히스테리 기억상실의 경우에는 기억을 되살리는 데에 상당한 효과가 있다). 그러나 그것은 실패로 돌아갔다. 지미에게는 최면술도 효과가 없었다. '저항'했기 때문이라기보다 기억상실증의 정도가 상당히 심했기 때문이었다. 최면술사가 하는 말에 전혀 끌려 들어가지 않을 정도로 심했다. (보스턴 퇴역 군인병원의 기억상실증 병동 의사인 M. 호모노프 박사는 이것과 똑같은 자신의 경험을 피력한 바 있다. 나아가 박사의 견해로는 이러한 일은 코르사코프 증후군 환자에게만 발견되며 히스테리 기억상실 환자와는 다르다고 한다.)

"히스테리성 결손도 아니고 결손을 위장한다고도 생각할 수 없다"라고 정신분석의는 기록했다. "그에게는 자신을 위장할 수단도, 또 그렇게 할 만한 아무런 동기도 없다. 그에게 기억결손이 있다는 것은 사실이고 되돌릴 수 없기 때문에 치유는 힘들다. 그런데도 이상한 점은 결손이 먼 과거에까지 영향을 미치고 있다는 점이다. 본인은 전혀 자신의 결손을 느끼지 못하고 아무런 불안도 호소하지 않으며 앞으로 어떤 문제가 일어날지도 모른다. 따라서 나로서는 이대로 방치하는 것 이상의 유효한 치료방법을 전혀 생각할 수 없다."

그렇다면 이것은 분명히 코르사코프 증후군임에 틀림없었다. 정서라든가 그 외의 다른 기질적인 원인이 얽혀 있지 않은 '순수한' 코르사코프 증후군인 것이다. 나는 그렇게 확신했기 때문에 루리야에게 편지를 써서 그의 의견을 구했다. 루리야는 답장에서 자신의 환자인 벨이라는 사람에 대해 자세히 적어 보내주었다.✦ 벨은 기억상실증이 심했으며 과거 10년간의 기억이 지워져버렸다. 왜 과거가 통째로 지워지지 않고 10년이라는 세월만 지워졌는지 그 이유는 알 수 없다고 루리야는 편지에서 말했다. 부뉴엘은 '전 생애를 지우는 기억상실'이라는 말을 썼지만 지미의 기억상실증은 이유야 어떻든 간에 어림잡아 1945년경부터 그 이후의 일을 자신의 기억 속에서 지워버린 것이다. 때로는 1945년보다 훨씬 후의 일을 기억할 때도 있었다. 그러나 그러한 기억은 단편적이고 시간적 순서도 엇갈려서 나타났다. 어떨 때는 신

✦　A.R. 루리야, 《기억의 신경심리학》(1976년), 250~252쪽 참조

문 제목에 적힌 인공위성이라는 글자를 보고 거리낌 없이 이렇게 말하기도 했다.

"체사피크 베이호를 탔을 때 인공위성 추격 임무를 맡은 적도 있었는데."

이것은 1960년대 초에서 중반까지 기억의 한 단면이었다. 그러나 기억의 연속성이 실제로 끊긴 것은 1940년대 중반 혹은 후반이었다. 그 이후의 기억이 있다손 치더라도 단편적인 것에 불과해서 맥락이 없었다. 이것은 1975년의 증례였는데, 그로부터 7년이 흐른 지금까지도 여전하다.

우리가 무엇을 해줄 수 있을까? 우리가 무엇을 해야만 할까? "이런 환자의 경우 이렇다 할 처방전은 아무것도 없습니다"라고 루리야는 적어보냈다. "당신이 생각해낼 수 있는 좋은 치료법이 있다면 어떤 것이라도 좋으니 시도해보십시오. 그러나 그의 기억이 되살아날 가능성은 전혀 없다고 봐야 합니다. 그렇더라도 인간은 기억만으로 이루어진 존재는 아닙니다. 인간은 감정, 의지, 감수성을 갖고 있는 윤리적인 존재입니다. 신경심리학은 이런 것에 대해서 언급할 수 없습니다. 그렇기 때문에 심리학의 손길이 미치지 않는 이 영역에서 당신은 그의 마음에 영향을 미쳐 그를 변하게 할 수도 있지 않을까 생각합니다. 당신의 조건으로 미루어볼 때 당신이라면 가히 해낼 수 있다는 생각이 듭니다. 그 이유 중의 하나는 당신이 의료원에서 근무하고 있다는 점을 들 수 있습니다. 의료원은 작지만 하나의 인간사회를 이루고 있어서 내가 일하는 진료소나 요양시설과는 분위기가 전혀 다릅니다. 신경심리학상으로 봤을 때 우리들이 할 수 있는 일은 거의 없습니다. 아니, 거의가 아니라 전혀 없다고 말하는 편이 나을 것입니다. 그러나 인간적인 견지에서는 할 일이 적지 않으리라고 생각합니다."

루리야에 따르면 그의 환자 쿠르는 보기 드물게 강한 자의식을 갖고 있으며 거기에 절망과 불가사의한 평정심이 한데 어우러져 있다고 한다. 쿠르는 이렇게 말하곤 했다.

"나는 현재에 관해서는 기억이 없어요. 바로 지금 내가 무엇을 했는지, 어디에서 왔는지 알 수가 없어요… 과거를 기억해보라면 별 어려움 없이 기억하면서도 현재를 기억해보라면 전혀 안 돼요."

지금 검사하고 있는 사람을 전에 본 적이 있느냐고 물으면 그는 이렇게 대답했다.

"그렇다고도 아니라고도 할 수 없군요. 전에 만난 적이 있다고 단언할 수도 없고 그렇지 않다고 할 수도 없습니다."

지미의 경우에도 쿠르와 같은 증상을 보였다. 그러나 같은 병원에 몇 개월씩이나 계속 다닌 쿠르처럼 지미도 친밀감을 느끼게 된 듯했다. 그는 자신이 살고 있는 의료원의 내부가 어떻게 되어 있는지 서서히 알 수 있게 되었다. 식당이나 그의 방 그리고 엘리베이터나 계단 등이 어디에 있는지도 알게 되었고 의료진 중 몇몇 사람을 기억할 수 있게 되었다(그래도 이전에 알고 있던 사람들과 혼동하는 것은 변함이 없었다). 그 중에서 어떤 간호사를 좋아하게 되었는데, 목소리나 발소리만으로도 금세 그녀를 알아보았다. 그러나 그는 그녀를 고교시절의 동창생이라고 생각하고 있어서 내가 그녀를 '시스터'(의료원에서 간호사를 일컫는 말, 영어로 수녀라는 뜻도 가지고 있다―옮긴이)라고 부르면 깜짝 놀라곤 했다.

그는 이렇게 소리쳤다.

"와, 놀랍다. 네가 수녀가 되리라고는 정말 생각지도 않았는데 말이야."

지미는 우리가 운영하는 의료원에 오고 나서부터, 그러니까 1975년 초부터 사람을 알아본 적이 한 번도 없었다. 그러나 오리건에서 온 자기 형만은 알아보았다. 그가 형을 만나는 장면은 옆에서 보기에도 정말 감동적이었다. 지미가 정말 기뻐하는 모습을 보인 것도 그때뿐이었다. 그는 형을 사랑하고 있었고 만나자마자 바로 그가 누구인지를 알아차렸다. 그러나 형의 모습이 어째서 그렇게 나이들어 보이는지에 대해서는 이해하지 못했다. "진짜 빨리 늙는 사람이 있구나"라고 말했던 것이다. 그러나 실제로 형은 나이보다 훨씬 젊어보여서 얼굴이나 몸집이 젊었을 때와 거의 변함이 없었다. 형과의 만남이 그에게는 진실한 의미의 재회였고 과거와 현재를 연결하는 유일한 접촉점이었다. 그러나 그 재회도 역사 즉 연속에 대한 감각을 일깨우지는 못했다. 다만 그의 형이나 두 사람이 만나는 광경을 지켜본 사람들에게는 지미가 여전히 과거 속에 살고 있는 화석과 같은 존재라는 사실이 한층 분명해졌을 뿐이다.

우리 모두 처음에는 지미를 도울 수 있다고 생각했다. 그는 매력적이고 호감이 가는 사람인 데다 두뇌 회전도 활발하고 지적이었기 때문에 고치기 어렵다는 생각은 조금도 하지 않았다. 그러나 그 정도로 기억상실증이 심할 줄은 아무도 상상하지 못했고 또 경험한 적도 없었다. 모든 것, 모든 경험, 모든 사건을 완전히 지우고 마는 블랙홀, 모든 세계를 삼켜버려서 아무것도 남겨놓지 않는 심연.

처음 그를 만났을 때 나는 그에게 매일 일기를 쓰라고 권유했다. 매일 그날 있었던 일, 느낀 일, 생각한 것, 기억이 난 것들을 모두 기록해두라고 강력하게 권했다. 그러나 그런 나의 권유는 완전히 실패로 돌아갔다. 무엇보다도 그가 항상 일기장을 잃어버렸기 때문이다. 그래서 우선 그가 일기장을 몸에 지니고 다니게 해야 했다. 그렇게 했는데도 별 효과를 얻지 못했다. 그는 날마다 짧은 메모를 일기장에 착실하게 적어놓기는 했지만 바로 그 전날 자신이 쓴 것을 보고도 그것을 이해하질 못했다. 자신의 필적이나 문체는 알아보았기 때문에 그 전날 자신이 무엇인가를 썼다는 사실을 알고 놀라곤 했다.

놀라기는 했지만 관심은 없었다. 왜냐하면 그에게는 '전날'이라는 개념이 없기 때문이다. 그가 쓴 일기는 전혀 맥락이 없었다. 그뿐 아니라 그는 아주 실없고 하찮은 것들만 기록해놓았다. 예를 들면 '아침 식사로 달걀을 먹음'이라든가 '텔레비전에서 야구를 보다'와 같은 식으로 깊이 있는 내용이라고는 하나도 없었다. 그러나 애당초 기억이 없는 사람에게 깊이(감정면에서나 사고면에서)를 기대할 수는 없지 않은가? 그는 아무런 관련이 없는 인상이나 사건을 그저 기계적으로 늘어놓는 존재, 흄이 말한 분별 없는 존재로 전락한 것은 아닐까?

이 끝없는 망각, 이 가슴 아픈 자기 상실을 지미는 알았다고도 할 수 있고 몰랐다고도 할 수 있다(우리는 다리나 눈을 잃으면 다리가 없고 눈이 없다는 사실을 의식한다. 그러나 자기 자신을 잃어버리면 그 사실 자체를 모른다. 왜냐하면 그것을 깨달을 자신이라는 존재가 없어졌기 때문이다). 그런 까닭에 나는 이 문제를 그에게 물어볼 수 없었다.

사실 그는 자신이 환자라고 생각하지 않았다. 그래서 자신이 환자들 틈에 끼어 있는 것을 의아하게 생각했다. 우리는 도대체 그가 어떤 기분으로 사는지 알고 싶었다. 그는 체격도 좋고 건강한 데다가 일종의 동물적인 강인함과 에너지의 소유자였다. 그러면서도 묘하게 무기력하고 활발하지 않은 면이 있었다. 게다가 누구나 느끼듯이 매사에 무관심했다. 옆에서 보더라도 '어딘가 모자라는 데가 있다'고 느껴졌지만, 본인이 그 사실을 아는지 모르는지도 알 수 없었다. 설령 알았다고 하더라도 그런 것에는 '무관심'했다. 어느 날 나는 그의 기억이나 과거에 대해서 언급하지 않고 지극히 평범한 감정에 대해서 살펴보았다.

"기분은 어때요?"

길 잃은 뱃사람

"기분이 어떠냐고요?"

그는 내가 한 말을 반복하면서 머리를 벅벅 긁었다.

"나쁘다고는 할 수 없어요. 하지만 기분이 좋다고도 할 수 없어요. 뭐가 뭔지를 알 수 없어요."

"자신이 불행하다고 생각합니까?"

"그렇지는 않아요."

"인생이 즐겁다고 생각해요?"

"모르겠는데요."

내가 너무 심하지 않은가 하는 생각이 들어서 약간 망설였다. 한 남자를 은근히 참기 어려운 절망으로 밀어넣는 것이 아닐까 하는 생각이 들었다. 나는 주저주저하면서도 다시 물었다.

"인생이 괴롭지 않다면… 그렇다면 인생을 어떤 식으로 느끼나요?"

"아무것도 느끼지 못해요."

"그래도 살아 있다는 것은 느끼지요?"

"그래도 살아 있다는 것을 느끼냐고요? 별로 그렇지 않은데요. 오랫동안 그런 걸 느껴본 적이 없어요."

그의 얼굴에 끝 모를 슬픔과 체념이 드리워졌다.

얼마 후 나는 그에게 레크레이션 프로그램에 참가하면 어떻겠냐고 권해보았다. 그가 단시간에 하는 게임이나 퍼즐은 아주 잘했고 또 좋아한다는 것을 알았기 때문이다. 적어도 그것을 하는 동안만큼은 그것이 '버팀목'이 되어 자신이 고독하지 않으며 친구나 경쟁상대가 있다는 것을 느꼈기 때문인 듯싶었다(자신이 고독하다고 탄식하진 않았지만 그의 얼굴은 정말이지 쓸쓸해 보였다. 슬픔을 말로 표현한 적도 없었지만 그의 모습에서는 슬픔이 뚝뚝 묻어나왔다). 레크레이션 프로그램에 참가하라고 한 것은 효과가 좋았다. 일기를 쓰는 것보다 훨씬 나았다. 그는 여러 게임에 얼굴을 내밀고 짧은 시간이나마 열중했다. 그러나 그러는 사이에 도전 의욕을 잃고 말았다. 그는 어떤 퍼즐이든 별로 힘들이지 않고 모두 풀 어버렸다. 게임을 해도 누구보다 잘했다. 그러나 그 사실을 깨달은 그 는 또다시 침착성을 잃고 안절부절했다. 복도를 어슬렁거리며 걸어다 니기도 하고 불안해하기도 하고 벌컥 화를 내기도 했다. 게임이나 퍼 즐은 아이들의 놀이인데 자신이 그런 걸 한다는 게 견딜 수 없이 화가 나는 모양이었다. 그는 애타게 뭔가를 하고 싶어했다. 뭔가를 하고 싶 고, 뭔가가 되고 싶고, 뭔가를 느끼고 싶어했다. 그러나 자신이 원하는 것을 손에 넣을 수는 없었다. 그는 의미나 존재 이유를 갈망했다. 프로 이트의 말을 빌리자면 '일과 사랑'을 추구했던 것이다.

　　과연 그가 '일'을 할 수 있을까? 1965년에 일을 그만두었을 때 그는 '산산이 부서진 모습'이 되어버렸다. 그는 두 가지 특기를 가지고 있었다. 모르스 전신부호와 타자를 치는 일이었다. 특별히 사용할 곳 을 만들어내지 않는 한, 의료원에서는 모르스 전신부호를 사용할 길 이 없었다. 그러나 타자는 칠 수 있었다. 만일 그가 예전의 기술을 되살 린다면 그에게 일을 맡길 수도 있었고 그렇게만 된다면 게임과는 달리 진짜 일거리를 갖게 되는 셈이었다. 드디어 지미는 예전의 기술을 되찾 아 아주 빠른 속도로 타자를 칠 수 있게 되었다(사실 천천히는 치지 못했 다). 그는 타자를 치는 가운데 일이 주는 도전감과 만족감을 맛보게 되 었다. 그러나 그것마저 결국 표면적인 행위에 지나지 않았다. 자판을 두들겨 글자를 찍어내기는 했지만 그 이상은 무리였다. 지미는 그저 기계적으로만 칠 뿐 내용은 전혀 파악하지 못했다. 짧은 문장이 아무 런 의미도 없이 계속 나열될 뿐이었다.

　　그런 그의 모습을 보고 '잃어버린 영혼'이라는 탄식이 절로 나

길 잃은 뱃사람

왔다. 그러나 어떤 병에 걸려 자기의 영혼을 잃어버리는 일이 실제로 있을 수 있을까? 나는 어느 날 간호사들에게 물어보았다.

"그에게 영혼이 있다고 생각합니까?"

간호사들은 이 질문을 듣고 몹시 분개했지만 내가 왜 그런 질문을 했는지 이해해주었다. 그러고는 이렇게 말했다.

"지미가 성당에 앉아 있는 모습을 한번 보세요. 그리고 직접 판단하세요."

나는 성당에 가보았다. 그리고 내 마음이 흔들리는 것을 느꼈다. 왜냐하면 한 가지 일에 골똘하게 정신을 집중하는 지미의 모습을 처음 보았기 때문이다. 그때까지는 본 적도 없고 상상도 하지 못했던 모습이었다. 그는 무릎을 꿇고 성체를 혀 위에 올려놓고 있었다. 성스러운 종교의식을 추호의 의심도 없이 받아들이는 모습이었다. 그의 마음은 미사의 정신과 혼연일체를 이루고 있었다. 긴장과 정숙이 감도는 가운데 그는 완전히 무아지경에 빠져서 종교의식에 자신을 내맡기고 있었다. 그런 모습 어디에서도 기억상실증이나 코르사코프 증후군의 기미를 찾아볼 수 없었다. 그런 병이 존재한다는 사실조차 생각할 수 없을 정도였다. 이제 그는 제대로 기능하지 않는 메커니즘의 희생자가 아니었다. 기억상실증이나 기억의 불연속 따위가 도대체 그와 무슨 상관이 있단 말인가? 그는 어떤 하나의 행위에 그의 존재를 기울여 그것에 몰두했다. 인간에게 감정과 의미를 부여하는 유기적인 통일을, 바늘 하나도 꽂을 틈 없는 연속을 그는 달성하고 있었다.

분명히 지미는 정신 집중에 몰두하는 행위 속에서 자신을 발견하고 연속성과 현실성을 되찾았던 것이다. 간호사들이 말한 대로 그는 성당에서 자신의 영혼을 얻었던 것이다. 루리야의 말이 다시 한번 입증되었다. 그가 한 말이 생각났다.

인간은 기억만으로 이루어진 존재는 아닙니다. 인간은 감정, 의지, 감수성을 갖고 있는 윤리적인 존재입니다. 신경심리학은 이런 것에 대해서 언급할 수 없습니다. 그렇기 때문에 심리학의 손길이 미치지 않는 이 영역에서 당신은 그의 마음에 영향을 미쳐 그를 변하게 할 수도 있지 않을까 생각합니다.

기억이나 뇌의 기능 혹은 두뇌만으로는 그를 떠받칠 수 없었다. 그러나 윤리적인 행동이나 주의력 집중은 그에게 더할 나위 없는 힘이 되었던 것이다.

그러나 '윤리적'이라는 개념은 너무나 좁기 때문에 미적·연극적인 것을 포함시켜서 생각해야 하지 않을까? 성당에 있는 지미를 바라보면서 나는 깨달았다. 영혼을 향해서 소리치고 그것을 떠받치고 그것에 평온을 주는 것은 종교 말고도 다른 것이 또 있다는 사실을. 그때 지미가 보여준 것과 같은 몰두와 정신 집중은 아마 음악이나 미술의 영역에서도 일어날 수 있을 것이다. 내가 보기에 지미는 음악이나 간단한 연극을 '따라가는' 데에는 별다른 어려움을 느끼지 않았다. 왜냐하면 음악이나 연극 속의 매순간은 그 속의 다른 순간과 관련을 맺으며 연결되어 있기 때문이다. 지미는 정원 가꾸기를 좋아해서 의료원의 정원 손질을 맡게 되었다. 처음 그는 정원을 날마다 낯설어했다. 그러나 시간이 지나면서 어떤 이유에서인지는 몰라도 집 안보다 오히려 정원에 더 친숙함을 느꼈다. 이제 그는 길을 잃거나 방향을 잘못 아는 일이 전혀 없다. 내 생각에 그는 코네티컷에서 살던 어린 시절 자기가 좋아했던 정원과 비슷하게 정원을 가꿔가고 있는 것 같았다.

지미는 '공간화된' 시간(동질적 단위에 의해 분할되고 구분되는 공간화된 시간. 이런 시간에서는 과거와 현재가 따로 놀며 과거와 현재가 공존하거나 서로 침투하는 것이 불가능하다 — 옮긴이)에서는 완전히 길을 잃었지만, 베르그송이 말하는 '의도된' 시간 안에서는 완벽한 질서를 유지하고 있었다. 표면적인 구조에서 보면 두서없고 터무니없는 것도 예술 혹은 의지의 관점에서 보면 완벽한 정합성과 안정성을 지닐 수 있는 법이다. 더 나아가 거기에는 오랫동안 상실되지 않고 지속적으로 살아남은 무엇인가가 있었다. 그것은 일이나 퍼즐게임 그리고 계산과 같이 머리를 써야 하는 일을 할 때면 순간적으로 되살아났다. 그러나 그 순간이 끝나면 또다시 무의 세계, 망각의 심연으로 깊게 빠져들었다. 그러나 정서적·정신적으로 주의를 집중해야 하는 경우, 다시 말해서 자연이나 예술에 눈을 돌릴 때라든지 음악에 귀를 기울이거나 성당 미사에 깊이 몰입할 때는 주의력이 상당 시간 지속되었다. 그럴 때의 지미는 다른 때에는 좀처럼 보기 드문 안정과 평화를 되찾았다.

지미를 알게 된 지도 벌써 9년이나 되었다. 신경심리학적으로 보면 그는 조금도 호전되지 않았다. 여전히 그는 중증 코르사코프 증후군 환자이다. 그는 바로 몇 초 전에 일어난 일도 기억하지 못하며, 1945년 이후의 일도 거의 기억하지 못한다. 그러나 인간적인 혹은 정신적인 면에서 보면, 그는 때때로 완전히 다른 사람처럼 보이기도 한다. 쉽게 흥분하고 지루해하거나 초조하고 불안해 어쩔 줄을 몰라하며 두서없이 사는 것이 아니라 세계의 아름다움과 영혼에 마음을 기울이는 인간, 즉 키에르케고르가 나눈 범주들인 예술적·윤리적·종교적·극적인 것 모두를 풍요롭게 누리고 있는 사람처럼 보였다. 지미를 처음 만났을 때 나는 어쩌면 그가 '흄이 말하는 식'의 거품 같은 존재, 인생의 표피 위를 아무런 의미도 없이 이리저리 떠다니는 그런 존재로 전락한 것이 아닐 수도 있다고 생각했다. 그리고 비일관성 즉 그가 앓고 있는 흄식의 질병을 초월하는 어떤 길이 어딘가에는 있지 않을까라고 생각했다. 그러나 내가 아는 한, 경험과학에는 그런 길이 없다. 경험과학 즉 경험주의는 '영혼'에 대해서는 아무런 설명도 하지 않는다. 개인의 인격을 형성하고 결정하는 것이 무엇인지에 대해서도 설명하지 않는다. 여기에는 어쩌면 진료와 관련된 교훈뿐만 아니라 철학적인 교훈도 포함되어 있을 수 있다. 어쩌면 코르사코프 증후군이나 치매, 아니 그보다 더 심각한 질병에 걸렸더라도, 혹은 심각한 기질적인 장애나 흄이 말하는 식의 용해 상태에 빠져 있더라도, 예술이나 교감, 영혼의 접촉을 통한 재통합의 가능성은 아직 완전히 파괴되지 않은 채 조금이나마 남아 있지 않을까? 신경학적으로는 도저히 희망이 없는 걸로 보일지라도 말이다.

뒷이야기

　나는 이제 코르사코프 증후군을 앓는 환자들의 경우 역행성 기억상실증이 언제나는 아니지만 그래도 꽤 자주 나타난다는 사실을 알고 있다. 고전적인 의미에서 코르사코프 증후군은 알코올로 인해 유두체가 파괴되고, 그 때문에 치명적이고 영구적인 '순수한' 기억 손상이 일어나는 것을 말한다. 이런 증후군은 극심한 알코올 중독자에게서도 좀처럼 나타나지 않는 희귀한 질병이다. 물론 루리야의 환자처럼 종양 같은 다른 병리학적 원인으로 발생하는 경우도 있다. 급성(다행스럽게도 일과성) 코르사코프 증후군에 관한 매우 흥미로운 병례가 최근에 보고된 적이 있다. 편두통, 뇌 손상, 뇌의 혈행 장애로 인한 일과성 완전기억상실증 환자들의 경우였다. 그런 환자들은 몇 분 혹은 몇 시간 동안 기묘하고 심각한 기억상실에 빠질 수 있다. 그런데도 정작 당사자들은 그런 사실을 모른 채 기계적으로 차를 운전할 수도 있고 의료행위를 할 수도 있고 편집일을 할 수도 있다. 그러나 일을 기계적으로 잘해낸다 해도 그들에게 심각한 기억상실증 증세가 있는 것은 분명하다. 장기적인 기억이나 일상은 완벽하게 남아 있는지 모르지만, 방금 전에 한 말이나 불과 몇 분 전에 본 것은 까맣게 잊어버리는 것이다.

더 나아가 이러한 임상례에서는 심각한 역행성 기억상실이 있을 수도 있다. 게다가 내 동료인 레온 프로타스 박사가 최근 접한 다음과 같은 병례도 있다. 아주 지적이고 능력 있는 남성이 몇 시간 동안 자신의 부인과 아이들을 알아보지 못했다. 자신에게 아내나 아이들이 있다는 사실조차 기억하지 못했다. 30년에 걸친 자신의 인생을 완전히 잃어버린 꼴이 된 것이다. 다행스럽게도 그는 서너 시간 만에 다시 정상으로 돌아왔다. 곧 회복되고 더구나 완전히 정상으로 돌아왔다고는 해도 그것은 생각할수록 끔찍한 이야기이다. 풍요롭게 살고 많은 일을 했으며 또한 온갖 추억이 서린 30년의 세월이 눈 깜짝할 사이에 말살되어버린 것이다. 더구나 이렇게 무서운 증상에 빠졌다는 것을 타인만 알고 당사자는 전혀 눈치채지 못했다. 본인은 건망증에 걸렸다는 사실도 모르고 아무런 불안도 느끼지 못한 채 하던 일을 계속했다. 하루가 아니라(보통 알코올에 의한 의식상실은 하루 정도이지만) 생애의 절반가량을 잃어버리고 그러한 사실조차 몰랐다는 것을 나중에서야 알게 된 것이다. 인생의 대부분을 잃어버린 적이 있다는 사실은 아무래도 낯설고 기분 나쁜 공포를 안겨준다.

나이가 들면 중풍이나 노쇠, 뇌 손상 등으로 그때까지의 생활 즉 고도의 정신 생활이 예상치 않게 빨리 종지부를 찍을 수도 있다. 그러나 그런 일을 겪는다 해도 자신이 인생을 살아왔고 자신의 등 뒤에 과거가 있다는 기억은 남으며, 그것으로 아쉬움을 달랠 수 있다. '적어도 내가 뇌를 다치기 전 또는 발작을 일으키기 전에 힘껏 노력하면서 살았다'라고. '인생을 살았다'라는 의식은 인간에게 때로 위안을 주기도 하고 때로 쓰디쓴 회한을 주기도 하지만, 역행성 기억상실증에 걸리면 이러한 의식조차 없어진다. 부뉴엘이 말한 '일체의 기억상실, 전 생애를 지워버리는 최후의 상실'은 말기 치매증에서라면 아마 틀림없이 일어날 것이다. 내 경험상 한 번 정도 발작을 했다고 해서 갑자기 그런 현상이 나타나지는 않는다. 그러나 그와 비슷한 종류의 기억상실이 갑자기 일어나는 경우도 있다. 차이가 있다면 전면적인 것이 아닌 특정한 양상을 보인다는 점이다.

내가 진찰했던 어떤 환자는 머리 뒤쪽으로 통하는 혈관이 막혀 뇌의 시각을 담당하는 부분이 죽어버렸다. 시력을 완전히 상실했는데도 정작 본인은 그러한 사실을 알지 못했다. 행동을 보면 맹인이 틀림없었지만 그는 한마디 불평도 없었다. 질문과 검사 결과에 따르면 그는 완전히 맹인이 되었을 뿐 아니라 시각적 상상력과 기억을 몽땅 잃어버렸다. 그런 까닭에 그는 무엇인가를 잃어버렸다는 사실조차 의식하지 못했던 것이다. '본다'는 관념 자체가 사라졌기 때문에 시각적으로는 무엇 하나 표현할 수 없었을 뿐만 아니라 '본다'라든지 '빛'과 같은 개념을 질문하면 그것을 이해하지 못하고 쩔쩔맸다. 결국 모든 점에서 시각이라는 것과는 전혀 관계가 없는 사람이 된 것이다. 그는 지금까지 자신의 인생에서 '본다'는 것과 관계 있었던 모든 부분을 상실했다. 발작을 일으킨 순간에 사라져 두 번 다시 되살아나지 않았다. 이와 같은 시각기억상실, 말하자면 상실을 느낄 수 있는 능력의 상실은 결국 '전면적인' 코르사코프 증후군과 성질이 같으며 시각에 특정된 점만 다를 뿐이다.

그보다 더 작은 범위에 한정된 기억상실도 있다. 앞에서 나온 〈아내를 모자로 착각한 남자〉가 좋은 예이다. 그 경우는 완전한 얼굴인식불능증이다. P선생은 사람의 얼굴을 보고 누구인지를 알지 못했을 뿐만 아니라 '얼굴'이라는 것을 상상하거나 기억할 수도 없었다. '본다' 혹은 '빛'이라는 관념을 잃어버린 환자처럼 P선생은 '얼굴'이라는 관념 그 자체를 잃어버린 것이다. 코르사코프 증후군의 예는 1890년대에 안톤이 기술하기 시작했다. 코르사코프 증후군이든 안톤이 서술한 증후군이든, 이러한 증후군이 그후에 어떠한 영향을 미치는가 즉 당사자의 세계, 생활, 인격에 어떤 영향을 주는가에 대해서는 오늘날까지 거의 연구가 이루어지지 않았다.

　　지미의 경우 혹시 그의 고향 즉 사라진 기억보다 앞선 시절로 데려가보면 어떤 반응을 보일까? 우리는 이 문제에 대해서 때때로 이야기해보았다. 그러나 코네티컷의 그 작은 마을은 눈부실 정도로 발전해서 큰 도시로 변해 있었다. 이러한 경우 그가 어떤 반응을 보일까에 대해 나는 얼마 후에 알게 되었다. 지미가 아니라 다른 코르사코프 증후군 환자를 통해서였다. 스티븐 R.이라는 그 환자는 1980년 갑자기 건망증에 걸려서 거의 2년 전까지의 기억을 잃어버렸다. 그는 심한 발작과 경련을 비롯한 여러 문제가 있어서 입원했다. 어느 주말에 그는 모처럼 자신의 집으로 돌아갔다. 그는 어떤 반응을 보였을까? 이에 대해 나는 정말 가슴 아픈 이야기를 들었다. 병원에 있을 때 그는 누구를 만나거나 무엇을 보더라도 전혀 알아보지 못했다. 거의 언제나 그랬다. 그러나 그의 아내가 집으로 데리고 가자(그곳은 말하자면 지워진 기억 너머에 있는 타임캡슐 같은 곳이었다), 그는 곧바로 이곳이야말로 자기 집이라는 기분을 느꼈다. 예전에 눈에 익었던 것은 모두 알아보았다. 기압계를 가볍게 두드리기도 하고 온도조절장치도 점검해보고 자신이 애용했던 팔걸이의자에 예전처럼 앉아보기도 했다. 이웃사람이나 가게, 선술집이나 영화관에 대해서도 이야기했다. 그러나 그것들은 모두 1970년대 중반의 모습을 그대로 간직한 것들이었다. 조금이라도 바뀐 부분이 있으면 그것을 깨닫고 도무지 인정하려 하지 않았다.

"아니, 오늘 왜 커튼을 바꾸었지?" 하고 그는 갑자기 아내에게 말했다.

"왜 바꿨지? 이렇게 급작스럽게 말이야. 오늘 아침만 하더라도 초록색이었잖아."

그러나 1978년 이후 커튼은 초록색이 아니었다. 그는 가까이에 있는 집이나 가게는 거의 기억했다(1978년에서 1983년까지는 거의 변한 것이 없었기 때문이다). 그러나 영화관이 다른 것으로 바뀐 것을 보고 어리둥절하여 어찌할 줄을 몰랐다(어떻게 하룻밤 사이에 부숴버리고 슈퍼마켓을 세울 수 있을까). 그는 친구나 이웃사람은 금세 알아봤다. 그러나 생각보다 나이가 들어보이는 것에 대해서 이상하게 생각했다(많이 늙었구나. 그도 이젠 나이가 들었어. 지난번엔 저렇지는 않았는데, 어째서 오늘 모두가 다 늙어 보일까). 그러나 그보다 더 애처롭고 두려운 일은 아내가 그를 병원으로 데리고 왔을 때 일어났다(그의 표현에 따르면 지극히 괴이쩍고 납득할 수 없는 방법으로, 본 적도 없는 모르는 사람들이 득시글거리는 집으로 끌려온 꼴이 된 것이다).

"당신 도대체 뭐하는 거야?"

그는 갑자기 두려움과 혼란이 뒤섞인 목소리로 외쳤다.

"아니 대체 여기가 어디야? 여기서 무슨 짓을 하려는 거지?"

그는 도저히 눈 뜨고 볼 수 없는 광경, 그야말로 광기나 악몽 같은 광경을 바라보는 듯이 진저리를 쳤다. 다행스럽게도 1,2분이 지나자 그러한 사실조차 잊어버렸지만.

이러한 환자들은 과거 속에서 화석화되어 있으며 과거 속에서만 올바른 판단력을 느끼고 편안한 기분을 느낀다. 병원으로 돌아온 스티븐이 공포와 당혹감에 젖어 부르짖던 외침은 이제는 존재하지도 않는 과거를 요구하는 외침이었다. 그러나 우리가 무엇을 해줄 수 있단 말인가? 타임캡슐처럼 존재할 수도 없는 것을 만들 수는 없는 노릇 아닌가. 나는 이렇게까지 심한 시대착오증에 빠져서 고통받는 환자를 달리 본 적이 없다(《억누를 길 없는 향수》의 로즈 R.을 제외하고).

지미는 아쉬우나마 평안을 얻었다. 윌리엄은 끊임없는 담소를 즐긴다(《정체성의 문제》 참조). 그러나 스티븐의 경우에는 시간이 상처처럼 입을 떡 벌리고 있으며 그 고통은 결코 치유되지 못하고 있다.

몸이 없는 크리스티너

사물의 가장 중요한 측면은 그것이 너무도 단순하고 친숙하기 때문에 우리의 눈길을 끌지 못한다(늘 눈앞에 있기 때문에 별로 신경을 쓰지 않는 것이다). 따라서 가장 기본적으로 탐구해야 하는 것은 그냥 스쳐 지나가는 법이다. — 비트겐슈타인

비트겐슈타인이 인식론에 대해 쓴 이 구절은 생리학과 심리학에도 그대로 적용될 수 있을 것이다. 특히 셔링턴이 '우리의 비밀스러운 감각 즉 제육감第六感'이라고 부른 것에는 딱 들어맞는다. 제육감이란 근육, 힘줄, 관절 등 우리 몸의 움직이는 부분에 의해 전달되는, 연속적이면서도 의식되지 않는 감각의 흐름을 말한다. 우리 몸의 위치, 긴장, 움직임은 이 제육감을 통해서 끊임없이 감지되고 수정된다. 그러나 무의식중에 자동적으로 일어나기 때문에 우리는 그것을 느끼지 못할 뿐이다.

다른 감각들 즉 오감은 누가 보더라도 분명히 존재한다. 그러나

이 숨겨진 감각은 1890년대에 셔링턴에 의해 발견됨으로써 비로소 그 존재가 알려졌다. 그는 그것을 '외감각'이나 '내수용'과 구별하기 위해서 '고유감각'이라고 불렀다. 이렇게 이름을 붙인 데는 또 하나의 이유가 있다. 제육감은 자신이 자신임을 아는 감각으로는 빼놓을 수 없는 것이기 때문이다. 즉 '고유감각'이 있기 때문에 비로소 몸이 자기 고유의 것, 자기의 것임을 느낄 수 있는 것이다(셔링턴, 1906, 1940).

자기 몸을 통제하고 움직이는 것만큼 기본적이고 중요한 것이 우리에게 또 있을까? 그러나 그런 일은 저절로 이루어지는 데다 아주 익숙한 일이기 때문에 정작 우리는 그것에 대해 관심도 갖지 않는다.

조너선 밀러는 훌륭한 텔레비전 프로그램인 〈인체의 신비〉를 제작했다. 그러나 우리는 일반적으로 우리 몸의 신비에 대해서 생각하지 않는다. 우리는 우리 몸에 대해 결코 의심을 갖지 않는다. 우리 몸은 그저 '거기'에 있는 것이다. 비트겐슈타인은 누구도 의문을 제기할 수 없는 우리 몸의 이런 확실성이야말로 모든 지식과 확실성의 출발점이자 기초라고 생각했다. 그래서 그는 자신의 마지막 책 《확실성에 대해서》의 서두를 다음과 같은 구절로 시작했다. "여기에 하나의 손이 있다는 것을 당신이 알고 있다면 당신이 어떤 주장을 하든지 모두 인정하겠다." 그러나 곧바로 그는 책의 같은 쪽에서 이렇게 말하기도 했다. "이것을 의심하는 것이 의미가 있는지 그것 자체가 의문이다." 조금 뒤에서는 이렇게 말하기도 했다. "나는 그것을 의심할 수 있을까? 나에게는 이것을 의심할 근거가 없다!"

사실 그의 책은 제목을 '의문에 대해서'라고 붙여도 좋을 정도이다. 이 책에서 그는 자기의 주장을 밝히는 것만큼이나 많은 의문을 제기하고 있기 때문이다. 아마도 병원이나 전쟁터에서 환자를 접한 경험이 있기 때문이겠지만 비트겐슈타인은 우리 몸의 확실성을 빼앗아버리는 어떤 조건이나 상황이 존재하지는 않을까 하는 의문을 제기한다. 즉 비트겐슈타인은 우리 몸에 의문을 느꼈고, 자신의 몸을 전혀 알수 없게 만들어버리는 원인이나 조건이 존재하지 않을까를 의심한 것이다. 비트겐슈타인의 이러한 생각은 그의 마지막 저작에도 악몽처럼 따라다니고 있다.

크리스티너는 하키와 승마를 즐기는 다부진 체격을 가진 27세의 여성이었다. 몸과 마음이 모두 건강하고 자신감도 넘치는 여성이었다. 두 아이의 어머니인 그녀는 컴퓨터 프로그래머로 재택근무를 했다. 지성과 교양도 넘쳤고 발레와 호반시인을 좋아했다(비트겐슈타인은 좋아하지 않았다). 활동적이고 행복한 나날을 보내며 자신이 병에 걸리리라고는 꿈에도 생각하지 못했다. 그러던 어느 날 복통 때문에 조금 놀라 진찰을 받은 결과, 쓸개돌이 있으니 쓸개제거수술을 받아야 한다는 말을 듣게 되었다.

크리스티너는 수술 예정일보다 사흘 앞서 입원해서 감염 예방을 위해 항생제를 투여받았다. 이것은 통상적인 예방조치로서 아무런 문제도 없는 일이었다. 그녀도 이 점을 잘 알고 있었고 게다가 현명한 여성이었기 때문에 그다지 큰 걱정은 하지 않았다.

그녀는 평소에 공상을 하거나 꿈을 꾸지 않는 편이었지만 수술 전날 아주 기분 나쁜 꿈을 꾸었다. 꿈속에서 그녀는 몸이 심하게 흔들리고 땅을 딛고 있지 않은 것처럼 발밑이 몹시 허전함을 느꼈다. 손에 들고 있는 물건의 감촉도 느껴지지 않았고 손이 이리저리 흐느적거려서 들어올리는 물건마다 모조리 바닥에 떨어뜨렸다. 꿈 때문에 머리가 어수선해진 그녀가 말했다.

"이런 꿈은 처음이에요. 꿈이 마음에 걸려서 견딜 수가 없어요."

그녀가 어쩌나 꺼림칙해하던지 우리는 정신과 의사의 의견을 구했는데 그의 대답은 간단했다.

"수술 전에 보이는 불안증세입니다. 늘 보는 아주 자연스러운 일입니다."

그러나 그날 이후 그녀의 꿈은 진짜 현실이 되었다. 의식을 하면 발아래가 아주 허전해서 흐느적거리는 바람에 발걸음도 어색했다. 게다가 손에 든 물건을 떨어뜨리기 일쑤였다.

다시 한번 정신과 의사를 불렀다. 그는 잦은 호출에 성가시다는 표정이었지만, 불안하고 당혹스러운 표정도 엿보였다.

"불안히스테리입니다."

이번에는 쌀쌀맞은 말투로 딱 잘라 말했다.

"전형적인 전환증상입니다. 앞으로도 한동안 계속 그럴 겁니다."

수술 당일에 크리스티너의 증세는 더욱 심해졌다. 발밑을 보지 않고는 서 있을 수도 없었다. 눈을 잠시라도 떼고는 뭔가를 들 수도 없었다. 무엇인가를 잡으려고 손을 뻗거나 먹을 것을 입으로 가져가려 해도 손이 다른 데로 빗나가버렸다. 손의 움직임을 조절하고 통제하는 데 근본적인 문제가 생긴 것처럼 보였다.

그녀는 침대에서 일어나지도 못했다. 그녀의 몸이 '사라져버린' 것이다. 얼굴은 기묘하게 무표정하고 멍한 표정을 짓고 있었고, 턱이 자꾸만 아래로 처져서 입은 헤벌어져 있었다. 심지어는 목소리를 내기조차 힘들어졌다. 그녀는 생기라고는 하나도 없는 유령 같은 목소리로 말했다.

"뭔가 무서운 일이 생긴 거예요. 몸에 감각이 없어요. 정말 이상한 기분이에요. 몸이 없어진 것 같아요."

몸이 없는 크리스티너

놀랍고도 당황스러운 일이었다. '몸이 없어진 것 같다'니. 머리가 어떻게 된 걸까? 아니면 몸에 뭔가 문제가 생긴 걸까? 근육이 풀려 있는지 머리에서 발끝까지 어디 하나 제대로 자세를 유지하지 못했다. 손은 의지와는 상관없이 제멋대로 움직였다. 마치 말초신경에서 올라오는 정보가 전달되지 않거나 긴장과 움직임을 조절하는 신경계가 모조리 파괴된 것처럼 손이 흐느적거리며 목표를 찾지 못했다.

"정말 이상한 표현이야. 그런 말을 하는 것은 거의 불가능한 일인데."

나는 전공의들에게 말했다.

"하지만 선생님, 이것은 히스테리입니다. 정신과 의사 선생님도 그렇게 말씀하셨잖습니까?"

"맞아, 분명히 그렇게 말했지. 하지만 자네는 이런 히스테리를 본 적이 있나? 증후학적으로 생각해보게. 지금 자네들이 보고 있는 것이 진짜 증상이라고 생각해봐. 이 환자의 몸 상태나 정신 상태가 꾸며낸 것이 아니라 정신생리학적인 증상을 보이는 것으로 생각하게. 도대체 이 환자의 정신과 육체에 어떻게 이런 일이 생긴 거지? 지금 자네들을 테스트하고 있는 것이 아닐세. 사실은 나도 자네들만큼이나 당황스러워. 이런 일을 본 적도 없고 상상해본 적도 없네."

나도 생각해보았고, 그들도 나름대로 생각해보았다. 우리는 함께 생각해보았다.

"양쪽마루뼈 증후군이 아닐까요?"

전공의 한 명이 물었다.

"그럴 수도 있겠지. 마루엽이 통상적인 감각 정보를 얻지 못하는 것처럼 보이는군. 감각 검사를 해보기로 하지. 마루엽의 기능 검사도 함께."

검사 결과, 다음과 같은 사실이 드러났다. 머리끝에서 발끝까지 고유감각 전체가 심각하게 아니 거의 전부 손상된 것 같았다. 마루엽 자체는 기능을 했지만, 그것과 함께 기능을 하는 것은 아무것도 없었다. 지금 그녀가 히스테리를 일으키는 것일 수도 있었지만 우리로서는 한 번도 본 적이 없는, 생각조차 해본 적이 없는 훨씬 더 심각한 것일 수도 있었다. 그래서 이번에는 정신과 의사가 아니라 물리치료 전문의인 재활 전문의를 긴급 호출했다.

급한 호출이라는 것을 눈치 챈 그가 서둘러 달려왔다. 그는 곧바로 크리스티너의 눈을 크게 벌리고 검사한 다음 신경과 근육의 기능에 대한 전기 검사에 들어갔다. 그는 말했다.

"아주 희귀한 증상입니다. 이런 증상은 처음입니다. 책에서도 읽은 적이 없습니다. 모든 고유감각을 전부 잃어버렸군요. 당신이 옳습니다. 머리부터 발끝까지 근육과 힘줄, 관절 어디에도 감각이 없습니다. 다른 감각 영역에는 가벼운 장애가 있습니다. 촉각이나 온도, 통증에 대한 감각이 둔해져 있습니다. 운동신경섬유에도 약간의 영향을 미치고 있습니다. 그러나 이러한 장애가 계속되는 까닭은 주로 위치감각 즉 고유감각을 잃었기 때문입니다."

"원인은 뭡니까?"

"글쎄요. 모두 신경과 의사분들이니 선생님들이 알아보세요."

오후가 되자 크리스티너의 증세는 더 악화되었다. 몸을 움직이지도 못하고 소리도 내지 못한 채 그저 누워 있기만 했다. 호흡도 가냘파졌다. 인공호흡기를 써야겠다는 생각이 들 정도로 상태가 위중했다. 정말 이상한 일이었다.

요추천자 결과 일종의 급성 다발신경염인 것이 밝혀졌다. 그러나 대단히 드문 유형이었다. 운동장애가 주로 나타나는 길랭-바레 증후군이 아니라 순수한(거의 순수한) 감각신경의 염증이었다. 중추신경계통 전체에 걸쳐 척수신경과 뇌신경의 감각성 신경근이 기능을 잃은 것이다.♦

수술은 연기되었다. 이런 때에 수술을 한다는 것은 미친 짓이었다. 생명을 건질 수 있는지, 그러려면 어떤 조치를 취해야 하는지가 급선무였다.

"검사가 어떻게 나왔나요?"

척수액 검사가 끝나자 크리스티너가 엷은 웃음을 지으며 가냘픈 목소리로 물었다. 우리는 우리가 알고 있는 것을 모두 말해주었다. 할 말을 빼먹거나 가감을 하면 그녀는 빠뜨리지 않고 분명하게 되물었다.

"나을 수 있을까요?"

그녀가 물었다. 우리는 서로의 얼굴을 한 번 쳐다보았다. 나는 그녀를 보며 이렇게 말했다.

"잘 모르겠습니다."

나는 그녀에게 좀더 자세히 설명해주었다.

"우리 몸의 감각은 세 개로 이루어져 있습니다. 시각, 평형기관(전정계) 그리고 고유감각이 그것입니다. 환자분의 경우에는 그 가운데 고유감각을 잃었습니다. 보통 우리 몸은 이 세 가지가 모두 협조해서 기능을 합니다. 하나가 기능을 상실하면 나머지 두 개가 그것을 어느 정도 보충하거나 대신 기능을 하기도 합니다."

나는 구체적인 예로 내가 치료하던 환자인 맥그레거 씨의 이야기를 해주었다. 그는 평형감각기관의 기능을 잃고 그 대신 눈을 사용

♦   이와 같은 감각신경의 다발성 신경장애는 대단히 드물게 일어나는 증상이다. 당시 (1977년)의 최신 지식에 입각해서 판단하건대 크리스티너의 병례가 갖는 특이점은 증상이 일어나는 부위가 대단히 한정적이라는 점이었다. 고유감각에 관여하는 신경 섬유가 손상된 듯하다. 스터맨의 논문(1979년)을 참조할 것.

했다(《수평으로》 참조). 척수매독증을 앓는 환자들에 대해서도 이야기해 주었다. 그들은 같은 증상을 보였지만, 그런 증상은 발에만 있었다. 그리고 그들 역시 눈을 사용해서 결함을 보충했다.(《환각》에서 '위치의 환각' 참조). 발을 움직여보라고 말하면 그들은 이렇게 대답했다.

"움직일 수 있어요, 선생님. 발을 보면서 움직이면 말이에요."

크리스티너는 더할 나위 없이 진지한 표정으로 내 이야기에 귀를 기울였다. 잠시 후 그녀가 천천히 말하기 시작했다.

"그렇다면 이제 제가 해야 할 일은 시각 그러니까 눈을 이용하는 것이군요. 전에는… 참 뭐라 그러셨죠? 그래요. 고유감각이라는 걸 써서 하던 일을 말이에요. 전 이미 눈치채고 있었어요. 팔이 없어지지 않았나 진작부터 걱정했어요."

그녀는 깊은 생각에 잠긴 듯한 목소리로 말을 이어갔다.

"팔이 여기에 있을 거라고 생각은 하지만, 엉뚱한 곳에 가 있어요. 고유감각이라는 것은 몸에 달린 눈과 같은 것이어서 몸이 자기 자신을 볼 수 있게 해주는 건가 보군요. 저처럼 그것이 없어져버리면 몸이 아무것도 볼 수 없게 되겠지요? 몸속의 눈이 보지 못하면 몸이 자신을 보지 못할 테니까요. 그렇지요, 선생님? 그러니 이제부터는 몸에 달린 눈으로 봐야겠네요. 맞나요?"

"예, 맞습니다. 이러다가는 환자분이 생리학자가 되시겠는걸요."

"생리학자가 되어야겠어요. 생리학적 기능이 잘못되었고 게다가 자연적으로 나아질 리도 전혀 없으니까요."

크리스티너가 처음부터 이렇게 강한 정신력을 보인 것은 불행 중 다행이었다. 왜냐하면 급성 염증은 가라앉았고 척수액도 정상으로 돌아왔지만 그 원인인 고유신경섬유의 손상은 여전했고, 그 때문에 일주일, 1년, 아니 그 이상의 시간이 흘러도 고유감각이 회복되지 않았기 때문이었다. 실제로 8년이 지난 지금까지도 회복되지 않았다. 그러나 크리스티너는 신경학적인 면에서뿐만 아니라 정서적·정신적으로도 모든 형태로 적응하고 그 결과 나름대로의 삶을 꾸려나갈 수 있었다.

병에 걸린 후 일주일 동안 크리스티너는 음식도 거른 채 아무것도 하지 않고 쭉 잠만 잤다. 너무 심한 충격을 받아 공포와 절망에 빠진 것이다. 자연적으로 치유될 가능성이 없다면 남은 인생은 어떻게 되는 것일까? 모든 동작을 하나하나 억지로 힘들게 해야 한다면 얼마나 비참한 일일까? 몸이 없어졌다는 느낌을 안고서 살아가는 인생은 도대체 무슨 의미가 있을까?

그러던 어느 날, 크리스티너는 솟구치는 삶의 의지를 회복하고 다시 움직이기 시작했다. 처음에는 눈으로 보지 못하면 아무 일도 하지 못했고 눈을 감으면 바로 그 순간 무기력하게 무너져버렸다. 몸을 움직이려면 먼저 몸의 각 부위를 눈으로 잘 보면서 어떻게 움직이는가를 확인해야 했다. 고통스러울 정도의 조심성과 주의가 필요한 일이었다. 몸의 움직임을 의식적으로 조절했기 때문에 처음에는 극도로 어색하고 부자연스러웠다. 그러나 날이 갈수록 움직임을 더 잘 조절할 수 있게 되었고, 동작도 전보다 매끄럽고 자연스러워졌다(그러나 눈으로 보지 않으면 아무것도 하지 못하는 것에는 변함이 없었다). 이런 변화에 크리스티너와 나는 기쁨과 놀라움을 동시에 느꼈다.

그렇게 몇 주를 보내다보니 일상적이고 무의식적인 고유감각에 의한 피드백 대신에 시각에 의한 피드백이 한층 더 원활하고 자연스럽게 이루어지기 시작했다. 시각을 통한 자동적 교정과 시각반사가 한층 조화를 이루면서 고유감각을 대신했던 것이다. 그러나 어떤 근본적인 변화가 일어난 것은 아닐까? 고유감각에 의한 신체 이미지가 상실되었기 때문에 뇌 속에 감각적으로 그려지는 신체 이미지가 보상과 대용으로서 작용하는 것은 아닐까? 시각에 의한 이미지가 대단히 발달된 특이한 힘을 지니게 된 것은 아닐까? 정상적인 사람의 경우, 뇌 속에 시각적으로 그려지는 신체 이미지는 대단히 약하다(물론 시각 장애인의 경우에는 아예 존재하지 않는다). 그것은 고유감각에 의한 신체 이미지의 보조적인 존재인 것이다. 시각에 의한 이미지 외에 전정기관에 의한 이미지도 어느 정도 발달해서 고유감각에 의한 이미지의 대용으로 작용하고 있었을 것이다. 결국 시각에 의한 이미지와 전정에 의한 이미지 양쪽 모두 우리의 예상과 바람을 뛰어넘어 대단히 높게 발달한 것은 거의 확실했다.◆

전정에 의한 피드백을 더 많이 사용했는지 어떤지는 알 수 없었지만 그녀가 귀를 사용하는 것은 확실했다. 청각을 통한 피드백을 사용했던 것이다. 보통 청각을 통한 피드백은 보조적인 수단이며 말할 때도 별로 중요하지 않다. 감기를 앓아서 귀가 들리지 않아도 대개 말은 할 수 있고, 선천적으로 귀가 들리지 않는 사람 중에도 거의 완벽하게 말할 수 있는 사람이 있을 정도이다. 왜냐하면 말할 때도 대개는 고유감각에 의해서 조정이 이루어지기 때문이다. 즉 음성기관 전체에서 발생하는 자극에 의해 발화가 조정된다. 그러나 크리스티너의 경우에는 정상적인 자극 전달의 흐름 즉 말초신경에서 중추신경으로 향하는

◆ 퍼든 마틴이 지은 《대뇌기저핵과 자세》(1967년)의 32쪽에 나오는 흥미로운 병례와 비교해보아도 좋다. "물리치료와 훈련을 오랫동안 실시했지만, 이 환자는 끝내 정상적인 보행을 하지 못했다. 가장 어려운 점은 눈으로 보면서 걷는 것, 몸을 앞으로 기울이는 것이었다. 그는 의자에서 일어나지도 못했다. 손과 무릎으로 기지도 못했다. 일어서거나 걸을 때는 완벽하게 시각에 의존했고 눈을 감으면 그대로 쓰러졌다. 처음에는 눈을 감으면 일반 의자에도 앉아 있을 수 없었지만 점차 그것이 가능하게 되었다."

흐름이 상실되었고 그로 인해 정상적인 고유감각에 의해서 조정되는 목소리나 말하는 방법을 잃어버린 것이다. 따라서 그 대신에 청각을 통한 피드백을 사용해야 했다.

이러한 새로운 보조적인 피드백 말고도, 크리스티너는 '피드포워드'라고 부를 수 있는 방법을 다양하게 개발하기 시작했다. 이 방법도 처음에는 신중하게 의식하면서 사용해야 했지만 점차 무의식중에 자동적으로 사용할 수 있게 되었다(이것은 그녀를 아주 잘 이해해주는 뛰어난 재활치료 전문의 덕분이었다).

그토록 처참한 질병에 걸린 후 한 달 동안, 크리스티너는 몸을 일으키지도 못한 채 인형처럼 누워 있었다. 그러나 3개월 후, 그녀가 침대 위에서 자신 있게 몸을 일으키는 모습을 보고 나는 깜짝 놀랐다. 얼마나 반듯한 자세를 취했던지 마치 조각상 같았다. 발레리나가 자세를 잡은 것처럼 보였다. 곧 알게 되었지만, 그것은 역시 실제 모습이었다. 의식적이든 자동적이든 자세를 취하려고 노력하고 그것을 애써 유지했던 것이다. 그러나 완전히 자연스러운 자세를 취할 수는 없었기 때문에 억지로 만들어낸 부자연스러운 자세였다. 자연스러운 자세를 취할 수 없어 '기술'을 썼던 것이다. 아무튼 그러한 기술은 절박한 필요에 부응하기 위해 저절로 동원된 것인 만큼 점차 '제2의 천성'처럼 몸에 익게 되었다.

발성의 경우에도 마찬가지였다. 처음에는 거의 말을 못했지만 역시 아까와 비슷한 기술을 사용함으로써 말을 할 수 있었다. 이 역시 의식적으로 만들어낸 것이었다. 마치 무대에서 관객을 향해 대사를 외우는 것 같았다. 극중의 대사, 배우의 목소리였다. 일부러 꾸며낸 목소리라거나 속마음을 감춘 목소리는 아니었지만 자연스러운 목소리가 아닌 것은 분명했다. 표정 역시 마찬가지였다. 내면의 감정은 정상적이고 굳

셌는데도 고유감각에 의한 자세 제어가 불가능했기 때문에♦ 인위적으로 과장된 표정을 짓지 않으면 무표정하고 얼빠진 얼굴로 보였던 것이다(마치 언어상실증 환자가 일부러 말을 세게 하거나 억양을 높이는 것과 같았다).

그러나 이러한 기술은 아무리 훌륭하더라도 완벽할 수는 없었다. 아쉬운 대로 생활할 수는 있지만 정상이랄 수는 없었다. 크리스티너는 걷는 방법을 배워 전철이나 버스를 타는 등 일상생활을 꾸려갈 수 있게 되었다. 그러나 그렇게 하려면 엄청난 주의를 기울여야 했다. 더구나 그녀의 행동은 아무리 노력해도 어색하기 그지없었다. 주의를 기울이지 않으면 어떤 행동도 불가능했다. 따라서 식사를 하다가 주의를 딴 곳으로 기울여야 하는 경우, 손톱에 피멍이 들 정도로 나이프와 포크를 꽉 쥐곤 했다. 아플 만큼 꽉 쥐지 않으면 금방 떨어뜨리기 때문이었다. 힘을 적절하게 주거나 빼는 행동 자체가 불가능했던 것이다.

신경학적으로는 회복의 조짐이 보이지 않았다. 신경섬유의 손상이 해부학적으로 회복될 수 없었기 때문이었다. 그러나 집중적인 치료를 다양하게 실시한 결과, 기능은 상당히 회복되었다(그녀는 거의 1년 동안 재활병동에 입원해 있었다). 그녀는 고유감각을 대체할 수 있는 온갖 기술과 방법을 터득해서 움직일 수 있게 되었다. 그리고 마침내 퇴원할 수 있게 되었다. 집으로 돌아가 아이들과 함께 지내고 컴퓨터 앞에 앉아서 일도 할 수 있게 된 것이다. 더구나 그녀의 기술 수준은 감각이 없어져서 모든 것을 시각에 의존해야 하는 사람치고는 경이적이었다. 그런데 컴퓨터를 조작할 수 있게까지는 되었지만, 감정의 흐름은 어땠

♦　현대의 신경과 의사 중에는 아마 퍼든 마틴이 유일할 것이라고 생각되는데, 그는 종종 얼굴과 목소리의 '자세'와 그것을 담당하는 고유감각의 통합에 대해서 서술했다. 내가 크리스티너의 사례를 이야기하고 그녀를 찍은 비디오를 보여주자 그는 많은 관심을 보였다. 이 글에서 밝힌 제안과 체계적인 논술 가운데 다수는 그의 견해이다.

을까? 그녀는 어떻게 느꼈을까? 대체기능 덕분에 그녀가 처음 말했던 '몸이 없어진 느낌'은 사라졌을까?

그런 느낌이 사라졌을 리는 없었다. 전과 조금도 달라지지 않았다. 고유감각을 잃은 채였기 때문에 변함없이 몸이 '죽어버렸다'고 생각했다. 실제의 몸이 없다, 자신의 몸이 없다는 느낌이 계속되었다. 이런 상태를 적절하게 표현할 말을 찾을 수 없었기 때문에 그녀는 다른 감각을 빌려 예를 들면서 이렇게 말했다.

"내 몸은 말하자면 눈과 귀가 없어진 것과 같아요. 내 몸을 전혀 느낄 수가 없단 뜻이지요."

그녀는 자신의 상태 즉 '빼앗긴' 감각을 적절하게 말로 표현할 수 없었던 것이다. 그녀의 상태는 말하자면 감각이 소리 없는 암흑에 빠진 상태였고 실제로 눈이 보이지 않거나 귀가 들리지 않는 것과 비슷했다. 어쨌든 그녀도 나도 적절한 말을 찾지 못했다. 오늘날의 사회에는 그런 상태를 적절하게 표현할 수 있는 말이 없으며 따라서 '공감'을 얻기도 어렵다. 상대가 맹인이라면 적어도 우리는 근심 어린 동정을 보낸다. 우리는 그들의 상태를 상상할 수 있고 그것에 따라 그들을 대한다. 그러나 크리스티너가 비틀대는 동작으로 어설프게 버스를 타면 아무도 이해하지 못한다. 그녀에게는 잔뜩 화가 난 모욕적인 언사가 퍼부어질 뿐이다.

"도대체 왜 그러시죠? 눈이 보이지 않는 겁니까, 아니면 술에 취한 겁니까?" 하고 물으면 어떻게 대답해야 할까? "고유감각이 없어졌습니다." 하고 대답할 수 있을까? 그 누구의 동정과 도움도 받을 수 없다는 것, 이것 또한 가혹한 시련이다. 그녀는 장애인이지만 그것이 겉으로는 뚜렷하게 나타나지 않는다. 그녀는 시각장애인도 아니고 신체가 마비되지도 않았다. 겉으로 나타나는 장애는 아무것도 없다. 따라서 종종 거짓말쟁이나 얼간이로 취급된다. 우리 사회에서는 밖으로 드러나지 않은 숨은 감각에 장애가 있는 사람들은 누구나 같은 취급을 받는다(전정에 장애가 있거나 수술로 고막을 제거한 사람의 경우에도 마찬가지다).

크리스티너는 어떠한 말로도 표현할 수 없는, 그 누구도 상상할 수 없는 세계에 살아야 한다. 아니 그것은 '비세계' '무無의 세계'라고 표현하는 쪽이 적절할지도 모른다. 여느 때는 굳센 의지를 자랑하는 그녀도 때때로 내 앞에서 눈물을 흘리는 일이 있었다. 그녀는 울면서 이렇게 호소하곤 했다.

"느낄 수 있다면 얼마나 좋을까요? 하지만 전 느낀다는 것이 어떤 것인지도 잊었어요… 나도 원래는 정상인이었나요? 저도 다른 사람들과 똑같이 행동할 수 있었나요?"

"물론입니다."

"그렇게 위로하셔도 저는 믿을 수가 없어요. 증거를 보여주세요."

나는 그녀가 아이들과 함께 노는 광경을 찍은 비디오를 보여주었다. 그녀가 다발신경염에 걸리기 몇 주 전에 찍은 비디오였다.

"정말이군요. 분명 저예요."

그녀는 미소를 짓더니 이내 울음을 터뜨렸다.

"화면에서 보이는 멋진 여자가 나라니 도무지 믿어지지 않는군요. 그런데 그 여자가 어디론가 가버렸어요. 기억도 나지 않고 상상조차 할 수 없어요. 몸 한가운데 있는 무엇인가가 송두리째 빠져나갔나 봐요. 실험용 개구리가 그렇다지요? 중추와 척수와 척수신경을 빼내버린다지요? 저도 그래요. 개구리처럼 척수를 뽑아버렸어요. 자, 저를 똑똑히 보세요. 척수신경을 빼내버린 최초의 인간이라고요. 이 여자에게는 고유감각이 없어요. 자기 자신이라는 감각도 없어요. 몸이 없어진 크리스티너예요. 척수를 빼내버린 여자!"

몸이 없는 크리스티너

그녀는 절규하며 찢어질 듯이 웃어댔다. 히스테리를 일으키기 직전이었다.

"자, 진정하세요."

나는 그녀를 달래면서 생각했다. 정말로 그녀가 말한 대로일까?

어떤 의미로 그녀는 '척수를 빼내버린' 상태였고 몸을 잃은 혼과 같았다. 고유감각과 함께 근본적인 것을 잃은 것이다. 정체성을 기질적으로 유지해주는 것을 잃어버린 것이다. 그것은 프로이트가 자아의 토대라고 생각한 것이다. '자아란 무엇보다 육체적인 것이다.'

크리스티너와 같은 '존재 상실감' 혹은 '비현실감'은 육체에 대한 감각과 이미지가 심각하게 손상된 경우에는 언제라도 일어날 수 있는 일이다. 미첼은 이 점을 깨닫고 훌륭하게 묘사한 바 있다. 그는 남북전쟁 중에 다리를 절단한 환자와 신경을 다친 환자를 많이 진료했다. 그의 글은 절반가량이 허구라 하더라도 사실은 대단히 훌륭한 사실의 서술이며, 증후학적으로 보아도 매우 정확하다. 미첼은 환자인 조지 데드로라는 사람의 입을 빌려서 이렇게 말했다.

놀랍게도 자기 자신에 대한 의식이 전보다 희미해져서 자신이 존재한다는 느낌이 들지 않는 일이 종종 있었다. 이런 기분은 전에는 한 번도 느낀 적이 없기 때문에 처음에는 크게 당황했다. "내가 정말 조지 데드로입니까?" 하고 쉬지 않고 누군가에게 묻고 싶은 기분이 들었다. 하지만 그런 걸 물었다가는 얼간이 취급을 당할 게 뻔했기 때문에 나의 증상을 다른 사람에게 말하는 것을 단념하기로 했다. 그 대신 혼자서 나 자신의 기분을 분석하기로 했다. 때때로 아무리 봐도 나 자신이라고 말할 수 없다는 생각이 너무나도 강하게 들어 견딜 수 없이 고통스러웠다. 결국 이것은 개체로서 나 자신이 존재한다는 것을 부정하는 길로 통하기 때문이었다.

크리스티너에게도 이와 똑같은 감정 즉 자신을 개체로서의 존재라고 말할 수 없다는 감정이 있었다. 그러나 그러한 감정도 그녀가 차차 적응함에 따라 시간과 함께 점점 멀어졌다. 그러나 그녀의 경우에는 그것 말고도 기질적 원인에서 생긴 '몸이 없어졌다는 느낌'이 있었고, 적잖게 강렬한 그 느낌이 끊임없이 그녀를 괴롭히고 있었다. 뇌에서 가까운 부위에 척수 절단을 받은 환자도 이런 느낌을 경험하는데 그들의 몸은 마비된 상태이다. 반면에 크리스티너는 비록 '몸은 없지만' 일어나서 걸어다닐 수는 있었다.

그녀는 피부 자극을 받으면 일시적이나마 조금은 나아진 기분을 맛보았다. 그래서 그녀는 되도록이면 밖으로 나가려 했다. 특히 오픈카를 즐겨 탔다. 몸과 얼굴에 부딪히는 바람을 느낄 수 있기 때문이다(피부 표면의 감각과 촉각은 다소나마 살아 있었다). 그럴 때면 그녀는 이렇게 말했다.

"아, 정말 멋져요. 팔과 얼굴에 바람이 느껴져요. 아주 희미하기는 하지만 분명히 느껴져요. 내게도 팔과 얼굴이 있다는 것이… 실제가 아니라 마치 꿈이라도 꾸는 것 같아요. 무시무시한 죽음의 베일도 걷히는 것 같아요. 잠깐이긴 하지만요."

그녀의 상태는 앞에서 인용한 비트겐슈타인의 말과 똑같았다. 그녀는 '여기에 하나의 손이 있다'는 것을 알지 못했다. 고유감각을 잃었기 때문에, 다시 말해서 말단에서 올라오는 자극이 전달되지 않기 때문에 실존적 인식 기반을 빼앗긴 것이다. 그녀가 무엇을 하든 어떻게 생각하든 이 사실에는 변함이 없다. "이것은 분명히 내 몸이다" 하고 말할 수 없는 것이다. 비트겐슈타인이 이런 상태에 빠졌다면 도대체 뭐라고 말했을까?

그녀는 성공한 사람이자 동시에 실패자이기도 하다. 몸을 움직이는 데는 성공했지만 정체성을 가지고 '존재하는 것'에는 실패한 것이다. 몸을 사용하는 면에서는 거의 믿을 수 없을 만큼 제대로 적응했지만, 그것은 의지, 용기, 끈기, 독립심 그리고 감각과 신경계통의 유연성에 힘입은 바 크다. 아무도 경험한 적이 없는 상황에 맞서 상상을 뛰어넘는 어려움과 장애를 상대로 싸워온 그녀는 불굴의 혼을 지닌 훌륭한 인간으로 오늘날까지 살아왔다. 그녀는 신경의 병마와 용감하게 맞서 싸운 이름 없는 영웅, 여장부라고 불려도 손색이 없다.

그러나 동시에 그녀는 앞으로도 결함을 안고 살아야 하는 패배자이다. 온 세계의 모든 예지와 창의력을 동원하더라도, 생각할 수 있는 모든 신경계통의 대체·보상 기능을 동원하더라도, 치유할 수 없는 고유감각의 상실이라는 사실은 변할 수가 없기 때문이다. 고유감각이야말로 매우 중요한 제육감이다. 그것이 없으면 몸은 느낄 수 있는 실체이기를 멈추고 본인 자신은 자기의 몸을 '잃어버리고' 마는 것이다.

가련한 크리스티너는 1985년인 지금도 8년 전과 다름없이 '척수를 빼내버린' 상태로 지내고 있다. 평생 그럴 것이다. 이런 삶을 산 사람은 아직 아무도 없다. 내가 아는 한 그녀는 '몸이 없는' 채로 살아가는 최초의 인간이다.

뒷이야기

현재 크리스티너에게는 동료가 생겼다. 이 증후군을 처음으로 발표한 H. H. 샤움버그 박사에 따르면 지금은 중증의 감각신경장애 환자가 많이 발견되고 있다고 한다. 증세가 심한 경우에는 크리스티너처럼 신체이미지를 인식하는 데 장애를 갖게 된다. 그들 대부분은 건강 숭배자이거나 비타민제 광신자들로, 비타민 B_6(피리독신)를 엄청나게 복용한 사람들이다. 현재 몸이 없어진 채 살아가는 환자는 남녀 수백 명에 달한다. 그러나 크리스티너와 달리 그들 대부분은 피리독신이라는 '독'의 중독에서만 벗어나면 얼마든지 회복 가능성이 있다.

침대에서 떨어진 남자

오래전에 내가 의대생이었을 때, 한 간호사가 매우 다급한 목소리로 전화해서 내게 아주 기묘한 이야기를 늘어놓았다.

"새로 환자가 입원했어요. 오늘 아침에요. 젊은 남자인데, 사람도 좋고 아주 멀쩡해 보였어요. 그래요. 몇 분 전에 낮잠에서 깨기 전까지만 해도요. 그런데 지금은 너무 흥분해 있는 것이 아주 이상해요. 전혀 딴 사람 같아요. 어찌 된 영문인지 침대에서 떨어져 바닥에 퍼질러 앉아 고래고래 소리를 지르는데, 침대로 올라가라고 해도 막무가내예요. 얼른 오셔서 제발 무슨 일인지 좀 알아봐주세요."

병원에 도착하니 한 환자가 침대 옆의 바닥에 누워서 자신의 한쪽 다리를 응시하고 있었다. 얼굴에는 분노와 공포, 당혹감과 재미가 한데 섞여 있었다. 하지만 당혹감이 대부분을 차지했고, 놀란 기색이 약간 섞여 있었다. 나는 혼자서 침대에 올라갈 수 있는지 아니면 도움이 필요한지를 물었다. 그는 내 말에 기분이 상했는지 힘차게 고개를 저었다. 나는 옆에 쪼그리고 앉았다. 그런 다음 어떻게 된 일인지를 들었다.

"전 오늘 아침에 몇 가지 검사를 받으려고 병원에 왔습니다. 아무런 병도 없었는데 신경과 의사들이 내 왼쪽 다리가 '둔한' 것 같다며 나더러 입원하라고 했어요. 그래요, 의사들은 내 다리가 '둔하다'고 했어요. 하루 종일 기분도 좋았고 저녁에는 잠까지 곤하게 잤어요. 그런데 침대에서 몸을 좀 뒤척거렸더니 '누군가의 발'이 있는 거예요. 잘린 다리 말이에요. 얼마나 무서웠다고요! 어찌나 놀랐는지 구역질까지 나고 온몸이 부들부들 떨렸어요. 난생처음 있는 일이었어요. 상상도 해본 적이 없는 일이라고요. 믿기지도 않고요. 아무튼 조심스럽게 다리를 만져봤어요. 진짜 다리였어요. 하지만 '좀 이상하고' 차가웠어요. 바로 그때 뭔가가 떠올랐어요. 무슨 일이 생긴 것인지 짐작이 가더라고요. 그래, 누군가 장난을 친 거야! 좀 무시무시하고 고약하긴 하지만 그래도 꽤 창의적인 장난인걸! 내일이 바로 새해 첫날이라서 다들 들떠 있었거든요. 직원들 중에 반은 술에 취해 있었어요. 들떠서 제멋대로 행동하고 폭죽도 터뜨렸어요. 마치 사육제의 한 장면 같았어요. 분명 짓궂은 간호사 하나가 해부실에 몰래 들어가 발 하나를 꺼내와서는 내가 곤하게 자고 있는 동안 침대 속에다 집어넣는 장난질을 한 거였어요. 이런 생각이 들자 안심이 되긴 했어요. 하지만 장난질치고는 도가 좀 지나치다는 생각이 들어서 그 지랄 같은 것을 침대 밖으로 내던진 거랍니다."

지금까지 스스럼없이 말하던 그는 이 대목에서 갑자기 몸을 부들부들 떨더니 얼굴이 새하얘졌다.

"내가 그걸 침대 밖으로 던졌는데 내 몸까지 딸려 내려간 거예요. 게다가 그게 내 몸에 붙어 있어요! 이걸 보세요!"

금세 얼굴 표정이 변하면서 그가 소리쳤다.

침대에서 떨어진 남자

"이렇게 소름끼치고 무시무시한 것을 본 적이 있나요? 이건 방금 죽은 시체에서 나온 거예요! 정말 소름끼치는 일이에요! 소름끼쳐요! 이놈이 나한테 달라붙어 있었던 것 같아요!"

그는 양손으로 있는 힘껏 다리를 움켜쥐고 몸에서 떼어내려고 애쓰다가 안 되자 이번에는 미친 듯이 때려댔다.

"진정하세요. 진정하라고요! 다리를 그렇게 때려대면 안 돼요."

"왜 안 되죠?"

"당신 다리니까요. 당신 다리라는 걸 모르는 거예요?"

그는 놀라움과 불신, 공포와 조소가 뒤엉킨 표정으로 나를 뚫어져라 바라보았다.

"이봐요, 의사 선생! 날 놀리고 있군요. 저 간호사랑 짰군요. 환자를 이렇게 놀리면 안 되죠."

"놀리고 있는 게 아니에요. 그건 바로 당신 다리입니다."

내 표정을 보고 그는 내가 아주 진지하다는 것을 알아차렸다. 그는 엄청난 공포에 휩싸였다.

"이게 내 다리라고요? 설마 내가 내 다리도 못 알아본다고 말하고 있는 건 아니겠죠?"

"그래요. 자기 다리는 누구나 다 알아보죠. 자기 다리를 알아보지 못하는 사람은 상상조차 할 수 없죠. 놀리고 있는 건 바로 당신 아닌가요?"

"하느님께, 아니 십자가에 맹세컨대, 난 절대로… 사람이 어떻게 자기 다리인지 아닌지도 구별 못하겠어요. 하지만 이 다리는, 이 녀석은… 내 것으로 느껴지지 않아요. 진짜 같지 않아요. 내 몸에 달려 있다고 느껴지지 않는단 말이에요."

그는 또다시 증오감에 몸서리쳤다.

"그럼 뭐로 보이나요?"

이번에는 나도 그만큼이나 당황해서 물었다.

"뭐로 보이느냐고요?"

그는 내 말을 천천히 따라했다.

"뭐로 보이는지 말해드리죠. 세상에 존재하지 않는 것처럼 보여요. 어떻게 이런 것이 내 몸에 달라붙어 있는 거죠? 어디서 굴러먹다 온 녀석인지 모르겠다고요."

목소리가 점점 작아졌다. 극도의 공포 때문에 충격을 받은 것 같았다.

"제 말 좀 들어보세요. 환자분은 뭔가 문제가 있는 것 같아요. 우선 침대로 올라가주세요. 하지만 마지막으로 한 가지만 대답해주시 겠어요? 이게… 음… 이 녀석이 선생 것이 아니라면, 음… 선생 왼발이 아니라면(그는 대화중에 자신의 왼발을 '위조된 것'이라고 불렀고 누군가가 정말 '똑같이 만들려고' 무진 애를 썼다며 놀라움을 표시하기도 했다). 선생의 왼발은 도대체 어디 있는 거죠?"

그의 안색이 다시금 창백해졌는데, 어찌나 창백하던지 나는 그가 기절하는 줄 알았다.

"모르겠어요. 전혀 모르겠어요. 사라져버렸어요. 그냥 없어져버 렸다고요. 아무 데서도 찾을 수 없는걸요."

뒷이야기

이 이야기가 발표된 뒤(《나는 침대에서 내 다리를 주웠다》, 1984년) 저명한 신경학자인 마이클 크레이머가 내게 편지 한 통을 보내왔다.

심장병 병동에 입원해 있는 한 당혹스러운 환자를 진찰해달라는 요청을 받았습니다. 그는 심방잔떨림이 있고 심한 색전塞栓으로 인해 좌측 편마비가 온 환자였습니다. 그는 밤마다 침대에서 떨어졌는데 심장 전문의들이 도무지 원인을 모르겠다며 내게 부탁한 것입니다.

밤에 무슨 일이 있었느냐고 묻자 그는 천연덕스럽게 대답했습니다. 밤에 잠에서 깰 때마다 침대 속에 털이 덥수룩하게 나 있는 사람의 다리가 하나 있는데, 그것도 죽어서 싸늘하게 식은 다리라는 겁니다. 어찌된 영문인지 모르겠지만 아무튼 그로서는 도저히 참을 수 없었다고 합니다. 그래서 그는 성한 팔과 다리로 그것을 침대 밖으로 밀쳐냈고, 그러면 자기 몸도 함께 침대 아래로 떨어졌다고 말했습니다.

이것은 편마비 증상이 있는 팔다리를 전혀 인식하지 못하는 환자의 아주 흥미로운 예입니다. '그렇다면 원래 다리는 침대 속에 그대로 있었냐'고 묻자 그는 대답하지 못했습니다. 기분 나쁘기 짝이 없는 그 낯선 다리에 신경이 온통 곤두서 있었던 겁니다.

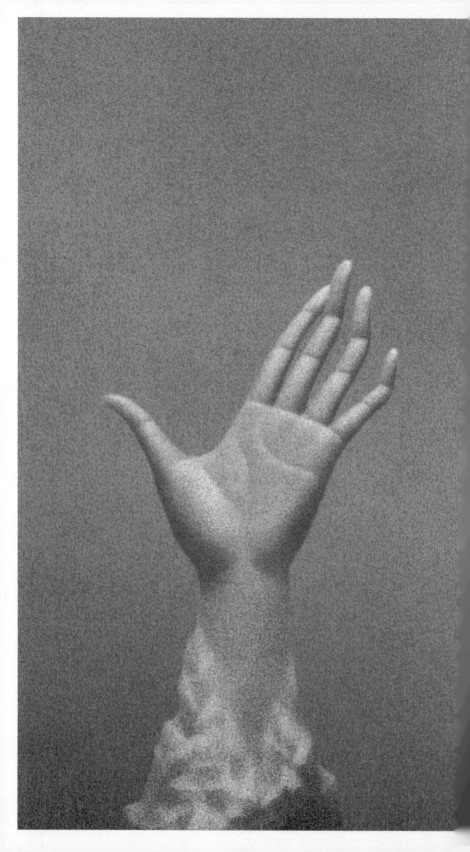

매들린의 손

매들린 J. 는 1980년에 뉴욕시 인근에 있는 성 베네딕트 병원에 입원했다. 나이는 60세였고, 뇌성마비로 인해 태어날 때부터 앞을 보지 못했다. 그녀는 평생 집에서 가족들의 시중을 받으며 살아왔다. 그녀는 뇌성마비 말고도 경직과 무정위운동증無定位運動症을 앓고 있었다. 이는 두 손을 생각대로 움직일 수 없는 질환이다. 게다가 두 눈의 기능이 발육정지되는 가슴 아픈 신체조건 속에서 살아왔다. 그래서 나는 당연히 그녀가 정상인에 비해 좀 뒤떨어지려니 생각했다.

그러나 막상 만나보니 전혀 그렇지 않았다. 오히려 정반대였다. 그녀는 자연스럽게 말했고 막힘이 없었다. 말을 할 때는 몸의 경련이 거의 영향을 미치지 않았다. 그녀는 보기 드문 지성과 언어능력을 갖춘 활발한 여성이었다.

"독서량이 대단하군요. 점자는 자유자재로 읽으시는가 보죠?"

"아니에요. 전 혼자서는 책을 읽을 수 없어요. 녹음해둔 글을 듣거나 아니면 다른 사람이 책을 읽어주는 걸 듣지요. 점자는 읽지 못해요. 한 줄도 읽을 수 없습니다. 손을 사용해서 하는 일은 아무것도 할 수 없지요. 이 두 손은 전혀 쓸모가 없답니다."

그녀는 한탄하면서 두 손을 들어올렸다.

"하느님에게 버림받은 진흙덩어리에 불과하지요. 내 몸의 일부 라는 느낌도 들지 않아요."

그 말을 듣고 나는 너무나 놀랐다. 일반적으로 뇌성마비에 걸린 사람도 손을 놀리는 데는 별 문제가 없는 편이다. 다소 영향을 받기도 하지만 본질적으로는 아무런 지장이 없다. 약간 경련을 일으키거나 힘이 약해지면 변형되는 일이 있기는 해도 일반적으로 말해서 상당히 자유롭게 사용할 수 있는 것이다(그러나 다리는 다르다. 어린아이병 즉 뇌성마비에 걸린 사람의 다리는 완전히 마비된다).

매들린의 손을 조사해보니 약간의 경련과 무정위운동증이 보였다. 그러나 감각능력에는 전혀 이상이 없었다. 손을 가볍게 만지기만 해도 알아차렸다. 통증과 온도도 알았고, 다른 사람이 그녀의 손가락을 쥐고 움직여도 금방 알아차렸다. 기본적인 감각은 전혀 손상되지 않은 것이다. 그러나 이와는 정반대로 지각능력에는 근본적인 결함이 있었다. 무엇을 쥐어주어도 인지하지 못했다. 나는 갖가지 물건을 그녀의 손 위에 올려놓아보았다. 내 손도 올려놓아보았다. 그러나 그녀는 알지 못했다. 알려고 하는 움직임도 전혀 보이지 않았다. 원래 손이란 '그것이 무엇인가'를 알려고 하면 반드시 움직임을 보인다. 그러나 그녀의 경우에는 이러한 움직임이 전혀 없었다. 따라서 그녀의 두 손은 정말로 무기력했고 '진흙덩어리'에 불과했다.

나는 참 별난 일도 다 있다고 생각했다. 이것을 어떻게 이해하면 좋을까? 감각기능면에서는 크게 결함이라고 할 만한 것이 없었다. 그녀의 손은 정상적으로 움직일 수 있는데도 실제로는 그렇지 못했다.

손을 전혀 사용하지 않았기 때문일까? 태어나면서부터 쭉 보호받고 시중을 받고 조심스럽게 다루어져 왔기 때문에 손이 탐색활동을 할 수 있는 능력을 상실한 걸까? 보통 인간의 손은 생후 몇 개월이 지나면 탐색활동을 하기 시작한다. 항상 다른 사람이 그녀를 안거나 업어서 나르고 모든 것을 대신 해주었기 때문에 그녀의 손이 정상적인 발달을 하지 못한 것일까? 이것은 지나친 생각일 수도 있었다. 그러나 다른 가능성은 떠오르지 않았다. 만일 그렇다면 이미 60세인 그녀가 보통 사람들이 생후 몇 주일 사이에 혹은 몇 달 사이에 몸에 익히는 능력을 지금부터 획득할 수 있을까?

전에도 이런 사례가 있었을까? 이런 사례가 보고된 적이 있을까? 이런 환자의 치료를 시도한 적이 있을까? 나로서는 알 길이 없었다. 그러나 그것과 가까운 예가 문득 떠올랐다. 바로 레온체프와 자포로제츠가 쓴 《손기능의 재활》*에 나오는 사례였다. 그러나 그 사례는 매들린의 경우와 원인이 달랐다. 중상을 입고 수술을 받은 뒤 손의 감각에 이상이 생겨서 자신의 손이라고 생각할 수 없게 된 병사가 200명이나 되었다는 이야기이다. 그들은 손의 신경이나 감각이 전혀 손상되지 않았는데도 자신의 손이 '다른 사람의 손 같고' '생명이 전혀 깃들지 않은 것 같고' '아무짝에도 쓸모가 없고' '그저 거기에 달려 있을 뿐'이라고 느꼈다고 한다. 레온체프와 자포로제츠에 따르면, 이것은 아마 '지각'을 담당해서 손을 손답게 움직여주는 '지각계조직'이 손상을 입고 수술 뒤에 손을 몇 주일이나 몇 달 동안 사용하지 않아서 장애를 일으켰기 때문일 것이라고 한다. '아무짝에도 쓸모가 없고' '생명이 전혀 깃들지 않은 것

♦   Leont'ev and Zaporozhets, 《Rehabilitation of Hand Function》(영어판 1960년).

같고' '다른 사람의 손 같다'는 점에서는 매들린도 현상적으로 그들의
사례와 같다. 그러나 그녀의 경우에는 기간이 훨씬 길다는 점이 다르다.
즉 태어난 이후 지금까지 쭉 그래왔던 것이다. 따라서 그녀에게는 손의
기능을 되찾는 치료가 아니라 원래의 기능을 처음부터 찾아내고 습득
하도록 하는 치료가 필요했다. 다시 말해서 장애를 일으킨 지각계조직
을 치료하는 것이 아니라 형성된 적이 없는 회로조직을 새롭게 만드는
작업이 필요했다. 과연 이런 치료가 가능할까?

　　레온체프와 자포로제츠가 그들의 책에서 사례로 든 병사들은
부상을 입기 전에는 정상적인 손을 지니고 있었다. 심한 상처를 입는
바람에 부서졌거나 상실된 것을 되살리면 되었던 그들과 매들린의 경
우는 근본적으로 달랐다. 그녀는 손을 한 번도 사용한 적이 없기 때문
에 아무것도 되살릴 것이 없었다. 원래 그녀에게는 손이나 팔이 없었
다고 해도 과언이 아니었다. 그녀는 스스로 식사를 한 적도 없었고 혼
자서 변기를 사용한 적도 없었으며 심지어 그녀 쪽에서 손을 내민 적
이 단 한 번도 없었다. 항상 다른 사람이 그녀를 도와주었고 그녀는 그
저 가만히 있기만 했던 것이다. 그녀는 60여 년 동안 처음부터 두 손이
없는 것처럼 살아왔다.

　　이상이 그 당시에 우리가 풀어야 할 문제였다. 매들린의 손에
는 기본적인 감각이 분명히 있었다. 그러나 그 감각을 한 걸음 전진시
켜서 지각의 수준까지 끌어올리는 힘은 전혀 없었다. 지각이 형성되면
자기 자신과 주변의 세계를 연결하는 실마리가 생기겠지만 거기까지
는 무리였다. 손이 존재하기는 하지만 "아, 그렇구나. 좋아, 알았으니 한
번 해보자. 행동으로 옮겨보자" 하고 행동에 나서는 능력은 전혀 없었
던 것이다. 그러나 우리는 레온체프와 자포로제츠가 병사들에게 했듯
이 매들린에게 동기를 부여해서 손을 적극적으로 사용하도록 해야 했

다. 그렇게 하면 결여되었던 인격통합이 가능해질 수도 있는 일이었다. 로이 캠벨이 말했듯이 '인격통합'은 행동 속에 있기 때문이다.

　　매들린은 우리의 방침을 전해듣고 아주 기뻐하며 적극적인 의욕을 보였다. 그러나 다른 한편으로는 불안감을 느끼며 별로 기대하지 않는 눈치였다. 그녀는 말했다.

　　"진흙덩어리와도 같은 이 손이 과연 무엇을 해낼 수 있을까요?"

　　"행동이야말로 모든 것의 시작"이라고 괴테는 말했다. 윤리적이거나 실존적인 딜레마에 빠졌을 때는 이 말이 맞을 수도 있다. 그러나 동작과 지각이 딜레마의 근원을 이룰 때는 그렇지 않을 수도 있다. 그러나 그렇다 해도 이 경우에도 뜻하지 않은 성과를 얻을 수 있는 것이다. 단 하나라도 좋으니 무언가 돌파구를 얻기만 한다면(단 하나의 동작이라도 좋고, 지각이라도 좋고, 충동이라도 좋고, 최초의 한마디라도 좋다. 헬렌 켈러에게 '물'이라는 단 한 마디가 그런 역할을 했듯이 말이다) '무'였던 세계가 '전부'로 뒤바뀔 가능성이 있다. 따라서 이 경우에는 '충동이야말로 모든 것의 시작'이라고 말할 수 있다. 중요한 것은 행동도 아니고 반사운동도 아닌 오직 충동이다. 충동이야말로 행동이나 반사운동보다 그 존재가 훨씬 명백하며 또한 좀더 신비적이다. 우리는 매들린을 향해서 "이것을 하세요." 하고 말할 수 없었다. 우리가 할 수 있는 일이라고는 그저 충동에 기대를 거는 것뿐이었다. 충동에 희망을 걸고 충동이 일어나기를 바라고 충동이 일어날 수 있도록 도와주는 것뿐이었다.

　　나는 갓난아기가 엄마의 젖가슴을 향해 혼자서도 손을 뻗친다는 사실에 착안했다. 그래서 간호사에게 이렇게 말했다.

　　"매들린에게 식사를 갖다줄 때는 옆에다 놔두세요. 손을 뻗치면 닿을 수 있는 위치에요. 무심코 그런 위치에 놓는 듯한 표정을 짓고서 말입니다. 그녀를 굶겨 죽이거나 약 올리려는 게 아닙니다. 이쪽에서 항상 먹여주지만은 않는다는 인식을 갖게 만들려는 의도입니다."

그러자 어떻게 되었을까? 어느 날 마침내 사건이 일어났다. 그때까지 없었던 일이 일어난 것이다. 매들린은 배가 고파서 참을 수 없는 지경에 이르렀다. 그러자 마침내 다른 사람이 먹여주기를 수동적으로 기다리지 않고 스스로 한쪽 팔을 뻗고 손을 더듬어 작은 도너츠를 찾아냈다. 그리고 그것을 움켜쥐고는 입으로 가져간 것이다! 그녀가 난생처음으로 자신의 손을 사용한 순간이었다. 육십 평생 처음으로 자기 손으로 직접 뭔가를 해낸 것이다. 그리고 이 순간에 그녀는 '운동성을 갖춘 개체'로 탄생했다(이것은 셔링턴이 만든 개념이며 행동하는 인간을 뜻한다). 그 순간 그녀는 손에 지각이 있음을 처음으로 보여주었고, 비로소 '지각을 지닌 개체'로서 탄생한 것이다. 그녀가 처음으로 지각한 것, 다시 말해 첫 번째로 인식한 대상은 도너츠였다. 헬렌 켈러의 경우, 말을 매개로 한 최초의 인식이 '물'이었듯이.

이러한 최초의 사건이 벌어진 뒤, 상황은 놀라운 속도로 진전되었다. 손을 뻗어 도너츠를 잡고 난 뒤, 그녀 내면에서는 새로운 갈망이 싹텄다. 그녀는 이제 전 세계를 향해서 손을 뻗어 쓰다듬고 움켜쥐기 시작했다. 역시 처음에는 먹는 것에 관심을 보였다. 먼저 여러 가지 먹을 것에 이어서 그릇, 먹기 위한 도구 등을 만지고 알아가기 시작했다. 그러나 '인식'에 도달하기까지에는 수없이 많은 억측과 추량의 길을 에돌아가야 했다. 어쩌면 당연한 일이었다. 태어나면서부터 눈이 보이지 않았고, 손 또한 없는 것과 마찬가지였기 때문에 지극히 기본적인 것의 이미지조차 거의 그리지 못했으니 말이다(반면에 헬렌 켈러는 손을 사용해서 구체적인 것을 만질 수 있었다. 그래서 손으로 만질 수 있는 것에 대해서는 약간이나마 이미지를 얻을 수 있었다). 다행히 매들린은 보기 드문 지성과 풍부한 독서량이 있었기 때문에 말로 전달되는 이미지는 많이 지니고 있었다. 이것은 큰 도움이 되었다. 그렇지 않았다면 그녀는 갓난아기 정도의 손놀림에서 한 발짝도 전진하지 못했을 것이다.

그녀는 도너츠가 한가운데 구멍이 뚫린 빵이라는 사실을 인식했다. 그리고 포크는 끝에 뾰족한 것이 여러 개 달린 길쭉하고 납작한 도구라는 인식도 생겼다. 이러한 분석적 인식은 이윽고 직감적 파악으로 발전하며 결국 어떤 사물이 '그것'이라는 것을 순식간에 알게 되는 것이다. 예를 들어 말하자면 '얼굴 생김새'를 충분히 알고 있으면 다음에 만났을 때는 '전에 보았던 사람'으로 인식할 수 있는 것과 같은 이치이다. 그리고 이런 류의 인식은 분석적인 것이 아니라 종합적·직접적인 인식이다. 그것이 가능해지자 그녀는 크게 기뻐했다. 그녀는 세계가 얼마나 매력과 신비와 아름다움에 가득 찬 곳인가 그리고 지금 자신이 그 세계를 차례차례 밟아나가고 있으니 얼마나 기쁜 일인가 하는 의식을 갖게 되었다.

우리 주변에 얼마든지 흘러 넘치는 지극히 평범한 사물조차도 그녀에게는 기쁨이었다. 그녀는 그것들을 스스로 만들어보고 싶다는 감정을 느꼈다. 그녀는 점토를 달라고 하더니 여러 가지 모양을 만들기 시작했다. 처음에 만든 것은 구둣주걱이었다. 일종의 독특한 힘과 재치가 엿보이는 작품이었다. 물 흐르는 듯하면서도 힘차 보였으며 작달막한 곡선이 붙어 있어서 젊은 시절의 헨리 무어를 연상시키는 구석이 있었다.

처음으로 인식이 가능해진 지 한 달도 지나지 않아 그녀의 관심과 이해의 대상은 사물에서 인간으로 옮겨갔다. 사물이 가져다주는 흥미와 사물이 지닌 표정에는 아무래도 한계가 있었다. 천진난만하고 솔직한 희극적 정신으로 사물을 접하면 그 모습이 바뀌기도 하지만 결국 한계에 다다르게 마련이다. 이제 매들린은 인간의 얼굴과 몸을 탐사하지 않고는 못 배기게 되었다. 꼼짝 않고 있는 것이든 움직이고 있는 것이든 상관없었다. 매들린에게 '만진다'는 것은 더할 나위 없이 근사한 경험이었다. 얼마 전까지만 해도 그녀의 손은 움직임이나 생기가 없었지만 이제는 신기할 만큼 넘치는 활력과 감수성을 지니기에 이르렀다. 어루만지는 것만으로 대상을 깊이 있게 파악했다. 그녀의 손 능력은 정말 놀라웠다. 앞을 볼 수 있는 사람의 능력을 뛰어넘기조차 했다. 그녀의 손길을 느껴본 사람들은 누구나 마치 명상에 잠기고 상상력이 풍부하고 미적 감각이 뛰어난, 타고난 예술가('갓 태어난 예술가'라는 표현이 더 정확하겠지만)가 어루만지는 듯한 느낌을 받았다. 단지 눈이 보이지 않는 여자의 더듬거리는 손길이 아니었다. 그것은 맹인 예술가의 손, 이 세상의 감각적·정신적인 진실에 깊이 몰입한 창조적인 혼을 소유한 사람의 손길이었다. 이러한 탐사를 거듭한 매들린은 당연히 다음 단계로 외부 현실의 표현 및 재현을 갈망했다.

그녀는 점토로 사람의 머리와 몸을 만들기 시작했다. 그리고 1년도 채 안 되어 성 베네딕트 병원의 맹인 조각가로서 그 지역 일대에 명성을 날리게 되었다. 그녀가 빚는 조각은 실제 인간의 반 혹은 4분의 3정도 크기이다. 얼굴의 이목구비는 단순하면서도 아주 그럴듯했고 표정은 놀랄 만큼 풍부하면서도 힘이 넘쳐흘렀다. 그녀의 놀라운 변신은 나에게도, 그녀에게도 그리고 병원에 있는 모든 사람에게도 실로 감동적이고 놀라우며 기적적인 경험이었다. 기본적인 지각능력은 보통 생후 몇 개월 만에 형성되는 것이다. 그것을 전혀 가지고 있지 못했던 사람이 60세가 되어 처음으로 몸에 익혔다는 것을 도대체 누가 상상할 수 있겠는가? 신체장애인이 아무리 늦게 어떤 능력의 습득에 나선다 해도 그들에게 놀라운 가능성이 펼쳐진다는 것을 그녀의 사례가 웅변적으로 입증했다. 앞도 보지 못하고 마비 증상까지 있었던 여성,

세상과 단절된 채 무기력하게 일생을 과보호 속에서 지낸 이 여성의 내면에 놀라운 예술적 천성의 씨앗이 숨어 있었고(이에 대해서는 다른 사람들과 마찬가지로 그녀 역시 거의 의식을 하지 못했다), 그 씨앗이 60년 동안이나 동면 상태로 시들어 있다가 보기 드물 정도로 아름답게 활짝 꽃피우리라고 누가 상상이나 할 수 있었겠는가?

뒷이야기

매들린의 사례가 결코 그녀 혼자에게만 국한된 것이 아님을 곧 알게 되었다. 1년도 채 안 되어서 나는 그녀와 비슷한 또 한 명의 환자를 만났다. 그 환자의 이름은 사이먼 K.였고 뇌성마비를 앓아서 시력이 완전히 손상된 상태였다. 그의 손에는 보통 사람과 다름없는 힘과 감각이 있었지만 사이먼은 그때까지 손을 거의 사용하지 않았다. 따라서 손을 움직이고 무엇인가를 만지는 등 손을 사용한 탐사를 통해 인식하는 능력은 대단히 뒤떨어졌다. 그러나 우리는 매들린을 치료한 경험이 있기 때문에 사이먼의 '인식불능증'을 치료할 수 있다는 자신감이 있었다. 그래서 매들린을 치료했던 것과 똑같은 방법으로 치료하기로 했다. 그 결과, 매들린 못잖은 좋은 결과를 얻었다. 1년도 안 되어 그는 손을 자유자재로 움직였다. 그는 특히 간단한 목공일을 좋아했는데, 합판이나 나뭇조각을 솜씨 좋게 세공했다. 그래서 매우 단순한 형태이기는 해도 장난감을 만드는 수준에까지 이르렀다. 그러나 조형을 만들겠다는 의지나 재현행위를 향한 욕구는 보이지 않았다. 그는 매들린과 같은 예술가는 아니었다. 그러나 두 손이 없는 것 같은 상태에서 50년을 살다가 마침내 손을 자유롭게 움직일 수 있게 된 것만은 분명했다.

그의 변신은 매들린 이상으로 감동적이었다. 왜냐하면 그는 의

욕적이고 천부적인 자질이 풍부했던 매들린과 달리 발달이 아주 느리고 지능이 뒤떨어진 사람이었기 때문이다. 매들린은 누구도 흉내낼 수 없는 재능의 소유자였다. 헬렌 켈러처럼 100만 명에 한 명 있을까 말까 한 예외적인 존재였다. 따라서 그녀와 같은 수준의 발전을 단순하고 지능이 뒤떨어진 사이먼에게 기대하는 것은 무리였다. 그러나 가장 기본적인 것에 대해 말한다면 사이먼도 매들린과 똑같은 것을 달성했다. 바로 손이 본래의 기능을 획득했다는 점이다. 이 문제에서는 지성이 있는가 없는가는 전혀 관계가 없는 듯하다. 오직 유일하게 필요한 것은 '익숙하게 사용할 수 있는 것'이라는 생각이 든다.

매들린과 사이먼의 경우처럼 발육기부터 인식불능증에 빠지는 것은 아주 드문 사례이다. 그러나 후천적인 인식불능증은 흔히 있으며 이 경우에도 역시 기본적인 치료법은 '사용하도록 만드는' 것이다. 때때로 나는 당뇨병이 원인으로 작용하는 소위 글러브 앤드 스타킹형 신경장애(신경 손상이 장갑과 스타킹 착용 부위로 심하게 퍼져나가는 증상을 보이는 병 — 옮긴이)를 일으킨 환자를 접한다. 그런데 신경장애가 심해지면 손끝과 발끝이 마비된 것조차 모르게 된다. 이 지경에 이르면 아무것도 없다는 느낌(비실체감)까지 갖게 된다. 때로는 손과 다리가 완전히 없어지고 몸통만 남았다는 느낌을 받는다. 어떤 환자의 표현을 빌리면 '오뚝이처럼 된' 느낌을 받는 것이다. 어떤 경우에는 팔과 다리 끝이 썽둥 잘려나가 나무 그루터기처럼 되고, 그 끝에는 회반죽이나 석고로 만든 덩어리가 달라붙어 있는 느낌을 받는 환자도 있다. 그러나 이 모든 경우에 공통되는 특징은, 존재가 사라진 듯한 감정이 돌발적으로 일어난다는 점이다. 그리고 다시 현실로 돌아와 실체의 존재가 인식되는 것 역시 순간적으로 불쑥 일어난다. 마치 어떤 임계 영역(기능적인, 그리고 존재론적인)이 존재하기라도 하는 것 같다. 이러한 환자에게

손과 발을 사용하도록 할 때는 대단히 위험하므로 주의할 필요가 있다. 주관적인 현실과 '인생'으로 갑자기 돌아가버리는 재현실화가 일어나기 쉽기 때문이다. 그러나 이것은 생리학적 능력이 충분한 경우에 한정된다. 만일 신경장애가 전체에 미치고 있고 신경의 말단부가 완전히 죽어 있는 경우에는 이런 재현실화는 일어나지 않는다.

신경장애가 심하기는 하지만 몸 전체가 다 장애는 아닌 환자의 경우 환부를 약간 사용해보는 것이 분명히 필요하다. 이것을 하는가 하지 않는가에 따라 오뚝이처럼 머물러 있는가 상당한 수준까지 기능이 회복되는가가 결정된다. 그러나 지나치게 사용하면 완전하지 못한 신경기능이 피로해져서 다시 갑자기 비실체감으로 돌아가버린다.

마지막으로 지금까지 서술한 주관적인 감정은 실제로는 어떤 객관적인 사실과 정확하게 대응한다는 사실을 덧붙이고 싶다. 손이나 다리 근육의 부위 중에는 '전기적인 침묵'을 보이는 곳도 있다는 것이다. 즉 감각적인 면에서 볼 때 몸감각피질에 전혀 '전위電位가 일어나지 않는'다는 것이다. 손이나 발을 사용함으로써 그곳의 감각을 되찾게 되면, 그 즉시 생리적인 상태는 완전하게 반전된다.

이처럼 죽은 것이나 다름없고 존재하지 않는 듯한 느낌에 대해서는 〈몸이 없는 크리스티너〉를 참조하기 바란다.

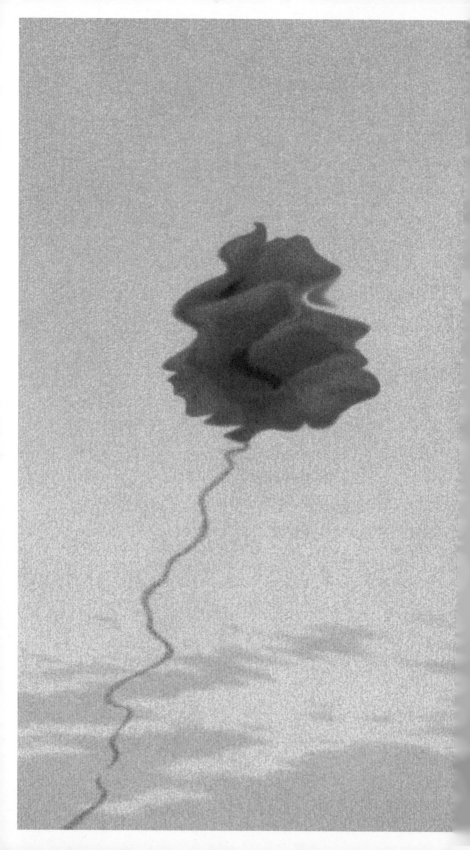

환각

신경학자가 말하는 환각이란 우리 신체의 일부분(보통 팔다리 가운데 하나)을 잃었는데도 그 뒤 몇 달이나 몇 년 동안 그것이 끊임없이 느껴지는(혹은 기억나는) 현상을 말한다. 환각은 고대부터 알려져 있었지만 이것을 상세하게 연구하고 서술한 사람은 미국의 위대한 신경학자 사일러스 위어 미첼이다. 그는 남북전쟁이 한창일 때와 전후에 걸쳐 환각을 연구했다.

미첼에 따르면 환각에는 여러 종류가 있다. 예를 들면 유령처럼 괴이쩍고 전혀 현실감이 없는 것(그는 이것을 '감각적 고스트'라고 불렀다), 지극히 생생하고 위험할 정도로 현실을 그대로 빼닮은 것, 극심한 통증을 동반하는 것, 전혀 통증을 동반하지 않는 것, 사진처럼 정확해서 원래 것의 복제나 모조품이라고 여겨지는 것, 기분 나쁠 정도로 축소되거나 형태가 왜곡된 것 등이다. 이 밖에도 '소극적인 환각', 또는 '부재의 환각'이라고 불리는 것도 있다. 미첼은 이러한 '신체 이미지'의 장애(이 말은 50년 후에 헨리 헤드가 처음 사용했지만) 원인으로 두 가지를 지적했다. 하나는 중추성 요인에 의한 것, 다른 하나는 말초성 요인에 의한 것이다. 중추성 요인이란 감각피질, 특히 마루엽의 감각피질이 자극받거나 손상된 것을 가리킨다. 반면에 말초성 요인은 신경종, 신경손상, 신경차단, 신경자극 등이 일어난 경우 혹은 척수신경의 뿌리 즉 척수감각로에 장애가 일어난 경우이다.

지금부터 소개하는 짧은 일화들은 〈브리티시 메디컬 저널〉의 의료 화제란에 실었던 글이다.

환각 손가락

한 뱃사람이 우연한 사고로 오른손 둘째손가락을 잃었다. 그는 그후 4년 동안 손가락 환각에 시달렸다. 잘리는 순간에 그랬듯이 딱딱한 손가락이 항상 쭉 뻗은 채 들러붙어 있는 것처럼 느껴진 것이다. 오른손을 얼굴 가까이에 갖다댈 때면 언제나(예를 들면 음식을 먹을 때나 코를 후빌 때) 그 손가락이 눈을 푹 쑤실까 봐 걱정이 되었다. 그런 일은 결코 일어날 수 없다는 걸 알았지만 그런 느낌이 드는 데야 도리가 없었다. 그러던 어느 날, 그는 당뇨병신경병증에 걸려 손가락이 남아 있는 듯이 느껴지던 감각마저 잃고 말았다. 따라서 손가락의 환각 또한 사라졌다.

감각중풍 등이 좋은 예이지만, 중추에 원인을 가진 질환이 환각을 '치료하는' 일이 있다는 사실은 잘 알려져 있다. 말초신경의 병리학적 장애가 똑같은 효과를 가져다주는 일도 있을까?

환각팔다리 증세의 소멸

팔이나 다리를 절단한 환자 혹은 그런 사람들과 함께 일하는 사람들은 의수나 의족을 사용할 때 환각팔다리가 얼마나 중요한지를 잘 알고 있다. 마이클 크레이머 박사는 이렇게 썼다.

"절단 환자의 경우 환각이 대단히 중요하다. 다리가 의족일 경우, 소위 신체 이미지 즉 환각이 의족 부분과 정확하게 들어맞아 일체감을 느끼지 못하면 절대로 만족스럽게 걸을 수 없다."

이런 이유로 환각이 사라지면 오히려 불행하게 되는 경우가 있다. 이럴 때는 환각을 불러일으키거나 되살리는 것이 긴급한 과제가 된다. 여기에는 여러 가지 방법이 있다. 미첼이 서술한 바에 따르면 위팔의 신경얼기에 감응전류자극요법을 시도한 결과, 25년간 사라진 환각의 손이 돌연 '부활'했다고 한다. 필자도 다음과 같은 경험을 한 예가 있다. 필자가 진료한 환자는 아침마다 환각을 '일으켰다'. 아침에 눈을 뜨면 언제나 다리가 절단되고 남은 대퇴부를 몸 앞으로 끌어당겨 세차게 때렸다. 마치 갓난아기의 엉덩이를 때리듯이 여러 차례 찰싹찰싹 때렸다. 대여섯 차례 때리면 이 말초성 자극에 의해서 환각의 다리가 갑자기 되살아나고는 했다. 환각이 일어나는 순간은 그야말로 전광석화와도 같이 짧았다. 그러면 그는 비로소 의족을 끼고 걸을 수 있었다. 의족을 한 사람들은 이 밖에도 갖가지 방법으로 환각을 일으키고 있을 게 틀림없다.

위치의 환각

한번은 찰스 D.라는 환자를 치료해달라는 부탁을 받은 적이 있다. 그는 현기증이 심해서 비틀거리고, 쓰러지는 일이 많다고 했다. 처음에는 속귀 장애가 아닐까 하고 막연하게 추측했다. 여러 가지 질문과 답을 통해 다음과 같은 사실이 밝혀졌다. 그가 경험하는 것은 현기증이 아니라 사물의 위치가 끊임없이 변화하는 환영이었다. 바닥이 갑자기 저 멀리 멀어지거나 코앞으로 다가오기도 하고, 흔들리면서 꿈실 꿈실 움직이기도 하고, 옆으로 기울기도 하고… 그 자신의 표현을 빌려 말하면 바닥이 '산더미 같은 파도를 맞은 배처럼' 흔들린다는 것이었다. 그 결과 다리가 휘청거리고 몸이 앞뒤로 흔들려서 견딜 수가 없었다. 시선을 밑으로 깔아 발밑을 내려다보면 그제야 진정이 되었다. 발과 바닥의 위치관계가 어떻게 되어 있나를 알기 위해서는 몸의 감각이 아니라 시각에 의존할 필요가 있었던 것이다. 그러나 시각조차도 감각에 압도당하는 경우가 있었다. 그렇게 되면 발과 바닥이 모두 무시무시하게 흔들리는 듯 보였던 것이다.

여러 가지 검사를 한 결과 척수로脊髓癆의 급성발증임이 밝혀졌다. 척수로의 병소가 후근後根에 미치고 있었기 때문에 고유감각이 장애를 일으켜 흔들리는 감각이 생긴 것이다. 척수로의 말기 증상이 전형적으로 어떻게 나타나는가에 대해서는 누구나 알고 있다. 대개는 다리가 자신의 것이라는 감각이 없어진다. 그러나 말기가 아니라 중기에, 더구나 급성발증이기 때문에 치료할 수 있는 척수로의 경우에 위치의 환각이나 환영이 일어난 예는 별로 없었다.

이 환자의 이야기를 듣고 나 자신이 겪었던 특이한 체험이 기억났다. 《나는 침대에서 내 다리를 주웠다》에서도 서술한 내용이지만 여기에 다시 인용하고자 한다.

나는 이루 말할 수 없는 불안감을 느끼며 발밑을 뚫어지게 응시해야 했다. 그때였다, 원인을 알게 된 것은. 문제는 나의 다리였다. 다리라기보다는 하얀 분필로 그린 가느다란 원추꼴의 설명하기 어려운 물체가 다리 대신에 달라붙어 있었던 것이다. 길이는 3백 미터 정도. 그러나 다음 순간에는 2밀리미터도 안 되게 보였다. 굵다는 생각이 들라치면 곧바로 가늘어졌다. 이쪽으로 기우는가 싶으면 다음 순간에는 저쪽으로 기울었다. 크기가 쉬지 않고 변했고 위치와 각도도 변했다. 불과 1초 사이에 네댓 차례나 변한 것이다. 순식간에 전혀 다른 모양으로 획획 변했던 것이다.

환각 - 살았는가 죽었는가

머리가 아플 만큼 혼란스러운 환각도 자주 있다. 환각이 정말로 일어나고 있는지 그렇지 않은지, 병리적인지 그렇지 않은지, 진짜인지 아닌지… 참고문헌을 뒤적여봐도 혼란스럽기는 마찬가지이다. 그러나 환자들은 그렇지 않다. 그들은 온갖 종류의 환각을 하나하나 분명하게 설명한다. 무릎위 절단수술을 받았지만 머리는 멀쩡한 한 환자는 내게 이렇게 말했다.

이놈이 말입니다. 이 유령 같은 다리가 말입니다. 지독하게 아플 때가 있어요. 발끝이 위로 젖혀지기도 하고 쥐가 나기도 합니다. 이런 증상은 특히 밤에 심해요. 의족을 떼어내거나 아무것도 안하고 있을 때 말입니다. 의족을 끼고 걸으면 통증이 사라집니다. 그러나 그럴 때도 다리가 거기에 있다는 느낌이 듭니다. 이 경우에는 도움이 되는 환각이라고 할 수 있지요. 종류가 다른 환각이에요. 그런 환각이 일어나기 때문에 의족을 끼고 걸을 수가 있는 거지요.

이 환자의 경우, 아니 모든 환자가 다 마찬가지겠지만, '나쁜' 환각, 다시 말해서 부정적·병적으로 작용하는 환각이 일어날 때 그것을 몰아내는 데 가장 중요한 것은 그것을 '사용하는' 것이 아닌가 하는 생각이 든다. 그리고 '사용'함으로써 '도움이 되는' 환각, 즉 본인의 다리에 대한 기억, 다리의 이미지를 생생하게 되살리고 건전하게 기능하도록 만들 수 있는 것이다.

뒷이야기

환각 증상을 보이는 대부분의 환자들은 (모두가 다 그런 것은 아니지만) '환각통' 즉 환각에 의한 통증에 시달린다. 이런 통증은 때로는 아주 기묘한 성질을 띠기도 하지만 대개의 경우는 일반적인 통증과 다름없다. 절단 이전에 그 부위에 있던 통증이 절단 후에도 그대로 남아 있거나, 그 부위가 그대로 남아 있었다면 거기에 실제로 생겼을 그런 통증이다. 이 책의 초판을 출판한 뒤, 필자는 많은 환자들로부터 이에 관한 흥미로운 편지를 많이 받았다. 그중에는 발톱이 살 속으로 파고드는 듯한 불쾌한 통증이 느껴진다는 환자도 있었다. 그의 말에 따르면, 발을 절단하기 전에 발톱을 잘 깎지 않았는데 발을 절단한 후에 통증이 생기기 시작해 몇 년 동안이나 계속되고 있다는 것이다. 또 정반대의 통증도 있었다. 척추디스크에 걸리자 환각이 일어나는 부분에 좌골신경통이 생겼는데, 디스크를 제거하고 척추유합술을 받자 통증이 사라졌다는 것이다. 이런 현상은 결코 드물지 않으며 단순한 '상상'의 산물도 아니다. 신경생리학의 관점에서 좀더 깊이 있는 연구를 해야 할 문제인 것이다.

내 제자로서, 지금은 척수신경생리학자가 된 조너선 콜 박사는 다음과 같은 보고서를 편지 형태로 나에게 보내왔다.

어떤 여성이 지금은 절단되고 없는 다리 부위에 환각에 의한 통증을 느꼈다. 리도카인을 써서 가시인대를 마취하자 통증도 그대로 마취상태로 빠져들었다. 이번에는 척수근에 전기자극을 가했더니 환각의 다리 안에 따끔따끔하고 예리한 통증이 일어났다. 전에 느꼈던 것은 둔

통이었는데 이번에 느낀 것은 종류가 다른 통증이었던 것이다. 또한 척수 상부에 자극을 가하자 환각에 의한 통증이 누그러졌다.

한편 콜 박사는 14년간 다발성 신경장애에 시달리던 어떤 환자에 대해(이 환자는 많은 점에서 〈몸이 없는 크리스티너〉에 나오는 크리스티너와 아주 비슷했다) 전기생리학의 입장에 서서 상세한 연구를 실시하고 그 결과를 발표했다(《Proceedings of the Physiological Society》, 1986년 2월, 51쪽 참조).

수평으로

성 던스틴 노인요양소의 신경과에서 근무하던 내가 맥그레거 씨를 만난 것은 9년 전의 일이다. 하지만 나는 그를 지금도 기억하고 있다. 그것도 마치 어제 일처럼 말이다.

"어떤 문제로 오셨나요?"

"문제요? 아무런 문제도 없어요. 내가 아는 한… 그런데 사람들은 내 몸이 한쪽으로 기울었다고들 해요. 마치 피사의 사탑처럼 말입니다. 당장이라도 무너져 내릴 것 같다는군요."

"그런데도 정작 본인은 몸이 기울었다는 걸 전혀 못 느끼신다는 말씀인가요?"

"난 괜찮아요. 그 사람들이 무슨 말을 하는지 도대체 모르겠어요. 자기 몸이 기울었는데도 그걸 모르는 사람이 어디 있겠어요?"

"그것 참 이상하군요. 어디 한번 봅시다. 일어서서 한번 걸어보시겠습니까? 여기서 저기 벽까지만요. 저뿐 아니라 어르신도 보실 수 있도록 하겠습니다. 걷는 모습을 비디오로 찍을 테니 나중에 함께 보기로 하죠."

"좋습니다, 선생님."

그는 그렇게 말하고 앞으로 두세 발 내딛으면서 일어났다. 그는 정말로 멋진 노인이었다. 93세였지만 70세에서 단 하루도 넘기지 않은 것처럼 보였다. 정신도 또렷했다. 100세까지도 살 수 있을 것처럼 보였다. 파킨슨병에 걸려 있었지만 그래도 광부처럼 강건해 보였다. 그는 자신만만한 걸음걸이로 민첩하게 걸었다. 그러나 놀랍게도 몸이 중심에서 20도는 족히 왼쪽으로 기울어져 있었다. 조금만 더 기울어졌더라면 쓰러지고 말았을 것이다. 그런데도 그는 만족한 웃음을 지으며 말했다.

"보세요, 아무렇지도 않잖아요. 마치 자처럼 반듯하게 걷지 않습니까?"

"정말로 그렇게 생각하십니까? 자, 그럼 본인이 직접 확인해보세요."

나는 비디오테이프를 되돌려 재생했다. 화면에 비친 자신을 본 맥그레거 씨는 몹시 충격을 받았다. 그는 눈을 휘둥그레 뜨고 입을 딱 벌린 채 중얼거렸다.

"이럴 수가! 사람들 말이 맞군요. 정말 몸이 한쪽으로 기울었네요. 제 눈으로 똑똑히 보았으니 틀림없군요. 하지만 전 몰랐어요. 몸이 기울었다는 느낌이 없어요."

"바로 그거예요. 그게 바로 문제랍니다."

인간에게는 우리 스스로 자부심을 느껴도 될 만한 오감이 있다. 그리고 그 오감 덕분에 감각세계를 감지할 수 있다. 그러나 우리에게는 오감 말고도 다른 감각이 있다. 그 비밀스러운 감각은 제육감이라는 것이다. 오감만큼이나 중요한 것이지만, 제대로 인정도 대접도 못

받고 있다. 무의식적이고 자동적으로 발휘되는 이 제육감은 역사적으로는 상당히 늦게 발견되었다. 빅토리아 시대 사람들은 이를 가리켜 막연히 '근육감각'이라고 불렀다. 그들이 말한 '근육감각'이란 관절과 힘줄에 있는 수용체를 통해 전달되는, 몸통과 손발의 상대적 위치의 인식이다. 그러나 이 감각의 정체가 분명하게 밝혀지고 '고유감각'이라는 이름이 붙여진 것은 1890년대의 일이다. 그리고 공간 속에서 몸을 똑바로 세워 균형을 유지하기 위한 복잡한 메커니즘과 제어가 분명하게 밝혀진 것은 20세기 이후의 일이다. 그러나 아직도 여전히 많은 수수께끼에 쌓여 있었다. 신체의 위치관계를 아는 데 도움이 되는 속귀, 전정, 그 밖의 애매한 수용체와 반사기구의 구조가 밝혀지는 것은 우주시대가 되어 변덕스러운 무중력 상태에 적응하느라 무척이나 애를 먹은 뒤의 일일 것이다. 왜냐하면 보통 상태에 있는 보통 사람들은 그런 것들을 전혀 인식하지 못하기 때문이다.

그러나 그것들이 없다면, 그 존재감은 확연하게 느껴질 것이다. 우리가 간과해온 그 비밀스러운 감각에 일단 결함이 생기면 정말로 이상한 일이 벌어지는 것이다. 그것은 마치 눈이 보이지 않거나 귀가 들리지 않는 것과 같다. 고유감각을 완전히 상실하면 신체는 자기가 내는 신호를 '보지'도 '듣지'도 못하게 되고, 글자 그대로 자신을 '소유'하는 것 즉 자신을 자신으로 느끼는 것이 중지된다('고유감각'이란 '소유'를 의미하는 라틴어 proprius에서 유래된 개념이다. 〈몸이 없는 크리스티너〉 참조).

노인은 양미간을 찌푸리고 입술을 꽉 깨문 채 갑자기 깊은 상념에 빠져들었다. 그는 꼼짝도 하지 않고 서 있었다. 그럴 때면 나는 기쁨을 느낀다. 그 순간 환자들은 뭔가를 '발견'하고 있기 때문이다. 한편으로는 놀라기도 하고 한편으로는 상황을 즐기면서 말이다. 그 순간 환자들은 잘못된 것이 무엇인지 그리고 자신이 해야 할 일이 정확히 무엇인지를 처음으로 깨닫는 것이다. 그리고 바로 이것이야말로 치료의 첫걸음이다.

"잠시 생각할 시간을 주세요."

그는 거의 반쯤은 혼잣말로 중얼거리며 숱이 많은 흰 눈썹을 눈쪽으로 쓸어내린 다음, 못이 박인 억센 손으로 여기저기를 지그시 눌렀다.

"선생님도 함께 생각해주세요. 분명 해결책이 있을 거예요. 몸이 한쪽으로 기울어 있는데 나는 느끼지 못했습니다. 그렇죠? 분명 뭔가 느낌이, 분명한 신호가 있어야 하는데 전혀 그렇지 않았죠. 그렇죠?"

그는 말을 멈췄다. 그러다가 얼굴이 환해지더니 다시 말을 이어나갔다. "저는 소싯적에 목수였어요. 우리는 표면이 평평한지 아닌지, 수직선에서 기울었는지 똑바른지를 알아볼 때면 언제나 수준기를 사용했지요. 그런데 뇌 속에도 수준기 비슷한 것이 있지 않나요?"

나는 고개를 끄덕였다.

"파킨슨병 때문에 그게 고장 나는 일도 생깁니까?"

나는 고개를 끄덕였다.

"그럼 내가 이렇게 된 것도 바로 그 때문입니까?"

나는 다시 한번 고개를 끄덕이면서 말했다.

"맞습니다. 바로 그겁니다."

수준기. 정말 정곡을 찌르는 개념이었다. 그는 뇌 속의 근원적인 제어시스템을 수준기와 비교할 수 있다는 사실을 깨달은 것이다. 육체적으로 말할 때 속귀는 수준기와 똑같다. 속귀 미로는 액체로 가득찬 반고리뼈관으로 이루어져 있으며 그 액체의 움직임을 끊임없이 감지한다. 그러나 결함이 생긴 것은 그러한 기관이 아니었다. 그의 경우에는 오히려 균형을 유지하기 위한 기관을 신체 자체의 감각(고유감각) 및 눈에 보이는 외계의 모습(시각)과 관련지어 사용할 수 없다는 점에 문제가 있었다. 맥그레거 씨가 든 친근한 예는, 단순히 속귀 미로뿐 아니라 세 개의 숨은 감각(속귀감각, 고유감각, 시각)의 복잡한 통합에도 적용된다. 파킨슨병으로 손상된 것은 방금 말한 통합인 것이다.

이러한 감각의 '통합'에 대해서, 그리고 파킨슨병에 의한 개별 감각의 '분열'에 대해서 가장 실제적이고 깊이 있는 연구를 한 사람은 위대한 고 퍼든 마틴 박사이다. 그 연구는 박사의 유명한 책 《대뇌기저핵과 자세》에 수록되어 있다(초판은 1967년에 나왔으며 이후 가필과 수정이 계속되어 최종 신판은 그가 죽던 해인 1984년에 완성되었다). 마틴 박사는 뇌 속에서 일어나는 통합과 통합의 관장에 대해서 다음과 같이 말했다. "뇌 속에는 통제관과 같은 중추, 다시 말해서 사령부가 틀림없이 존재한다. 우리의 신체가 안정되어 있는가 그렇지 않은가가 이 통제관에게 전달되는 것은 틀림없는 사실이다."

마틴 박사는 '경사 반응'에 대한 항에서 신체의 안정과 자세의 유지를 관장하는 3중의 감각제어시스템에 중점을 두어 설명했다. 파킨슨병에 걸리면 그러한 미묘한 균형이 무너지는 일이 종종 있으며, 특히 고유감각과 시각에 앞서 속귀감각이 상실되는 일이 많다. 그에 따르면 이 3중의 감각제어시스템에서는 세 가지의 감각제어 하나하나가 다른 것의 결함을 메울 수 있다고 한다. 물론 각각의 기능은 별도의 것이기 때문에 다른 것으로 완벽하게 대신하는 것은 무리이지만 적어도 어느 정도까지는 대행할 수 있다고 한다. 일반적으로 말하면 시각반사와 시각제어의 중요성이 훨씬 낮다. 따라서 전정시스템과 고유감각계가 손상되지 않는 한, 눈을 감고 있어도 안정을 유지할 수 있다. 눈을 감았다고 해서 앞이나 옆으로 기울거나 쓰러지지는 않는다. 그러나 균형이 불안정한 파킨슨병 환자는 눈을 감자마자 옆으로 기울거나 쓰러지는 일이 있다(파킨슨병 환자가 그것을 전혀 깨닫지 못하고 몸을 한쪽으로 크게 기울인 채 앉아 있는 광경을 흔히 볼 수 있다. 그러나 거울을 보여주면 자신의 기우뚱한 자세를 깨닫고 얼른 자세를 고친다).

고유감각은 상당한 정도까지 속귀감각의 결여를 보충할 수 있다. 따라서 속귀 미로를 외과적으로 제거한 환자는 처음에는 똑바로 서거나 걸을 수 없지만 시간이 지남에 따라 고유감각을 잘 살려서 속귀감각 대신에 적절하게 사용할 수 있다(속귀 미로를 외과적으로 제거하는 처치는 중증의 메니에르증 환자에게서 보이는 심한 현기증을 해소하기 위해서 실시되기도 한다). 이 같은 경우에는 특히 광배근에 있는 센서가 사용된다. 이 근육은 우리의 신체에서 가장 크고 기동성도 가장 좋은 근육이다. 이것을 새로운 보조적인 균형기관, 다시 말해서 하나의 넓은 날개 같은 고유감각기관으로 사용하는 것이다. 훈련을 거듭해서 그것을 사용할 수 있게 된 환자는, 완벽하지는 않지만 나름대로 안전하게 서거나 걸을 수 있다.

마틴 박사는 대단히 사려 깊고 독창적인 방법을 써서 갖가지 기계장치와 방법을 고안했다. 덕분에 중증의 파킨슨병 환자도 인위적이기는 하지만 정상적으로 걷고 자세를 유지할 수 있게 되었다. 보행의 리듬을 잡기 위해서는, 바닥에 선을 긋거나 허리띠에 평형추를 달거나 소리를 내서 시간을 알리는 속도조정장치를 매달기도 한다. 이러한 발명품들은 모두 환자들의 발상에 기초해서 탄생한 것이다. 따라서 마틴 박사는 그의 위대한 저서를 세상에 낼 때마다 그의 환자들에게 바친다는 헌사를 쓰곤 했다. 그는 인간미 넘치는 선구자였다. 이해와 협력이 그가 펼치는 의술의 원점이었다. 환자와 의사는 협력자로서 동등한 위치에 있으므로 서로 배우고 도울 수 있다. 따라서 그러한 환자와 의사의 관계에서 새로운 사실이 밝혀지고 새로운 치료법이 개발된다고 그는 말했다. 그러나 내가 아는 한, 마틴 박사는 맥그레거 씨를 고민에 빠뜨린 심한 신체경사와 전정반사를 바로잡기 위한 보조기구는 발명하지 못했다.

"아하, 머릿속에 있는 수준기를 쓸 수 없게 된 거로구나. 귀를 사용할 수는 없지만 눈은 사용할 수 있다는 이야기군요."

맥그레거 씨는 그래도 의심스러운지 한번 시험해보겠다는 듯이 머리를 한쪽으로 기울였다.

"이렇게 해도 똑같아요. 기울어진 걸 알 수가 없어요."

그가 거울을 보고 싶다고 말했기 때문에 나는 거울을 그의 앞으로 끌어당겼다.

"이젠 기울었다는 걸 알겠네요. 아, 거울을 보니 몸을 똑바로 세울 수도 있네요. 하지만 항상 거울 앞에 서서 살거나 거울을 들고 다닐 수는 없는 노릇이니 어떻게 한다지요?"

그는 이마에 주름을 잡고 심각한 얼굴로 상념에 잠겼다. 그러더니 갑자기 표정이 밝아지면서 미소를 지었다.

"아, 알았다. 선생님, 거울 따위는 필요 없어요. 수준기만 있으면 돼요. 머릿속의 수준기는 사용할 수 없지만 머리 밖에 있는 거라면 사용할 수 있어요. 눈으로 볼 수 있는 수준기라면 말예요."

그는 커다란 목소리로 외쳤다. 그러더니 안경을 벗어 깊은 생각에 잠긴 얼굴로 만지작거리기 시작했다. 잠시 후 그의 얼굴 전체에 웃음이 서서히 퍼져갔다.

"예를 들어서 이 안경테를 보면 몸이 기울었는지 알 수 있을 거예요. 당분간 이 안경테를 지켜보도록 하겠어요. 처음에는 괴롭겠지만 익숙해지면 자연스러워질 거예요. 선생님, 어떻게 생각하세요?"

"정말 멋진 생각입니다. 어르신. 한번 시도해보기로 하죠"

원리는 그럴 듯했지만 막상 실용화하려니 머리를 좀더 써야 했다. 처음에는 진자 같은 것을 시험해보았다. 안경테에 추가 달린 실을 매달아 늘어뜨린 것이다. 그러나 이것은 눈에서 너무나 가까워 거의 보이지 않았다. 그래서 검안사와 안경 기술자의 도움으로 다음과 같은 것을 만들었다. 안경 정가운데에서 앞쪽으로 코 높이의 두 배 정도 되는 홀더를 붙이고 홀더의 좌우 양쪽에 소형 수준기를 하나씩 붙인 것이다. 여기에 다양한 디자인이 시도되었다. 모두가 맥그레거 씨의 손을 빌린 것이었다. 몇 주일이 지나자 제1호가 탄생되었다. 히스 로빈슨풍의 수준기가 부착된 안경이었다. 맥그레거 씨는 기쁨에 젖어 말했다.

"세계 최초의 안경입니다."

안경을 쓰니 약간 어색해 보이기는 했지만, 당시에 나돌기 시작한 커다란 보청기가 달린 안경보다는 훨씬 보기 좋았다. 그리고 병원 내에서는 기묘한 광경이 벌어졌다. 스스로 발명한 수준기 달린 안경을 쓴 맥그레거 씨는 배의 나침반에서 손을 떼지 않는 조타수처럼 한시도 수준기에서 눈을 떼지 않았다. 그의 안경은 효과가 있어서 몸이 기우는 현상은 고쳐졌다. 그러나 워낙 긴장하다보니 심한 피로를 느꼈다. 그래도 몇 주일 지나자 점차 편안해졌다. 마치 생각에 잠기거나 대화를 나누면서도 자동차의 앞창에서 시선을 떼지 않을 수 있는 것과 같이 일부러 의식하지 않고도 안경의 수준기에서 눈을 떼지 않을 수 있게 된 것이다.

맥그레거 씨의 안경은 성 던스틴 병원에서 유행했다. 병원에는 몸이 심하게 기울거나 자세장애가 있는 파킨슨병 환자가 여러 명 있었다. 이러한 증상은 위험할 뿐 아니라 좀처럼 치료되지 않는 장애였다. 얼마 지나지 않아 한 사람, 두 사람씩 맥그레거 씨가 고안한 수준기 달린 안경을 쓰기 시작하더니 지금은 그처럼 몸을 반듯이 펴고 걸을 수 있게 되었다.

우향우!

S부인은 60대의 지적인 여성이었다. 그녀는 심한 중풍에 걸려 대뇌 우반구 뒤쪽 깊숙한 부분이 심하게 손상되어 있었다. 그러나 지능에는 전혀 이상이 없었다. 게다가 유머감각도 풍부했다.

그녀는 자기 식판에는 왜 후식과 커피가 없냐고 간호사들에게 불만을 토로하곤 했다. 간호사들이 "부인, 거기 있잖아요. 바로 왼쪽에 말이에요." 하고 말해 주어도 왼쪽으로 고개를 돌리려 하지 않았다. 마치 간호사들의 말을 전혀 이해하지 못하는 것처럼 보였다. 후식이 그녀의 오른쪽 시야에 들어오도록 간호사들이 머리를 조심스럽게 왼쪽으로 돌려줘야 비로소 "그래요. 여기 있군요. 방금 전까지만 해도 없었는데…" 하곤 했다. '왼쪽'이라는 개념을 완전히 상실한 것이다. 사물뿐만 아니라 자기 몸에 대해서도 마찬가지였다. 자기 몫이 너무 적다고 투덜대는 것이 사실은 접시에 있는 음식의 오른쪽 절반밖에 먹지 않았기 때문이었다. 그녀에게는 접시의 나머지 왼쪽 절반은 없는 것이나 마찬가지였다. 립스틱을 입술의 오른쪽 반만 바르고 나머지 부분은 맨 입술 그대로 남겨두기도 했다. 그러나 이런 증상을 치료하는 것은 거의 불가능해 보였다. 왜냐하면 그녀는 자신의 증상(배터스비의 〈편측 무감각〉, 1956년 참조)에 아무런 관심도 없었고 그것이 잘못되었다는 개념도 없었다. 머리로는 이해할 수 있었고, 그래서 스스로도 어처구니없어하며 웃음을 터뜨리기도 했다. 그러나 자기가 직접 그 상황을 인식하는 것은 불가능했다.

머리로 즉 추론을 통해 자신의 상황을 알게 된 그녀는 자신의 무감각에 대처할 방법을 찾아냈다. 직접 왼쪽을 볼 수도 없고 왼쪽으로 얼굴을 돌릴 수도 없었던 그녀가 할 수 있는 것은 원을 그리며 오른쪽으로 도는 것이었다. 그녀는 회전 휠체어를 달라고 요청했다. 이제 뭔가가 왼쪽에 있다는 것을 알면 그녀는 그것이 시야에 들어올 때까지 오른쪽으로 원을 그리며 회전했다. 이 방법을 쓰면 커피나 후식을 찾아낼 수 있었다. 양이 너무 적다는 느낌이 들면 오른쪽에 눈길을 고정한 채 좀 전까지 보이지 않던 후식이 시야에 들어올 때까지 회전한 후에야 후식(더 정확히는 후식의 절반)을 먹었고 그러면 배가 좀 덜 고팠다. 여전히 허기가 가시지 않거나 아까 보지 못했던 절반이 아직 그대로 남아 있다는 생각이 들면 나머지 4분의 1이 시야에 들어오도록 다시 한 바퀴를 돈 다음 남은 양의 절반을 더 먹었다. 여기까지 하면 전체의 8분의 7을 먹은 셈이 되었고 보통은 그것으로 충분했다. 배가 아주 많이 고프거나 음식이 특별히 입에 맞으면 세 번째 회전을 시도해 나머지 16분의 1을 더 먹었다(물론 여전히 접시에는 16분의 1이 남았다).

"정말 한심한 일이에요. 마치 제논의 화살이라도 된 기분이에요. 끝까지는 결코 갈 수 없으니까요. 우스워 보일지도 모르겠지만 이 상황에서 제가 달리 뭘 할 수 있겠어요?"

어찌 보면 직접 몸을 돌리는 것보다 차라리 접시를 돌리는 것이 훨씬 더 쉬워 보일 수도 있었다. 그녀도 같은 생각이라 한번 시도해보았다. 적어도 시도하려고 노력은 해보았다. 그러나 그것은 휠체어를 돌리는 것에 비해 이상하리만치 어려웠고 자연스럽지도 않았다. 왜냐하면 그녀의 시선과 관심이, 자연스러운 움직임과 충동이 백이면 백 본능적으로 오른쪽으로만 향했기 때문이다.

그녀를 특히 괴롭힌 것은 립스틱과 분을 오른쪽에만 발라 우스꽝스러운 얼굴이 되었을 때 쏟아지는 주변의 놀림이었다. 그녀는 말했다. "거울을 보고 보이는 데는 모두 발랐는데…."

우리는 그녀가 나머지 오른쪽 얼굴도 볼 수 있는 '거울'을 만들 수는 없을까 궁리했다. 그녀도 다른 사람들처럼 자기 얼굴 전체를 볼 수 있는 거울 말이다. 우리는 그녀를 향해 카메라와 모니터가 설치된 비디오 시스템을 써보았지만 놀랍고도 기괴한 결과밖에는 얻지 못했다. 우리는 비디오 화면을 '거울'처럼 이용해 그녀의 왼쪽 얼굴이 오른쪽에 보이도록 해주었다. 그러나 그것은 정상인들조차도 혼란에 빠지게 하는 일이다(비디오 화면에 비친 얼굴을 보면서 면도를 해본 적이 있는 사람이라면 알 것이다). 그녀에게는 그보다 두 배는 더 당황스럽고 기분 나쁜 경험이었다. 화면을 통해 본 자신의 얼굴과 몸의 왼쪽 부분은 중풍으로 인해 아무런 느낌도, 아무런 존재감도 느껴지지 않았기 때문이다.

"치워욧!"

그녀는 어쩔 줄 몰라하며 고통스럽게 울부짖었고, 그와 동시에 우리의 시도도 중단되었다. 안타까운 일이다. R. L. 그레고리도 편측무관심과 편측소실 증상이 있는 이런 환자들에게 비디오가 큰 효과가 있지 않을까하는 생각을 하고 있었기 때문이다. 그러나 이것은 물리적으로, 더 정확히는 형이상학적으로 너무도 까다로운 문제라 실험 말고는 해결 방법이 없는 문제였다.

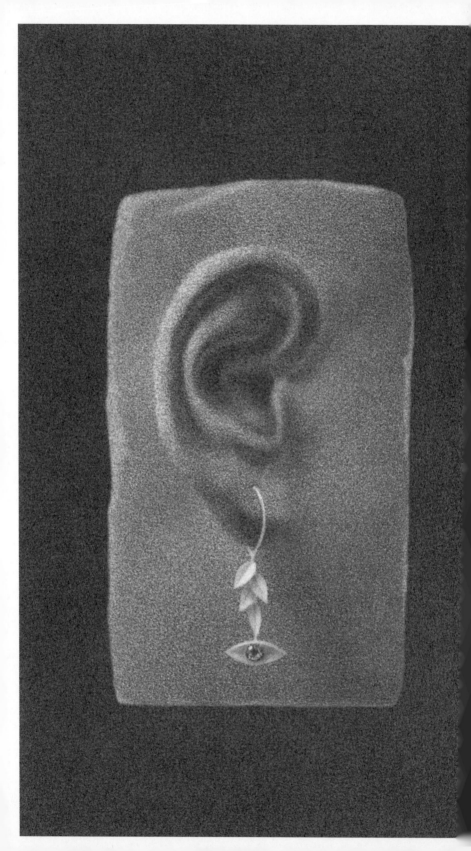

대통령의 연설

도대체 무슨 일이 일어난 걸까? 언어상실증 병동에서 갑자기 웃음소리가 터져나왔다. 환자들이 그토록 듣고 싶어했던 대통령의 연설이 이제 막 진행되고 있었다.

텔레비전에서는 언제 봐도 매력적인 배우 출신의 대통령이 능숙한 말솜씨와 성우 뺨치는 매력적인 목소리로 멋들어지게 연설하고 있었다. 그리고 그것을 듣는 환자들은 파안대소했다. 그러나 모두가 그렇게 웃고 있는 것은 아니었다. 당혹스런 표정을 한 사람도 있는가 하면 그저 잠자코 있는 사람도 있었고 개중에는 의아스런 표정을 짓고 있는 사람도 한두 명 있었다. 그러나 대부분의 환자들은 재미있다는 표정을 짓고 있었다. 대통령은 늘 그렇듯이 감동적으로 연설했다. 그러나 그곳에서 그의 연설은 환자들이 웃음을 터뜨릴 만큼 감동적이었다 할 수 있다.

환자들은 대관절 무슨 생각을 한 걸까? 대통령이 하는 말을 제대로 알아들은 걸까 아니면 알아듣지 못한 걸까?

지능은 높지만 극심한 수용성언어장애나 완전언어상실증에 걸려 말을 이해할 수 없게 된 환자들에게는 독특한 특징이 있다. 그들은 언어상실증에도 불구하고 남들이 하는 말을 거의 이해한다. 그래서 친구나 친척, 간호사 등 그들을 잘 아는 사람들은 그들이 언어상실증에 걸렸다는 사실을 거의 믿지 못하기도 한다. 왜냐하면 그들은 누군가가 자연스럽게 말을 걸면 그 말의 일부 혹은 거의 전부를 이해하기 때문이다. 그래서 당연히 보통 사람들은 그들에게 자연스럽게 이런저런 얘기를 한다.

따라서 신경과 의사들은 언어상실증을 찾아내기 위해서 지극히 부자연스럽게 말을 걸거나 행동해야 한다. 시각적인 단서뿐 아니라 언어에 수반되는 모든 단서를 전부 제거하기 위해서이다. 시각적인 단서란 표정, 몸짓, 거의 무의식중에 나오는 버릇이나 태도를 말한다. 언어에 부수되는 단서란 말투, 목소리의 높낮이, 시사적인 강조, 억양 등을 가리킨다. 이와 같은 단서를 모두 제거해야 하는 까닭은, 발화發話를 순수한 단어의 집합체로 만들기 위함이며 프레게가 말하는 '목소리의 색조' 혹은 환기를 완전하게 배제하기 위함이다. 그러기 위해서는 말하는 사람의 특성을 감추고 목소리를 비인격화하며, 심지어 컴퓨터를 활용한 인공음을 사용하기도 한다. 특히 감수성이 뛰어난 환자의 경우에는 시리즈 영화 〈스타 트랙〉에 나오는 컴퓨터와 같은 인공적인 기계음을 사용해야 비로소 언어상실증을 확인할 수 있을 때도 있다.

왜 이와 같은 일을 하는 걸까? 그 까닭은 자연스러운 발화는 단어만으로 성립되지 않으며, 휴링스 잭슨이 생각했듯이 주제(말하려고 하는 내용)만으로 성립되는 것도 아니기 때문이다. 발화는 입에서 나오는 음임에는 틀림없다. 그러나 그것은 그 사람의 모든 존재와 의미를 담고 있는 음이다. 그것을 이해하려면 단어만을 알아서는 불충분하다.

바로 그렇기 때문에 언어상실증 환자가 전혀 단어를 이해하지 못한 채 상대방의 말을 알아듣는다 해도 별로 신기한 일이 아닌 것이다. 단어와 문법구조를 전혀 이해하지 못하더라도 가만히 들어보면 말에는 반드시 나름대로의 말투가 있다. 또한 말하는 사람의 얼굴을 가만히 바라보면 그 얼굴에는 말을 능가하는 힘을 가진 표정이 있다. 이 표정은 대단히 깊이 있고 다양하며, 복잡 미묘하다. 단어를 이해하지 못하는 언어상실증 환자들이 이해하는 것이 바로 이 표정이다. 언어상실증 환자들의 경우, 때때로 말하는 사람의 표정을 이해하는 힘을 잃기는커녕 보통 사람보다 오히려 더욱 뛰어난 힘을 갖기조차 한다.

이 점은 가족, 친구, 의사, 간호사 등 언어상실증 환자를 가까이에서 접하는 사람이면 누구나 깨닫는 사실이다. 때로는 충격적으로, 또 때로는 우스꽝스럽게 여기면서도 어쨌든 이 점을 깨닫는다. 처음에는 별다른 변화를 느끼지 못한다. 그러나 이윽고 그들의 언어 이해에 커다란 변화, 거의 역전이라고 말할 수 있는 변화가 일어남을 깨닫는다. 언어상실증 환자들이 그들의 내면에서 무언가를 잃은 것은 확실하다. 그러나 그 대신에 무언가가 나타나고, 그것이 점점 힘을 늘려가는 것도 사실이다. 따라서 적어도 감정을 넣어 한 말에 대해서는 단 하나의 단어도 이해하지 못하는 경우에조차 그 의미를 충분히 파악할 수 있는 것이다. 이렇게 되면 호모 로퀜스 즉 말하는 사람인 인간으로서는 순서가 역전되는 셈이다. 아니, 역전이라기보다는 역행이라고 해야 한다. 다시 말해서 좀더 원시적이고 근원적인 것으로의 역행이라고 표현하는 쪽이 더욱 적절할 것이다. 바로 이 때문에 잭슨은 언어상실증 환자를 개에 비유했던 것이다(개에게나 환자에게나 아주 미안한 비유이지만). 그가 이러한 비유를 생각해냈을 때 머릿속에 떠올린 것은, 목소리의 억양과 감정을 파악하는 언어상실증 환자의 뛰어난 감수성이 아니라 오히려 그들의 무력한 언어 이해능력이었을 것이다. 헨리 헤드는 훨씬 날카로운 견해를 밝혔다. 그는 1926년에 발표한 언어상실증 환자에 관한 논문에서 '필링 톤feeling-tone'에 대해서 언급했다. 언어상실증 환자는 '필링 톤'을 감지하는 능력을 상실하지 않으며, 때로는 보통 사람보다도 재빠르게 파악한다는 것이다.◆

그렇기 때문에 나를 포함해서 언어상실증 환자를 접하는 사람들이 자주 느끼는 일이지만, 그들에게는 거짓말을 해도 금방 들통 나고 만다. 언어상실증 환자는 말을 이해하지 못하기 때문에 말을 듣고 속는 일도 없다. 그러나 이해할 수 있는 것은 확실하게 파악한다. 그들은 언어가 갖는 표정을 간파한다. 종합적인 표정, 언어에 당연히 수반되는 표정을 느끼는 것이다. 언어를 사용해서 거짓말을 하기는 쉽다. 그러나 표정은 그렇게 간단하지가 않다. 언어상실증 환자들은 그 표정을 간파하는 것이다.

이 점에서는 개도 마찬가지이다. 말에 너무 현혹되어 우리 자신의 본능을 믿지 못할 경우 거짓, 악의, 수상한 의도 따위를 집어내거나 누가 믿을 만한 사람인지, 누가 중요한지, 누구 말이 맞는지 따위를 판

◆ 헤드는 '필링 톤'이라는 개념을 즐겨 사용한다. 그는 이 개념을 언어상실증에 관해서뿐 아니라 감각의 정서적 자질에 관해서도 사용한다. 시상視床과 주변부에 장애가 생기면 이 정서적 자질이 변화하는 일이 있다. 그는 항상 반무의식적으로 이 '필링 톤'의 연구에 몰두했던 듯하다. 다시 말해서 그는 주제와 과정을 중심으로 삼는 고전적인 신경학과는 대조적인 혹은 그것에 경의를 보내는 신경학, '필링 톤'에 주목한 신경학에 몰두했던 것이다. 우연이겠지만 '필링 톤'은 미국인 사이에서, 적어도 미국 남부의 흑인 사이에서 흔히 사용되는 말이다. 흔하디 흔한 조잡한 말이지만, 없어서는 안 되는 말이기도 하다. 스터즈 터클이 1967년에 쓴 인터뷰 기록《아메리카 디비전 스트리트》의 첫머리에는 다음과 같은 문장이 나온다. "자, 여러분. 필링 톤이라는 것이 있습니다. 지금은 사라져버렸는지도 모르지만 옛날에는 당신도 가지고 있었답니다."

단하기 위해 개를 동원하곤 하는 것도 바로 그 때문이다.

언어상실증 환자는 이 점에서 개보다 훨씬 뛰어나다. "입으로는 거짓말을 해도 표정에는 진실이 드러난다"고 니체도 말했지만 언어상실증 환자들은 표정, 몸짓, 태도에 나타나는 거짓과 부자연스러움을 민감하게 파악한다. 설령 상대가 보이지 않더라도(앞을 보지 못하는 언어상실증 환자의 경우가 아주 좋은 예이지만) 인간의 목소리에 담긴 모든 표정, 다시 말해서 말투, 리듬, 박자, 음악성, 미묘한 억양, 음조의 변화, 높낮이 등을 날카롭게 파악한다. 진실하게 들리는가 그렇지 않은가를 좌우하는 것이 목소리의 표정인 것이다.

언어상실증 환자들은 언어를 이해하지 못하더라도 진실인가 아닌가를 이해하는 힘을 지니고 있다. 언어는 상실했지만 감수성이 특히 뛰어난 그들은 찡그린 얼굴, 꾸민 표정, 지나친 몸짓, 특히 부자연스러운 말투와 박자를 보고 그 말이 거짓이라는 걸 알아차린다. 따라서 언어상실증 환자들은 언어에 속지 않으며 현란하고 괴상한(그들의 눈에는 그렇게 비친다) 말장난과 거짓, 불성실을 간파하고 반응을 보인다.

그래서 대통령의 연설을 들으면서 폭소를 터뜨렸던 것이다.

지금까지 말했듯이 목소리의 표정과 음색에 대해서 뛰어난 감수성을 지닌 언어상실증 환자에게는 거짓말이 통하지 않는다. 그렇다면 언어상실증 환자와 정반대의 증상을 가진 환자의 경우에는 어떨까? 즉 단어를 이해하는 힘은 있지만 목소리의 표정과 음색에 대한 감각을 상실한 사람의 경우이다. 우리 병동에도 그런 환자가 몇 명 있었다. 전문적으로 말하면 그들은 언어상실증이 아니라 일종의 인식불능증, 소위 음색인식불능증 환자이다. 말의 의미는(나아가 문법구조까지도) 완벽하게 이해하지만 말투, 음색, 느낌, 음 전체의 성질 등 목소리의 표정은 파악하지 못하는 것이다. 언어상실증이 '왼쪽' 관자엽의 장애에 원인이 있는 데 반해 이러한 음색인식불능증은 '오른쪽' 관자엽의 장애로 인해 일어난다.

언어상실증 병동에 있는 음색인식불능증 환자들도 대통령의 연설을 듣고 있었다. 그중에는 우관자엽에 신경아교종이 있는 에밀리 D.도 끼여 있었다. 예전에 영어 교사로 일했던 그녀는 이름이 조금 알려진 시인이기도 했다. 언어에 대한 감각이 대단했고 분석력과 표현력도 뛰어났다. 그녀는 언어상실증 환자와 반대의 상태에 있는 음색인식불능증 환자에게 대통령의 연설이 어떻게 비추어졌는지를 표현할 수 있는 적임자였다. 에밀리는 이미 목소리에 담긴 희로애락을 판단할 수 있는 능력을 상실했다. 목소리의 표정을 읽어낼 수 없기 때문에 말을 들을 때면 상대방의 얼굴과 태도와 움직임을 보아야만 했다. 그녀는 열심히 주의를 기울이면서 시각을 활용했지만 그것도 벽에 부딪치고 말았다. 악성 녹내장으로 시력이 급속하게 나빠졌기 때문이다.

이렇게 되자 말과 그 사용법에 극도의 주의를 기울여야 했고, 이 때문에 그녀는 주변 사람들에게도 엄밀한 말을 쓰도록 요구했다. 다시 말해서 내키는 대로 말하는 대화투의 말이나 속어, 에둘러 하는 말이나 감정이 담긴 말 따위를 점차 이해하지 못했다. 그래서 그녀는 앞뒤가 또박또박 들어맞는 문장으로 말할 것을 요구했다. 문법적으로 깔끔하게 정비된 문장이라면 말투와 감정을 못 느끼더라도 어느 정도까지는 이해할 수 있었기 때문이었다.

그 결과 그녀는 서술적인 문장을 말하는 능력을 잃지 않았다. 그 능력이 오히려 커지기까지 했다. 그래서 적절한 단어를 골라서 서술적으로 말하면 의미를 잘 알아들었다. 그러나 감정이 담긴 말의 경우에는 억양과 감정이 담겨야 의미를 파악할 수 있기 때문에 점점 이해하기 힘들어졌다.

에밀리도 돌처럼 굳은 표정으로 대통령의 연설을 듣고 있었다. 잘 알아듣는 것도 같고 알아듣지 못하는 것 같기도 했다. 그러나 엄밀하게 말하면 그녀는 언어상실증 환자들과 정반대의 상태에 있었다. 그녀는 연설을 듣고 감동하지 않았다. 어떤 연설을 듣는다 하더라도 마음이 움직일 리가 없었다. 감정에 호소하려는 목적을 가진 연설은 그것이 진실이든 거짓이든 그녀의 마음을 손톱만큼도 움직일 수 없었다. 감정적인 반응을 보이지는 못하지만 그녀도 우리와 똑같이 내심으로는 연설에 깊게 빨려들어간 게 아닐까? 그렇지가 않았다. 그녀는 이렇게 말했다.

"설득력이 없어요. 문장이 엉망이고 조리도 없어요. 머리가 돌았거나 무언가를 숨기고 있는 것 같아요."

이렇게 해서 대통령의 연설은 언어상실증 환자들뿐 아니라 음색인식불능증 환자인 그녀를 감동시키는 데에도 실패했다. 그녀의 경우에는 문장과 어법의 타당성에 대해 뛰어난 감각을 지니고 있기 때문이었고, 언어상실증 환자의 경우에는 말의 가락은 알아들었지만 단어를 이해하지 못했기 때문이었다.

이것이야말로 대통령 연설의 패러독스였다. 우리 정상인들은 마음속 어딘가에 속고 싶다는 바람을 가지고 있기 때문에 실제로 잘 속아 넘어간다('인간은 속이려는 욕망이 있기 때문에 속는다'). 음색을 속이고 교묘한 말솜씨를 발휘할 때 뇌에 장애를 가진 사람들 빼고는 전부 다 속아 넘어간 것은 바로 그 때문이었다.

2부

과잉

이 병을 치료하고 싶은지 아닌지 나도 잘 모르겠어요. 병이라는 것은 알지만
병 덕분에 기분이 좋으니까 말입니다. 나는 그런 기분이 좋았어요.
그리고 지금도 좋아요. 그런 기분에서 벗어나고 싶지 않아요.
그 덕분에 20년 동안 느끼지 못했던 원기를 느끼고 기운까지 팔팔하니
말이에요. 우습지요. 이게 모두 큐피드 덕분이라니 말이에요.

신경학에서는 '결손'이라는 개념을 즐겨 사용한다. '결손'은 어떠한 기능장애에 대해서도 사용할 수 있는 유일한 신경학 용어이다. 기능은 정상 아니면 비정상 두 가지 가운데 어느 하나이다. 이 점에서는 콘덴서나 퓨즈와 동일하다. 본질적으로 기능과 접속의 체계인 기계론적 신경학에는 이 두 가지의 가능성밖에 없다.

그러면 결손의 반대 상태인 기능의 과잉이나 잉여의 경우는 어떨까? 신경학에는 이것을 표현할 수 있는 말이 없다. 그러한 개념이 없기 때문이다. 기능이나 기능 체계는 기능하든지 기능하지 않든지 둘 중 하나이다. 신경학적으로는 이 두 가지 가능성밖에 없다. 그러므로 기능의 과잉에서 오는 질환을 논하는 것은 신경학의 기본개념에 대한 도전이다. 자주 볼 수 있고 흥미롭기까지 한 이와 같은 질환에 당연히 기울여야 할 주의를 기울이지 않는 까닭은 바로 이 때문이다. 그러나 이러한 질환도 정신의학 분야에서는 주목을 받고 있다. 정신의학에서는 흥분성 장애나 생산적인 질환(상상력 과잉, 충동 과잉, 조증爆症 등)을 질환으로 문제삼는다. 해부학과 병리학에서도 비대와 기형, 기형종과 같은 말을 사용하며 그것에 주의를 기울인다. 그러나 생리학에는 그런 말이 없다. 기형종이나 조증에 해당하는 과잉을 가리키는 말이 없는 것이다. 이것만 생각하더라도 신경계를 기계나 컴퓨터로 간주하는 우리의 기본적인 개념과 비전은 지극히 편협하다. 따라서 좀더 유연하고 현실에 맞게 개념을 보충할 필요가 있다.

제1부에서 다룬 '상실' 즉 기능적 결함에만 주목을 하는 한 그것이 지극히 편협하다는 느낌은 들지 않는다. 그러나 기능의 과잉도 있을 수 있다고 하면, 결손에만 주목하는 것은 옳지 않다는 사실이 금방 드러난다. 기억상실증뿐 아니라 기억과다증도 있는 것이다. 인식불능증과 반대되는 인식과다증도 있다. 이 밖에도 '과다현상'은 얼마든지 많다고 할 수 있다.

고전적인 '잭슨파 신경학'에서는 과잉으로 인한 이러한 장애를 전혀 고려의 대상으로 삼지 않는다. 소위 '해방'과 대립되는 개념으로서 기능의 과잉 혹은 팽창이 있지만 그런 것도 고려에 넣지 않는다. 휴링스 잭슨 자신은 분명히 '초양성超陽性' 정신 상태에 대해서 언급했다. 그러나 그의 언급은 오히려 이례적인 것이었다고 할 수 있다. 그는 단지 장난투로 혹은 임상경험에 충실하려다 보니 그런 말을 썼을 것이다 (기능에 대해 기계적인 사고를 하는 그로서는 이것을 인정하고 싶지 않았을지도 모른다. 그러나 이러한 모순은 그가 지닌 재능의 특징이기도 하다. 잭슨파의 자연주의와 엄격한 형식주의 사이에는 깊은 괴리가 있다).

과잉을 고려하기 시작한 신경학자가 등장한 것은 지극히 최근의 일이다. 루리야가 쓴 두 권의 임상기록은 그 점에서 적절한 균형을 이루고 있다. 《산산이 부서진 세계의 남자》는 상실에 대해서, 《모든 것을 기억하는 남자》는 과잉에 대해 논했기 때문이다. 나는 두 권 가운데 후자

쪽이 좀더 재미있고 독창적이라고 생각한다. 이 책에는 고전적인 신경학으로는 도저히 해낼 수 없는 상상력과 기억에 대한 연구가 담겨 있기 때문이다.

나의 책《깨어남》은 엘도파를 투여하기 전의 놀라운 결핍 상태(운동불능증, 무의지증, 무력증, 무반응증 등)와 엘도파 투여 후의 무서운 과잉 상태(운동과다증, 과다의지증, 과다수축 등) 사이의 균형을 잘 이룬 책이라고 말할 수 있다.

《깨어남》에서는 기능을 가리키는 용어와 개념과는 별도로 새로운 용어와 개념이 나온다. 예를 들면 충동, 의지, 역동론, 에너지 등이다. 기존의 신경학 용어가 기본적으로는 정적인 데 반해, 이러한 용어들은 지극히 동적이다. 그리고 루리야가 말한 기억과다증 환자의 마음속에서는 좀더 역동적인 현상이 관찰된다. 계속적으로 팽창하기만 하는 거의 억제하기 어려운 연상 혹은 심상의 돌출, 사고의 놀라운 증대(과대망상), 일종의 정신적 기형 등이다. 이러한 것들을 가리켜 과다기억증 환자 당사자들은 '그것It'이라고 부른다.

그러나 '그것' 혹은 '자동증自動症'이라는 말 또한 기계론적이다. '팽창한다'는 말은 어디까지 진행될지 알 수 없는 불안한 상태를 표현하기에 적절한 개념이다. 루리야의 과다기억증 환자나 엘도파의 투여로 과도하게 고양되고 활기를 띤 내 환자에게서는 섬뜩할 정도로(광기에 가까울 정도로) 증대된 쾌활함이 관찰된다. 이 지경에 이르면 단순한 과잉의 차원을 넘어선다. 증식이라거나 기질적 다산성의 문제인 것이다. 이 상태는 단순한 기능의 불균형과 실조失調가 아니라 생산력의 변조인 것이다.

기억상실증과 인식불능증의 병례에 접했을 때, 우리는 단지 어떤 기능이나 능력이 손상되었을 거라고 상상한다. 그러나 기억항진과 인식력항진 환자의 경우에는 기억력과 인식능력이 태어나면서부터 늘 활발하고 생산적이다. 타고났고 내재적이며 정도가 지나친 것이다. 이렇게 해서 우리는 기능을 생각하는 신경학에서 행동과 생활 그 자체를 생각하는 신경학으로 이행하지 않을 도리가 없다. 우리는 과잉의 병례와 마주침으로써 새롭고 중요한 세계로 발을 들여놓게 된다. 그렇게 하지 않는 한 '인간의 정신생활'에 대해서 연구를 시작할 수 없다. 전통적인 신경학은 지나치게 기계적으로 분석하고 결함에 중점을 둔 나머지, 실제 생활을 고려하지 않았다. 실생활이야말로 모든 대뇌 기능의 궁극적 표현이다. 적어도 상상 기능, 기억 기능, 지각 기능과 같은 고도의 기능이 거기에 나타난다. 기존의 신경학은 결함을 지나치게 강조한 나머지, 정신생활 그 자체를 보지 못했다. 실제의 뇌와 정신 상태는 지극히 개인적이다. 그러나 지금 우리는 바로 그러한 상태에 관심을 기울여야 한다. 특히 뇌와 정신이 고양된 상태, 과도하게 활발한 상태에 관심을 기울여야 한다.

고양 상태란, 단순히 건강하고 충실하고 만족스러운 기분을 뜻하지는 않는다. 오히려 지극히 불안하고 도를 지나친 상태가 되기도 한다. 이 때문에 기행과 추악한 행위를 초래하는 일도 있다. 지나치게 흥분한 환자는 통합과 억제를 잃은 상태, 어떤 종류의 '과잉' 상태에 빠지게 된다. 그것은 충동과 이미지와 의지에 압도되는 상태이며 생리적인 광폭성에 사로잡힌(혹은 내몰린) 상태인 것이다.

이것은 성장과 생명 그 자체가 내포하고 있는 위험성이다. 성장은 지나치게 성장하는 경우가 있을 수 있고 생명은 '생명과다'가 될 수도 있다. 모든 항진 상태는 왜곡되어 묘한 방향으로 나아가 기괴한 이상 상태가 될 가능성이 있다. 예를 들면 과다운동증은 이상운동증(비정상적인 동작과 무도병舞蹈病, 틱 증후군 등)이 될 가능성이 있다. 인지력의 항진은 '이상인지'라고 부르며, 병적으로 항진한 감각의 도착상태에 빠질 가능성이 있다. 또한 항진상태의 격정은 폭력적 격정으로 변할 가능성이 있다.

겉보기에는 건강하지만 사실은 병에 걸린 상태라면 그것은 하나의 패러독스다. 이것은 스스로 건강하고 행복하다고 여기며 멋진 기분으로 살아가다가 병의 싹이 숨어 있었음을 나중에야 알게 되는 것과 같다. 따라서 가공의 괴물이나 자연이 보여주는 속임수 혹은 재미있는 패러독스의 하나라 할 수 있다. 그리고 이것이야말로 많은 예술가들을 사로잡아온 소재이다. 특히 예술을 병이라고 생각하는 사람들은 거기에 매료되어 왔다. 이것은 디오니소스적이면서도 비너스적이고, 동시에 파우스트적인 소재이다. 또한 토마스 만의 소설에 되풀이해서 나오는 소재이기도 하다. 예를 들면《마의 산》에 나오는 발열성 폐병과 같은 고양 상태에서《포스터스 박사》에 나오는 스피로헤타 병에 원인을 가진 영감 그리고 마지막 작품《검은 백조》에 나오는 최음에 빠진 음험함에 이르기까지 되풀이해서 다뤄져왔다.

전부터 나는 이러한 아이러니에 커다란 흥미를 느꼈다. 이 점에 대해서는 전에도 말한 바 있다.《편두통》에서 나는 발작의 전조 혹은 발작의 시작을 알리는 항진상태에 대해서 말했다. 그리고 조지 엘리엇을 예로 들어 '위험할 정도로 몸 상태가 좋다'는 것은 그녀에게 때때로 발작의 전조였다고 썼다. 그러나 생각해 보라. '위험할 정도로 몸 상태가 좋다'는 표현이 얼마나 아이러니한가! 이 표현이야말로 바로 '지나치게 건강하다'라는 말 속에 숨은 양면성과 역설을 나타내고 있다.

'몸 상태가 좋다'는 것은, 당연한 이야기이지만 불만스러울 아무런 이유가 없다. 사람들은 그것을 항시 누리고자 한다. 불만 상태와는 아주 정반대의 대척점인 것이다. 기분이 나쁘거나 몸 상태가 좋지 않을 때는 불평을 토로한다. 그러나 경우에 따라서는 엘리엇처럼 지금까지의 지식과 연상, 혹은 도를 넘은 상태로부터 막연하게 무언가 '이상한' 것을 감지해내는 일이 있다. 이렇게 해서 환자는 '몸 상태가 좋은' 것에 대해서는 불평하지 않지만 '몸 상태가 지나치게 좋은' 것에 대해서는 의심스러운 감정을 품을 수도 있는 것이다.

이것이 《깨어남》의 핵심적이고 잔혹한 주제이다. 도저히 알 수 없는 어떤 깊은 곳에 결함이 있어서 몇십 년이나 지독하게 고생한 환자가 기적처럼 갑자기 좋아진다. 그러나 실제로는 변덕스럽고 위험한 '과잉'의 상태로 이행했을 뿐인 것이다. 기능은 허용할 수 있는 한계를 훨씬 넘는 자극을 받는 상태에 있다. 환자 가운데는 이것을 깨닫고 경계하는 사람도 있지만 그렇지 않은 사람도 있다. 예를 들면 로즈 R.은 건강이 회복되자 처음에는 흥분과 기쁨에 젖어 이렇게 말했다.

"믿을 수 없어요. 얼마나 신나는지 몰라요!"

그러나 사태가 억제할 수 없을 만큼 나아가자 그녀는 "오래 계속될 리가 없어요. 무언가 끔찍한 일이 일어날 것 같아요" 하고 말했다. 조금이라도 주의해서 살펴보면, 다른 사람들에게도 거의 비슷한 일이 일어났음을 알 수 있다. 레너드 L.의 경우도 그랬다. 그도 충실한 상태를 지나 과잉상태로 접어들었던 것이다.

"처음에 그는 상태를 신의 '은총'이라고 불렀다. 하지만 건강하고 활력이 가득 찬 상태는 윤택을 넘어 도를 넘은 상태를 보이기 시작했다. 조화와 안락을 느끼는 가운데 무난하게 자유를 얻었다고 생각했던 그는 이윽고 그렇지 않음을 느꼈다. 지나치고 도가 넘쳐 오히려 부담스럽다는 의식이 들었던 것이다."

이로 인해 그는 조각조각 분해되고 폭발해서 산산이 부서지는 것은 아닐까 하는 두려움을 느꼈다.

과잉은 이처럼 특별한 능력과 고뇌, 기쁨과 고통을 동시에 낳는다. 그래서 통찰력이 있는 환자는 뭔가 이상하고 모순된다고 느끼게 된다. 어떤 투렛 증후군 환자는 이렇게 말했다.

"에너지가 너무 과한 것 같아요. 너무도 활기차고, 힘도 넘쳐요. 너무도… 열병에 걸린 것 같은 에너지, 그러니까 뭔가 병적인 특출함이라고 할까요."

'위험하리만치 좋은 몸 상태'와 '병적인 특출함', 그것은 기만적인 행복감이다. 그 밑에는 심연이 입을 벌리고 있다. 그것은 과잉이 놓은 무시무시한 함정이다. 그것은 자연이 놓은 함정일 수도 있고, 우리 자신이 놓은 함정일 수도 있다. 전자는 도취로 인한 일종의 이상 증세로 나타나고, 후자는 흥분에 대한 광적인 탐닉으로 나타난다.

이런 상황에 처하면, 인간은 극도로 이상한 종류의 딜레마에 빠진다. 이런 환자들은 병은 고통이자 고민거리라는 기존의 생각과는 너무도 동떨어진 그리고 너무도 애매한 상황에 놓인다. 병을 유혹으로 여기게 되는 것이다. 그 어떤 사람도 이런 기묘한 상황으로부터, 이런 치욕적인 상황으로부터 벗어날 수 없다. 과잉으로 인한 장애의 경우에는 모종의 결탁이 이루어진다. 자아가 병과 제휴를 맺고 한 몸이 되어 결국에는 독립된 존재이기를 포기하고 병의 산물에 불과한 존재로 전락하고 마는 것이다. 이런 무시무시한 상태에 대해 〈익살꾼 틱 레이〉에 나오는 레이는 "나는 틱으로 이루어져 있으니 아무것도 남지 않을 것입니다" 하고 말했다. 그는 정신이 과도하게 비대화되고 있었던 것이다. 자신을 집어삼킬지도 모르는 '투렛토마'로 갈 수도 있다. 다행히 그는 자아도 강했고 투렛 증후군의 증세도 비교적 가벼웠기 때문에 실제로 그렇게까지 될 위험성은 없었다. 그러나 자아가 약하거나 발달이 덜 된 환자의 경우는 압도적으로 강한 병에 걸려 정신을 '완전히 빼앗기거나' 실제로 정신을 '완전히 놓게 되는' 위험한 상황에 다다를 수도 있다. 이에 대해서는 〈투렛 증후군에 사로잡힌 여자〉에서 간략하게나마 소개했다.

익살꾼 틱 레이

1885년 샤르코의 제자인 질 드 라 투렛은 놀라운 증후군에 대해 발표했다. 그 증후군은 발표되자마자 바로 투렛 증후군이라고 불리기 시작했다. 투렛 증후군은 신경질적인 에너지, 그리고 기묘한 동작이나 생각이 과잉 현상을 보이는 것이 특징이다. 예를 들면 틱, 흠칫거림, 매너리즘, 찡그린 얼굴, 신음소리, 욕설, 무의식적인 모방, 갖가지 강박 등이 나타난다. 동시에 기묘하고 반짝이는 유머와 변덕스럽고 유별난 행동도 관찰된다. 중증인 경우에는 정서, 본능, 상상에 관련된 모든 면에서 증상이 나타난다. 그러나 그보다 가벼운 증상(아마도 흔히 볼 수 있는 증상이기도 할 것이다)일 때는 기껏해야 이상한 동작이나 충동적인 행위 정도에 머문다. 물론 그렇다고 하더라도 기묘하기는 마찬가지이다. 이 증후군은 19세기 말에 널리 알려졌고, 광범위하게 보고되었다. 왜냐하면 당시는 신경학이 융성한 시기여서 기질적인 것과 정신적인 것을 연관시키는 데 아무런 주저함이 없었기 때문이다. 투렛과 동료의사들은 이 증후군이 일종의 원초적인 충동 때문에 생긴 망상이라고 확신했다. 그러나 그것이 기질적인 원인에서 오는 망상이며, 꼭 집어 특정할 수는 없어도 분명한 신경학적인 장애라는 것도 알았다.

투렛의 첫 논문이 발표되자마자 수많은 병례가 쏟아져 나왔지만, 똑같은 병례는 단 한 건도 없었다. 투렛 증후군에는 증상이 다소 완만하고 양성인 것과 대단히 괴팍하고 흉포성을 보이는 것 등 여러 가지 증상이 있음도 밝혀졌다. 또한 병에 잘 순응하고, 증상의 하나인 사고, 상상력, 발상의 재빠른 움직임을 활용하는 사람이 있는가 하면 그 증후군이 가져다주는 엄청난 압력과 혼돈에 굴복한 채 '망상에 사로잡혀' 제대로 된 정체성을 찾지 못하는 사람도 있다는 것이 분명하게 드러났다. 기억항진 환자에 대해 언급한 루리야의 말을 빌리면, 이 증후군에 걸린 환자에게서는 항상 '그것(It, 본능적 자아)'과 '나(I, 이성적 자아)' 사이의 싸움이 엿보인다.

샤르코와 그의 제자들(투렛 외에도 프로이트와 바빈스키 등이 있다)은 '그것'과 '나', 몸과 정신, 신경학과 정신의학을 연결지어 생각한 마지막 세대였다. 그러나 세기가 바뀔 무렵, 그들 사이에 분열이 생겼고 그에 따라 정신을 소홀히 하는 신경학과 몸을 소홀히 하는 정신의학으로 나뉘었다. 그와 함께 투렛 증후군도 잊혀졌다. 마치 병 그 자체가 사라지기라도 한 것처럼, 20세기 중반에 이르기까지 투렛 증후군에 관한 어떤 보고도 없었다. 실제로 투렛 증후군을 투렛의 놀라운 상상력이 만들어낸 '신화적인 병'으로 여기는 의사들도 있었다. 그러나 대부분의 의사들은 그런 병명조차 들어본 적이 없었다. 1920년대에 세상을 떠들썩하게 했던 저 유명한 기면성뇌염嗜眠性腦炎처럼 투렛 증후군도 잊혀진 것이다.

기면성뇌염이 잊혀진 것과 투렛 증후군이 잊혀진 것 사이에는 많은 공통점이 있다. 두 장애 모두 특이하고 믿기 어려울 만큼 기이한 병이라는 점이다(적어도 편협한 의학 상식으로는 믿을 수 없는 병이었다). 따라서 양쪽 모두 기존 의학의 '틀'에서는 받아들여지지 못한 채 이상하리만큼 급속히 '사라졌다'. 한편 둘 사이에는 훨씬 더 긴밀한 연관성이 있다. 이 점은 1920년대에 이미 지적된 바 있는데, 수면병 환자에게서 때때로 볼 수 있는 운동과다장애 즉 과도한 흥분 증세가 투렛 증후군 환자에게도 나타난다는 것이다. 수면병 환자들은 병의 초기에 정신적으로나 육체적으로 극도로 흥분하며, 난폭한 행동과 틱, 온갖 강박관념 때문에 고생하는 경향이 있다. 그러다 시간이 지나면, 이번에는 정반대의 상태에 빠진다. 말 그대로 인사불성의 '수면' 상태에 빠지는 것이다. 나는 그로부터 40년 후에야 그러한 병례를 발견했다.

1969년에 나는 수면병 환자 즉 기면성뇌염후 증후군 환자들에게 신경전달물질인 도파민의 전구물질인 엘도파를 투여한 일이 있다. 뇌염후 증후군 환자들은 엘도파가 현저하게 감소하는 증상을 보이기 때문이었다. 엘도파를 투여하자 환자들은 변화를 보이기 시작했다. 혼미 상태에서 깨어나 정상으로 돌아가더니, 이어서 그와는 정반대의 상태로 내몰린 것이다. 즉 틱 증상과 함께 흥분 상태에 빠진 것이다. 투렛 증후군이 아닐까 하고 여겨지는 증상과 마주친 것은 이때가 처음이었다. 환자들은 극도로 흥분한 상태에서 난폭한 충동을 보였지만 그와 동시에 기묘한 유머도 자주 발휘했다. 나는 그때까지 투렛 증후군 환자를 본적이 없었지만 그때 이후로 이 증후군에 대해서 글을 쓰거나 말을 하게 되었다.

1971년, 내가 뇌염후 증후군을 앓는 환자를 '깨어나게' 한 일에 흥미를 느낀 〈워싱턴 포스트〉에서 환자의 상태에 대해 물어왔다. 환자가 틱 증상을 보이고 있고, 그것에 관한 논문을 발표하려고 한다는 말을 듣고 이 신문은 틱에 대한 기사를 게재했다. 기사가 나자 헤아릴 수도 없을 만큼 많은 편지가 쇄도했다. 대부분의 편지는 내 동료 의사들에게 건네졌지만, 단 한 명의 환자만은 내가 직접 진료하기로 했다. 그 사람이 바로 레이였다.

레이를 진찰한 다음 날, 나는 뉴욕의 다운타운에서 투렛 증후군 환자 세 명을 발견했다. 적어도 발견한 듯이 여겨졌다. 나는 머리가 혼란스러웠다. 왜냐하면 투렛 증후군은 지극히 드문 병이라고 알려져 있었기 때문이다. 발병률이 100만에 한 명꼴이라고 나와 있는 것을 읽은 적이 있는데 그때 나는 불과 한 시간 만에 세 명이나 본 것이다. 나는 무척 놀라고 당황했다. 이렇게 많은 틱 증상 환자들을 못 보고 그냥 지나쳐왔다는 게 말이나 될까? 정말로 못 보았던 것일까, 아니면 투렛 증후군 환자를 보고도 '신경질을 부린다'거나 '좀 이상하다'거나 혹은 '발작을 한다'면서 그냥 지나쳤던 것은 아닐까? 모든 의사들이 하나같이 그냥 지나치는 게 과연 가능하기나 한 일일까? 투렛 증후군은 드문 것이 아니라 오히려 흔한 증상이 아닐까? 아니, 전에 생각했던 것보다 천 배나 흔한 것은 아닐까? 특별히 눈여겨본 것도 아닌데, 다음 날에도 나는 투렛 증후군 환자 두 명을 거리에서 발견했다. 이때 내 머릿속에는 기발하긴 하지만 그렇고 그런 생각 하나가 떠올랐다. 투렛 증후군은 매우 흔한 증상인데 사람들이 잘 보지 못하다가 일단 한번 알아차리게 되면 아주 쉽게 눈에 띄는 게 아닐까 하는.♦ 예를 들면 한 사람의 환자가 다른 환자를 발견하고 그 두 사람이 다시 세 번째, 네 번째 환자를 발견하는 식이 되면, 투렛 증후군 환자들을 다 찾을 수 있지 않을까? 병리학적으로는 형제자매 관계인 '신종족'이 같은 병을 앓는 동료들을 찾아내 서로 모일 수 있지 않을까? 그들이 자연스럽게 모여 뉴욕에 투렛 증후군 환자의 연합 같은 것을 만들 수도 있지 않을까?

나의 공상은 3년 후인 1974년에 현실화되었다. 실제로 투렛 증후군 협회가 결성된 것이다. 당시의 회원은 50명에 불과했지만 7년 후인 현재는 수천 명으로 늘어났다. 비록 회원들 모두가 환자나 그들의 친척 혹은 의사들이긴 했지만 그래도 회원이 이렇게 놀랍도록 빨리 늘어난 까닭은 투렛 증후군 협회가 기울인 노력 덕분이었다. 협회는 환자들의 열악한 처지를 널리 알리기 위한(혹은 선전하기 위한) 노력을 활발하게 전개해왔다. 혐오와 거리낌의 대상이었던 그들이 이제는 관심과 배려의 대상이 된 것이다. 나아가 협회는 생리학적인 것에서부터 사회학적인 것에 이르기까지 다양한 연구를 장려하고 추진했다. 예를 들면 환자의 뇌에 관한 생화학적 연구, 증후군에 대한 유전적 혹은 다른 요인들에 관한 연구, 이상할 정도로 급격하고 제멋대로 반응하는 투렛 증후군의 특징에 관한 연구 등이 이루어졌다. 환자의 본능과 행동의 체계적인 구조도 밝혀졌다. 그것은 발달론적으로 보나 계통발생적으로 보나 원시적인 것이었다. 틱 환자의 신체언어와 어법과 언어적 구조에 대한 연구도 있었다. 욕설과 농담의 성질에 대해서 연구한 결과, 생각지도 못했던 사실들이 밝혀졌다(욕설과 농담은 다른 신경계 질환에서도 특징적으로 관찰된다). 또한 환자와 가족 및 다른 사람들과의 교류에 관한 연구 그리고 환자와의 관계에서 흔히 일어나는 묘한 오해에 관한 연구도 이루어졌다. 이러한 노력은 매우 성공적이었고, 그에 따라 협회는

♦ 근육퇴행위축에 대해서도 같은 말을 할 수 있다. 1850년대에 듀센이 근육퇴행위축에 대해서 쓰기 전까지 그것에 대해서 깨달은 사람은 단 한 사람도 없었다. 그러나 일단 그가 보고를 하자 1860년에는 이미 몇백 건의 병례가 확인되어 잇달아 보고되었다. 이 상황을 샤르코는 이렇게 말했다. "이만큼 일반적이고 어디에나 존재하고 한눈으로 봐도 분명히 알 수 있는 병, 옛날부터 존재해온 게 틀림없는 병이 오늘에 이르러서야 그 존재가 알려진 까닭은 도대체 무엇일까? 어째서 듀센이 보고할 때까지 우리는 그것을 깨닫지 못했을까?"

투렛 증후군의 역사에서 유례가 없는 공헌을 했다. 그때까지만 해도 환자들이 앞장서서 병의 이해와 치료를 위해서 적극적으로 노력한 사례는 한 번도 없었다.

　　투렛 증후군 협회가 최근 10년 동안 벌여온 장려와 후원에 힘입어, 질 드 라 투렛의 생각이 옳았음이 분명해졌다. 이 증후군이 신경계의 기질적 원인에 의해서 일어난다는 것이 확인된 것이다. 투렛 증후군과 관련해서 언급되는 '그것'은 파킨슨병과 무도병의 '그것'과 마찬가지로 파블로프가 '피질밑층의 맹목적인 힘'이라고 불렀던 것을 반영한다. 즉 '원기'나 '기력' 같은 것을 관장하는 뇌의 원시적인 부위에 장애가 생긴 것이다. 행위가 아니라 동작에 장애가 나타나는 파킨슨병의 경우에는 중간뇌와 그 연결 부위에 원인이 있다. 반면 발작적인 운동 증상을 보이는 무도병의 경우에는 기저핵의 고차원적인 부위에 장애가 있다. 행동 가운데서도 가장 원초적이고 본능적인 부분에 이상이 생겨 감정이 흥분 상태가 되는 증상이 생기는 질병인 투렛 증후군의 경우에는 구뇌舊腦의 가장 고차원적인 부위에 장애가 원인이다. 즉 시상, 시상하부視床下部, 변연계 그리고 편도扁桃에 장애가 생긴 것인데, 이것들은 감정과 본능을 관장하는 부분이다. 따라서 투렛 증후군은 임상적으로나 병리학적으로나 육체와 정신을 연결하는 '잃어버린 고리' 같은 것이며 말하자면 무도병과 조증 사이에 있는 것이라고 할 수 있다. 뇌염성 수면병이면서 운동성 증상을 보이는 환자(아주 드물다)나 뇌염 후유증을 앓는 모든 환자처럼, 어떤 원인(중풍, 뇌종양, 중독, 감염 등)으로든 투렛 증후군을 앓는 환자 역시 뇌 속의 흥분성 전달 물질, 특히 도파민 과잉 상태를 보인다고 할 수 있다. 내가 진단한 뇌염후유증 환자들이 도파민의 전구물질인 엘도파에 의해 '깨어났듯이' 수면병을 동반하는 파킨슨병 환자들을 깨우기 위해서는 더 많은 도파민이 필요하다. 따라서 흥분 상태에 있는 투렛 증후군 환자들은 할로페리돌(할돌) 같은 도파민 대항제를 써서 도파민의 수치를 떨어뜨릴 필요가 있을 것이다.

그렇다고 해서 투렛 증후군의 원인이 환자 뇌 속의 도파민 과잉에만 있는 것은 아니다. 그것은 파킨슨병의 원인이 뇌 속의 도파민의 저하에만 있지 않은 것과 같다. 사람의 성격이 바뀔 정도의 장애에는 훨씬 더 미묘하고 광범위한 원인이 있는 법이다. 이상 현상의 진행은 환자 개개인에 따라 미묘하게 다르고, 또 같은 환자라도 그날그날 다르다. 엘도파만으로 파킨슨병 환자를 치유할 수 없듯이, 할돌만으로도 투렛 증후군 환자를 치유할 수 없다(다른 약물도 마찬가지일 것이다). 순수하게 약학적 혹은 의학적 치료법과 더불어 '실존적인' 치료법도 반드시 병행되어야만 한다. 투렛 증후군 환자들을 시도 때도 없이 괴롭히는 충동이나 강박 즉 '피질밑층의 맹목적 충동'을 억제하는 데에는 환자들이 연기, 예술, 놀이 등을 즐길 수 있는 여건을 마련해주는 것이 중요하다. 거동이 불편한 파킨슨병 환자들도 노래를 부르거나 춤을 출수 있으며, 그때만큼은 자신의 증세로부터 완전히 자유로울 수 있다. 마찬가지로 투렛 환자 역시 노래를 부르거나 연기를 하거나 놀이를 하게 되면 자신의 증상으로부터 완전히 해방된다. '나'가 '그것'을 물리치고 지배하는 것이다.

다행히 내게는 위대한 신경심리학자인 루리야와 1973년부터 그가 죽은 1977년까지 편지를 주고받을 기회가 있었다. 그때 나는 틈나는 대로 루리야에게 투렛 증후군 환자에 관한 관찰 기록과 테이프를 보냈다. 세상을 뜨기 얼마 전에 그는 내게 보낸 편지에 이렇게 썼다. "이것은 엄청나게 중요한 일입니다. 이 증후군을 이해하는 것은 인간의 본질에 대한 이해를 깊게 하는 것입니다. 내가 아는 한 이만큼 흥미로운 증후군은 달리 없습니다."

　　내가 처음으로 레이를 진찰한 것은 그가 24세 때였다. 그는 몇 초 간격으로 계속해서 이어지는 극심한 틱 증상 때문에 거의 아무 일도 할 수 없었다. 이런 증상은 그가 4세 때부터 일어났고, 그로 인해 사람들의 시선에 심하게 시달려왔다. 그러나 그는 뛰어난 지능, 기지, 강인한 성격, 현실감각 덕분에 학교를 무사히 졸업하고 대학까지 마쳤다. 몇몇 친구와 아내는 그를 사랑하고 존경했다. 그러나 대학을 졸업한 뒤에는 직장에 취직할 때마다 해고를 당했다. 능력이 없기 때문이 아니었다. 틱 증상이 끊임없이 만들어내는 이런저런 사단 때문이었다. 참을성 없고, 욕을 달고 사는 데다 심하게 '뻔뻔'스럽기까지 했던 것이다. 그리고 자기도 모르는 사이에 무심코 튀어나오는 '개자식' 따위의 욕설로 인해 결혼 생활까지 위기로 내몰렸다. 성적인 흥분이 절정에 다다른 순간에도 '젠장할' 따위의 욕설이 튀어나오는 것이었다. 많은 투렛 증후군 환자가 그렇듯이 그 역시 음악성이 뛰어났다. 그 덕분에 경제적으로도 정서적으로도 그나마 생활을 유지할 수 있었다. 주말마다 바에 나가 재즈 드럼을 멋들어지게 치면서 생존을 유지할 수 있었던 것이다. 그의 연주는 단순한 주말 바의 재즈 드러머가 아니라 거의 달인에 가까웠다. 거칠고 돌발적인 그의 즉흥 연주는 대단한 인기를 끌었다. 틱 증상으로 인해 충동적으로 드럼을 두들겨대는 것이 그대로 거칠고 멋진 즉흥 연주로 이어진 것이다. 그래서 이때만큼은 '불쑥불쑥 찾아드는 그 침입자'도 그에게 대단히 유리하게 작용했다. 투렛 증후군은 그가 갖가지 게임을 할 때도 유리하게 작용했다. 탁구를 칠 때 특히 그랬는데, 그것은 빠른 반사 능력 때문이기도 했지만, 이번에도 역시 '즉흥성' 그리고 그의 말마따나 '무지 갑작스럽고 신경질적인 그러니까 얍삽한 스매싱' 덕분이었다. 그가 친 공은 상대방이 거의 받아낼 수 없을 정도로 예측 불가능한 방향으로 날아갔다. 그가 틱 증상에서 벗어나는 유일한 순간은 성교 후에 나른함을 느낄 때나 잠자고 있을 때, 혹은 수영이나 노래처럼 규칙적으로 박자가 잘 유지되고 동작에 선율이 실릴 수 있는 일을 할 때였다. 그럴 때에만 긴장이 풀려 틱 증상으로부터 자유로울 수 있었던 것이다.

겉으로 보기에는 흥분도 잘하고, 다혈질인 데다 무례하기까지 했지만, 사실 그는 매우 신중하고 비관적인 사람이었다. 그는 당시 막 결성되었던 투렛 증후군 협회에 대해서나 할로페리돌에 대해서도 알지 못했다. 그러다 그는 〈워싱턴 포스트〉에 실린 틱 증후군 관련 기사를 읽고 자신이 그렇다는 자가진단을 내렸다. 내가 그의 진단이 맞았다는 것을 확인해주고 할돌의 사용에 대해 설명하자 그는 흥미를 보이면서도 경계를 늦추지 않았다. 시험 삼아 할돌을 주사한 결과, 그는 이 약에 특이할 만큼 민감한 반응을 보였다. 불과 8분의 1밀리그램을 주사했는데도 틱 증상이 두 시간이나 생기지 않았던 것이다. 테스트 결과가 좋았기 때문에 나는 할돌을 0.25밀리그램씩 하루 세 번 처방하기 시작했다.

일주일 후 그는 눈 주위가 시퍼렇게 멍들고 코까지 부러진 모습으로 찾아와서 이렇게 말했다.

"선생님이 처방해주신 이 망할 놈의 할돌 덕분입니다."

그만큼 소량의 할돌만으로도 그는 균형을 잃고 속도와 타이밍을 놓치고 그토록 민첩했던 반사 능력을 상실한 것이다. 많은 투렛 증후군 환자가 그렇듯이 그 역시 회전하는 물건에 매력을 느꼈다. 그중에서도 특히 회전문만 보면 정신을 못 차리고 번개처럼 들어갔다 나왔다 하곤 했다. 그러나 할로페리돌로 인해 이런 재빠른 능력을 발휘할 수 없게 되어 타이밍을 놓치는 바람에 코가 깨진 것이다. 게다가 틱 증상이 줄어들기는커녕, 단지 느려지고 시간만 길어졌을 뿐이었다. 그의 말대로 '틱 증상에 늘 사로잡힌' 상태가 된 것이다. 긴장증 환자와 거의 비슷한 몸 상태가 되고 만 것이었다(페렌치는 틱 증상과 정반대의 증세를 보이는 병을 긴장병이라고 부른 적이 있다). 이렇듯 지극히 소량의 할돌만으로도 그는 두드러진 파킨슨병 증세와 근긴장이상, 긴장증, 정신운동 장애를 일으켰다. 이런 좋지 않은 반응은 약의 효과가 없기 때문이 아니라 약에 지나치게 민감했기 때문이었다. 이러한 병리학적 민감성으로 인해 한 극단에서 다른 극단으로 내몰린 것이다. 다시 말해서 가속 상태와 투렛 증상에서, 그 중간의 행복한 상태를 그냥 지나쳐 긴장증과 파킨슨병 증상으로 곧바로 넘어간 것이다.

레이가 낙담에 빠진 것은 당연한 일이었다. 그는 "틱 증상을 치료할 수 있다고 하더라도 그다음엔 제게 뭐가 남나요? 전 틱으로 이루어져 있으니 아무것도 남지 않을 겁니다" 하고 자신의 심경을 표현했다.

농담 삼아 말하기는 했지만 그는 틱 말고는 자신의 정체성을 발견할 수 없는 듯이 보였다. 그는 자신을 '브로드웨이의 대통령 틱'이라고 불렀고 자신에 대해 말할 때는 3인칭을 써서 '익살꾼 틱 레이'라고 말했다. 나아가 익살꾼 틱이든 틱 익살꾼이든 아무튼 자기는 그것이 재능인지 저주인지 도무지 모르겠다고 말하기도 했다. 그리고 투렛 증세가 없는 인생은 상상도 할 수 없지만, 그렇다고 자신이 그것을 정말로 좋아하는지도 분명치 않다고 말했다.

이야기가 여기에 이르자 전에 내가 진료했던 뇌염후유증 환자들이 떠올랐다. 그들은 엘도파에 극히 민감하게 반응했다. 그러나 만약 환자가 풍요롭고 만족스런 생활을 보낼 수만 있다면 그러한 생리학적 과민과 불안정성은 충분히 극복될 수 있다는 사실을 깨달았다. 생활 속의 '실존적인' 균형 즉 안정이 확보만 된다면, 그런 심각한 생리학적 불균형은 극복될 수 있다. 나는 레이 역시 그렇게 할 수 있다고 느꼈다. 그리고 사실 그의 말처럼 그가 자신의 병에 완전히 사로잡혀 있는 것은 아니었다. 그래서 나는 3개월간 매주 한 번씩 진료를 받아보는 게 어떠냐고 제안했다. 투렛 증세가 사라진다면 삶이 어떻게 바뀔지를 3개월간 시험해보기로 한 것이다. 다시 말해서 투렛 증상에 지나치게 의존하거나 주의를 기울이지 않으면 그의 생활이 어떻게 바뀔지를 생각해보기로 한 것이다. 우리는 투렛 증상이 그에게 미치는 영향과 어떤 경제적인 의미를 갖는지 그리고 그런 증상이 사라졌을 때 어떻게 살아갈 수 있는지를 따져보기로 했다. 우리는 그것들을 하나하나 검토한 다음 할돌을 다시 한번 써볼 작정이었다.

이후 3개월간, 우리는 참을성 있게 검토했다. 그 과정에서 그는 저항하기도 하고 원망하기도 했으며 자기 자신과 삶에 대해 자신감을 잃기도 했다. 그러나 건강하고 인간적인 잠재 능력이 그에게 숨어 있다는 사실도 드러났다. 심한 투렛 증후군으로 고생하며 살아온 20년의 세월에도 상실되지 않고 남아 있던, 인격 저 깊숙한 곳에 숨어 있던 잠재 능력이 모습을 드러낸 것이다. 이런 깊이 있는 검토는 그 자체로 너무나도 흥미롭고 고무적인 것이었다. 적어도 희망은 품을 수 있게 된 것이다. 실제로 일어난 일은 우리의 예상을 훨씬 뛰어넘었다. 단순한 일시적 변화가 아니라 지속적이고 항구적인 변화가 일어난 것이다. 다시 한번 이전과 같은 소량의 할돌을 투여하자 틱 증세가 치료되었다. 더구나 이렇다 할 부작용도 없었다. 지금까지 9년 동안 그 상태가 계속되고 있다.

할돌의 효과는 '기적'이었다. 그러나 기적은 그것이 일어날 수 있는 조건이 갖추어져 있을 때에만 일어나는 법이다. 처음에만 해도 그것은 거의 재앙에 가까웠다. 병리학적으로 볼 때는 분명 그랬다. 그러나 이때만 해도 투렛 증후군을 '치료'하는 것은 아직 시기상조였고 경제적으로도 불가능했다. 4세 때부터 투렛 증세로 고생한 레이는 보통 사람들이 누리는 건강한 생활을 단 한 번도 경험한 적이 없었다. 그는 이 특이한 병에 심하게 의존하면서 살아왔다. 그러니 이 병을 다양한 방식으로 이용해온 것도 잘못된 것이라고만은 할 수 없었다. 자신의 병을 포기할 준비가 되어 있지 않았고, 따라서 철저한 분석과 고찰을 시도한 3개월간의 집중적인 준비 기간이 없었다면, 그는 결코 그 병과 결별할 각오를 하지 못했을 것이다.

　　지난 9년간 레이는 기대 이상의 행복한 삶을 살았다. 20년 동안 투렛 증후군에 시달려 심신이 지칠 만큼 지친 끝에, 지금의 그는 일찍이 생각지도 못했던(3개월간의 검토에 들어간 뒤에는 가능성이 조금씩 엿보이기는 했지만) 느긋한 자유를 만끽하고 있다. 결혼 생활도 평온하게 안정되었고 아이 아빠도 되었다. 그에게는 좋은 친구들이 많이 있다. 그들은 레이를 투렛 증후군에 걸린 익살꾼으로서가 아닌 한 인간으로서 그를 존중해주었다. 그는 지역 사회에서 중요한 역할을 하고 있고 직장에서도 책임자의 지위로 올라갔다. 그러나 문제는 여전히 남아 있다. 그것은 아마 이 병에서 완벽하게 벗어나지는 못하리라는 것이다. 그는 할돌을 계속 투여 받아야 했다.

　　직장에서 근무하는 시간인 주중에는 할돌 덕분에 '성실하고 분별력 있고 반듯한' 사람이 된다. 그의 말마따나 '할돌 인간'이 되는 것이다. 동작과 판단도 느긋하고 신중해진다. 할돌을 투여받기 이전의 조급한 성격과 성급한 행동도 사라진다. 그러나 즉흥성과 영감도 함께 사라진다. 심지어는 꿈도 완전히 달라졌다. 그는 "투렛 환자 특유의 세세하고 과장된 꿈이 아니라 알기 쉽고 기쁜 결말로 끝나는 꿈을 꾸게 되었다"고 말한다. 그토록 민첩하던 두뇌회전도 느려지고 대답도 느릿느릿 한다. 기지의 틱, 혹은 틱의 기지로 재치를 발휘하는 일도 없어졌다. 탁구나 그 밖의 게임을 즐기지도 않고 다른 사람보다 뛰어나지도 못하다. 상대를 죽일 듯이 달려들던 성급한 본능, 상대방을 이기고 깔아뭉개야 성이 차던 본능도 더는 느끼지 못한다. 경쟁심이 사라지고 말수도 적어졌다. 주변 사람들을 놀라게 하던, 재빠르고 갑작스럽고 당돌한 행동에 대한 충동도 사라졌다. 예전의 외설스러움, 뻔뻔함, 용기도 모두 잃었다. 그는 뭔가가 점점 사라지는 것을 느끼게 되었다.

가장 중요하고도 참을 수 없는 것이 있었다. 음악이야말로 생계의 수단이자 자기표현의 수단인데 할돌을 사용하면 음악적으로 둔해진다는 것이었다. 그래서 그가 치는 드럼은 어디서나 들을 수 있는 시시한 연주가 되고 말았다. 여전히 솜씨가 좋기는 하지만 예전의 정력과 열광적 도취, 기묘함 따위는 사라지고 말았다. 틱 증세는 사라졌지만 이제 드럼을 강박적으로 두드리지도 못하게 되었다. 야성적이고 창조적인 격정이 일지 않는 것이다.

이런 사실들을 느낀 레이는 나와 이야기를 나눈 후 중대한 결심을 했다. 주중에 일할 때는 할돌을 투여하지만 주말에는 중단하고 자유롭게 '비상하기로' 한 것이다. 지난 3년 전부터 그는 그렇게 하고 있다. 그래서 현재는 두 사람의 레이가 있다. 할돌을 사용하는 레이와 사용하지 않는 레이. 월요일에서 금요일까지는 진지하고 차분한 시민으로 그리고 주말에는 '익살꾼 틱 레이'가 되어 경박하고 열광적이고 영감에 가득 찬 인물로 변신한다. 이런 식으로 세상을 사는 사람은 레이가 처음이다. 그는 이토록 불가사의한 상황을 이렇게 묘사한다.

투렛 증세가 나타나면 언제나 술에 취한 듯한 격렬한 상태가 됩니다. 그러나 할돌을 사용하면 반듯하고 침착해집니다. 어느 쪽도 진실로 자유로운 상태라고 말할 수는 없습니다. (…) 건강한 사람의 경우에는 정상적인 신경전달물질이 뇌 속에 시기적절하게 나옵니다. 차분할 때든 변덕을 부릴 때든 언제나 자연스럽게 나옵니다. 그러나 우리 투렛 증후군 환자는 그렇지가 않습니다. 할돌을 사용하면 금세 신중해지지만 투렛 증상이 도지면 다시 경솔해집니다. 건강한 여러분은 자유롭고 또 자연스러운 균형을 유지하면서 살지만 우리는 기껏해야 인공적인 균형 상태를 유지해야만 합니다.

레이는 투렛 증후군 환자이며 할돌의 투여로 인공적인 균형을 강요당하고 그로 인해 '자유롭지 못한' 상태이지만, 그러한 상황을 적절하게 극복해서 만족스러운 삶을 살고 있다. 대부분의 사람들이 누리는 자연 그대로의 자유라는 생득권을 빼앗겼는데도 그는 만족스럽게 살아가고 있다. 그는 자신의 병에서 많은 것을 배웠고 어떤 의미로는 그것을 극복했다. 그는 아마도 니체처럼 이렇게 외치고 싶을 것이다.

"나는 갖가지 건강상태 사이를 왔다 갔다 했고 지금도 그것을 계속하고 있다. 병 없는 인생은 생각할 수 없다고조차 말할 수 있다. 지독한 고통을 극복했을 때야말로 정신은 궁극적으로 해방된다."

역설적이기는 하지만 생명체로서 당연히 지니고 있어야 할 생리학적 건강을 잃었기 때문에 레이는 새로운 건강, 새로운 자유를 발견한 것이다. 병을 앓으며 갖가지 부침을 경험했기 때문에 발견한 것이다. 그는 니체가 '위대한 건강'이라고 즐겨 부르는 상태에 도달했다. 드물게 보는 유머, 사나이다움, 강한 정신력을 얻은 것이다. 투렛 증후군

으로 고통을 받았으나, 오히려 투렛증이 있었기 때문에 거기에 도달할
수 있었던 것이다.

큐피드병

90세의 쾌활한 할머니 나타샤 K.가 우리 병원에 찾아온 것은 비교적 최근의 일이었다. 할머니는 88번째 생일을 맞은 지 얼마 되지 않아서 어떤 '변화'를 깨달았다고 한다. 우리는 할머니에게 물었다.

"어떤 변화인데요?"

"아주 근사한 변화랍니다."

할머니는 큰 소리로 말했다.

"얼마나 신이 나는지 몰라요. 전보다 훨씬 건강해지고 힘이 넘치는 느낌이 드니까요. 도로 젊어졌나 봐요. 젊은 남자들에게도 관심이 생기고요. 그래요, 정말 살맛나는 기분이 든답니다."

"그것 때문에 고민이신가요?"

"아니요. 처음에는 아니었어요. 너무나도 기분이 좋았는걸요. 제가 그걸 문제라고 생각할 까닭이 있나요?"

"그런데요?"

"친구들이 걱정하기 시작했어요. 처음에는 친구들도 그러더군요. 성격이 얼마나 밝아졌는지 다른 사람이 된 것 같다고요. 그런데 그러던 친구들이 이건 그냥 넘길 일이 아니라고 생각하기 시작했어요. 친구들이 말하는 거예요. 옛날에는 수줍음쟁이였는데 지금은 말괄량이 아가씨 같다고요. 친구들이 키득키득 웃으면서 농담을 던지곤 해요. '네 나이에 주책 아니니?' 하고요."

"스스로는 어떤 기분이 드셨어요?"

"깜짝 놀랐지요. 얼마나 감격했던지, 무슨 일이 일어났다고는 전혀 의심하지도 않았지요. 하지만 이제 저도 의심스러워요. 제 자신을 타이르기도 하지요. '나타샤, 너는 여든아홉 살이야. 그런데도 벌써 1년이나 이런 상태가 계속되고 있잖아? 원래 소극적인 성격이던 네가 이렇게 제멋대로 굴다니. 살날도 얼마 남지 않은 나이에 난데없이 이렇게 무작정 행복하다는 게 말이나 되는 걸까?' 이렇게 무작정 행복해도 되는 건지 생각하다 보니 모든 게 달리 보이기 시작했어요. '어쩌지, 난 병에 걸린 거야. 기분이 이렇게 너무 좋은 것도 분명 병이야.' 난 혼자 중얼거렸답니다."

"병이라고요? 그러면 감정적이라거나 마음의 병이라는 말씀입니까?"

"아니요. 마음의 병이 아니라 몸이 안 좋아요. 몸속에, 머릿속에 무슨 일인가가 일어난 것 같아요. 그래서 기분이 붕 떠버린 거예요. 전 알아냈답니다. 입에 담기도 꺼림칙하지만 이건 큐피드병이에요!"

"큐피드병이라고요?"

순간 머리가 멍해진 나는 다시 한번 물었다. 그런 말은 들어본 적이 없었기 때문이다.

"그래요, 큐피드병이에요. 의사 양반도 아시죠? 매독 말입니다. 70년 전에 매춘을 한 적이 있는데 그때 매독에 걸렸어요. 똑같은 병에 걸린 아가씨들이 어찌나 많았던지 큐피드병이라고 부르게 되었지요. 그때 저를 구해준 사람이 제 남편이에요. 그이는 나를 그 생활에서 빼내고 병까지 치료해주었답니다. 물론 페니실린은 없던 시대였어요. 시간이 이렇게 오래 지났는데도 재발되는 일이 있습니까?"

만일 초기 감염이 완치되지 않고 증상만 완화되었다면 특이하게 긴 잠복기를 거쳐 신경매독이 발병하는 경우가 있기는 했다. 내가 전에 진료했던 환자 한 명은 살바르산으로 자가치료를 했지만 50년 넘게 지나서 신경매독의 하나인 척수매독이 발병했다.

그러나 70년이나 되는 잠복기는 들어본 적이 없고, 환자 자신이 그토록 냉정하게 뇌매독이 아니냐고 물은 적도 없었다.

"놀랍네요."

나는 잠시 생각한 뒤에 말했다.

"저는 미처 생각하지 못했습니다. 하지만 부인 말씀이 맞을지도 모르겠네요."

노부인의 생각은 정확했다. 척수액은 양성으로 나타났고 신경매독에 걸렸음이 분명했다. 그녀의 오래된 대뇌피질을 자극하던 것은 틀림없이 스피로헤타균이었다. 문제는 치료방법이었는데, 여기에서 한 가지 딜레마가 생겼다. K부인은 그녀답게 머릿속에서 어지럽게 돌아가는 생각을 이렇게 피력했다.

"이 병을 치료하고 싶은지 아닌지 나도 잘 모르겠어요. 병이라는 것은 알지만 병 덕분에 기분이 좋으니까 말입니다. 나는 그런 기분이 좋았어요. 그리고 지금도 좋아요. 그런 기분에서 벗어나고 싶지 않아요. 그 덕분에 20년 동안 느끼지 못했던 원기를 느끼고 기운까지 팔팔하니 말이에요. 신나는 경험이었어요. 정도가 지나치면 좋은 것도 그만두는 것이 좋다는 것도 알아요. 이런저런 생각이 떠오르고 충동까지 솟구친답니다. 말씀드리고 싶지 않지만 엉뚱하고 바보 같은 충동이랍니다. 처음에는 조금 취한 듯한 기분이었지만 여기서 조금만 더 도를 넘어선다면…."

노부인은 기운이 넘치는 듯이 몸을 이리저리 흔들면서 말했다. "아무래도 큐피드병에 걸린 것 같아요. 그래서 의사 선생님을 찾아왔어요. 더 심해지지 않았으면 좋겠어요. 남들한테 손가락질을 받을 테니까요. 하지만 치료 받는 것도 손가락질 받는 것만큼이나 싫어요. 이렇게 넘치는 기운을 경험하기 전까지는 정말로 살아 있었던 게 아니라는 생각이 드니까요. 더도 덜도 말고 지금 이 상태가 계속되도록 해주실 수는 없나요?"

나는 잠시 생각했다. 다행스럽게도 그녀에게 해줄 처방은 분명했다. 우리는 페니실린을 투여하기로 했다. 페니실린은 스피로헤타균을 죽이기는 하지만 큐피드병 즉 일단 생긴 뇌의 변화나 탈억제 상태를 되돌리지는 않기 때문이다.

이렇게 해서 K부인은 두 가지 희망을 모두 이루었다. 생각과 충동에 얽매임 없이 적당한 탈억제 상태를 즐길 수 있게 된 것이다. 그것도 자제심도 잃지 않고 대뇌피질이 더는 손상될 염려도 없이 말이다. 그녀는 회춘한 기분으로 다시 활기차게 100세까지 살고 싶어했다. "우습지요. 이게 모두 큐피드 덕분이라니 말이에요" 하고 그녀는 말했다.

뒷이야기

아주 최근에, 그러니까 1985년 1월에 진찰한 또다른 환자(미겔 O.)와 관련하여 나는 똑같은 딜레마와 아이러니에 직면한 적이 있었다. 미겔 O.는 '조병'이라는 진단으로 주립병원에 입원했지만 사실은 신경매독에 의한 흥분 상태라는 사실이 밝혀졌다. 그는 푸에르토리코

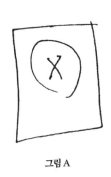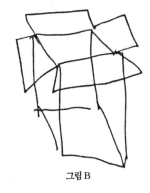

그림 A　　　　　　　　　그림 B

흥분 상태일 때(뚜껑이 열린 상자)

의 농장에서 일하는 무식한 남자였다. 말하기와 듣기에 약간의 장애가 있었고 말로써 자신을 적절하게 표현하지는 못했지만 자신을 단순하면서도 분명하게 그림으로 표현할 수는 있었다.

　　처음에 만났을 때 그는 아주 흥분된 상태였다. 내가 어떤 단순한 형태를 그려 보이며(그림 A) 이것을 그리라고 말하자 그는 단숨에 입체도형을 그렸다(적어도 나에게는 입체도형으로 보였다). 그러더니 그것을 뚜껑이 열린 상자라고 설명하면서(그림 B) 그 속에 과일을 그려 넣으려고 했다. 상상력이 흥분 상태에 있었기 때문이겠지만 그는 원래의 그림에 있던 동그라미와 가위표 따위는 안중에도 없었다. 그러나 그는 '폐쇄'라는 개념을 잊지 않고 구체적으로 표현하고 있었다. 뚜껑이 열린 채로 오렌지가 가득 든 상자. 내가 그렸던 평범한 형태보다 훨씬 재미있고 훨씬 생생하고 사실적이지 않은가?

　　며칠 후에 다시 만났을 때 그는 무척 힘이 넘쳐흐르는 아주 활동적인 모습으로 나타났다. 종잡을 수 없는 생각과 뜻하지 않은 감정의 움직임을 보여 마치 하늘 높이 솟구쳐오르는 연 같았다. 나는 다시

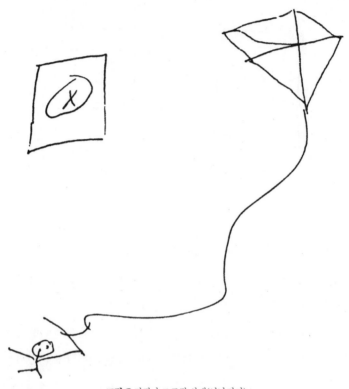

그림 C 감정이 고조된 상태(연날리기)

한번 같은 도형을 그려보라고 부탁했다. 그러자 그는 충동적으로, 한 순간도 망설이지 않고 원래의 형태를 마름모꼴로 바꾸고 거기에 줄 하나를 연결하더니 끝에 사내아이를 그렸다(그림 C). 그는 흥분해서 소리쳤다.

"사내아이가 연을 날리고 있어요. 연이 하늘에서 펄럭이고 있단 말이에요."

며칠 후에 세 번째 만났을 때 그는 아주 우울한 모습으로 나타났다. 마치 파킨슨병을 앓고 있는 환자 같았다(수액검사를 마지막으로 한

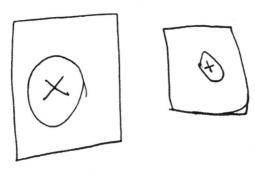

그림 D 약물 투여로 상상력과 활력을 잃었을 때

번 더 받기 위해서 진정용 할돌을 투여받았던 것이다). 나는 다시 한번 그 도형을 그려보라고 말했다. 그는 이번에는 정확하면서도 평범하게, 원래의 형태보다 조금 작게 그렸다(할돌 때문에 작은글자증이 나타났던 것이다). 그림(그림 D)에는 앞의 두 그림과 같은 재미와 동적인 움직임도 없었고 상상력도 느껴지지 않았다. 그는 이렇게 말했다.

"아무것도 보이지 않아요. 전에는 정말 생생하게 보였는데. 치료를 받고 나니 모든 게 죽은 듯이 보여요."

파킨슨병 환자의 경우에도, 엘도파를 투여해서 '각성'을 일으키게 한 뒤에 그림을 그리게 하면 도움이 되는 예를 찾아볼 수 있다. 처음에 나무를 그리라고 하면, 그들은 왜소하고 빈약한 데다 잎이 완전히 떨어진 겨울나무를 그리는 경향이 있다. 그러나 엘도파를 투여해서 각성시키면 생생하고 힘이 넘치며 잎이 무성한 나무, 생기로 가득 찬 나무를 그린다. 엘도파 투여로 흥분 상태가 심해지면 그들은 환상적으로 장식된 나무를 그린다. 잎이 푸르디푸르게 우거지고 물오른 가지에 꽃이 만발해 있다. 심지어 잎이 갖가지 다양한 모양으로 등장한다. 이것이 심해지면 원래의 나무는 마침내 바로크풍의 세밀화 속으로 완전히 숨어버린다. 이러한 그림은 투렛 증후군에서도 상당히 특징적으로 나타난다. 원래의 형태와 생각이 지나친 장식으로 인해 보이지 않게 되는 것이다. 암페타민 중독 상태에서 그리는 소위 스피드 아트 speed-art(각성제의 영향하에서 그리는 그림 — 옮긴이)의 경우에도 마찬가지이다. 상상력이 눈을 떠 점점 활발해지다가 마침내 끝없는 과잉 상태에 이르는 것이다.

중독이나 병에 의해 해방과 각성이 일어나지 않는 한, 정신과 상상력은 무뎌진 상태로 잠들어 있다는 사실, 그 얼마나 역설적이고 잔인하며 아이러니한 일인가!

바로 이러한 역설이 《깨어남》의 주제였다고 말할 수 있다. 투렛 증후군 환자 또한 이러한 역설적인 '각성 상태'를 향한 유혹을 느낀다 (〈익살꾼 틱 레이〉 〈투렛 증후군에 사로잡힌 여자〉 참조). 또한 코카인과 같은 마약을 복용했을 때 나타나는 특수한 불안정 상태도 의심할 바 없이 이것으로 설명이 가능하다(코카인은 엘도파나 투렛 증후군과 같이 뇌 속의 도파민을 증가시킨다). 바로 이 때문에 프로이트는 코카인에 대한 놀라운 통찰력을 글로 적었던 것이다.

코카인을 흡입하고 느끼는 충족감과 행복감은 건강한 사람이 느끼는 정상적인 행복감과 조금도 다르지 않았다. 다시 말해서 그 상태가 조금도 이상하지 않다고 느끼기 때문에 그것이 약물에 의한 효과 때문이라고 믿기 힘든 것이다.

뇌에 대한 전기자극에 대해서도 역시 똑같은 역설적인 평가가 가능할 것이다. 간질 가운데는 흥분성과 중독성을 띤 것이 있다. 간질이 자주 일어나는 환자의 경우에는 증상이 되풀이되어 자기유발적으로 일어나는 일도 있다. 마치 뇌에 전극이 설치된 쥐가 충동강박을 통해 뇌의 '쾌감 중추'를 자극하는 것과 매일반이다. 그러나 마음의 평온과 순수한 행복감을 가져다주는 간질도 있다. 설령 병으로 인해 느끼는 행복감이기는 하지만 행복감임에는 틀림없는 것이다. 그러한 역설적인 행복감이라 하더라도 어떤 사람에게는 지속적인 도움을 준다고 말할 수 있다. C부인의 기묘한 발작적 회상도 이것과 비슷한 사례이다 (《회상》 참조).

이 대목에서 우리는 기묘한 세상과 접하게 된다. 그것은 우리의 통상적인 상식이 뒤집히는 세계이다. 병리 상태가 곧 행복한 상태이며, 정상 상태가 곧 병리 상태일 수도 있는 세계이자, 흥분 상태가 속박인 동시에 해방일 수도 있는 세계, 깨어 있는 상태가 아니라 몽롱하게 취해 있는 상태 속에 진실이 존재하는 세계 말이다. 이것이야말로 바로 큐피드와 디오니소스의 세계이다.

정체성의 문제

"오늘은 무얼 드릴까요?"

그는 두 손을 비비면서 말했다.

"버지니아햄 반 파운드, 아니면 노버햄 조각을 드릴까요?"

그는 분명히 나를 손님으로 착각했다. 게다가 그는 말하는 사이 사이 병동의 전화기를 들고 "예, 톰슨 식료품점입니다" 하고 대답했다.

"아니, 톰슨 씨, 내가 누구라고 생각하십니까?"

나는 큰 소리로 물었다.

"아니, 어떻게 된 거야. 어두워서 잘못 봤구나. 손님이라고 착각을 했네. 옛 친구 톰 핏킨즈잖아?(곁에 있던 간호사를 향해서 작은 목소리로) 톰과 함께 늘 경마장에 가곤 했지."

"아닙니다, 톰슨 씨. 또 착각하셨군요."

"그런가?"

그는 조금도 망설이지 않고 대답했다.

"톰이라면 하얀 옷을 입을 리가 없지. 정육점 주인인 하이미로군. 윗옷에 피가 한 방울도 안 묻은 걸 보니 오늘은 장사가 영 신통치 않은 모양이네. 괜찮아, 주말에는 손님이 잔뜩 밀어닥칠 테니까."

그가 나를 이 사람 저 사람으로 착각하자 나는 조금 어안이 벙벙해졌다. 그래서 '어디, 이렇게 하면 나를 알아볼까?' 싶어서 목에 걸려 있는 청진기를 가리켰다.

"청진기!(웃음을 터뜨리며) 아니 뭐야, 하이미인 척했구먼. 자네 정비공들은 모두들 의사 흉내를 내고 싶어 하지. 흰옷에 청진기까지 걸치고서 말이야. 차에서 나는 소리를 청진기로 듣기라도 하려는 건가? 아, 이제 알겠군. 자네는 내 옛 친구, 한 블록 떨어진 곳에 있는 모빌 주유소의 지배인이군. 자네는 언제나 볼로냐 소시지와 보리빵을 사가지…."

윌리엄 톰슨은 마치 자신이 지금도 식료품점의 주인으로 일하고 있는 듯이 또다시 두 손을 비비면서 계산대를 찾으려고 둘러보았다. 그러나 계산대가 보이지 않자 의아한 눈길로 다시 한번 나를 보았다. 그는 갑자기 겁에 질린 얼굴로 말했다.

"여기가 어디지요? 가게에 있다고 생각했어요, 선생님. 정신이 또 오락가락했군요. 셔츠를 벗을 때까지 기다려주세요. 늘 하던 대로 청진기로 진찰하실 거죠?"

"아니요, 늘 하던 대로가 아닙니다. 난 댁을 진찰하던 의사가 아닙니다."

"아, 그렇군요, 맞아요. 사실 전 금방 알아볼 수 있었답니다! 저를 진찰하시던 분은 가슴이 떡 벌어진 분이셨어요. 맙소사. 선생님은 수염을 기르셨네요. 지그문트 프로이트처럼 보이네요. 제가 정신이상인 건가요? 머리가 이상해진 걸까요?"

"아닙니다. 톰슨 씨. 머리가 이상해진 것은 아닙니다. 단지 기억력에 조금 장애가 있을 뿐입니다. 다른 사람을 기억하거나 구별하는

데 약간 어려움을 겪고 있어요."

"제 기억이 저를 조금씩 속이고 있어요."

그도 인정했다.

"때때로 사람을 착각하는 실수를 저지르는 것도 그 때문이고… 그런데 무얼로 하시겠습니까? 노버햄? 아니면 버지니아햄?"

언제나 이 모양이었다. 내용은 그때마다 바뀌었지만 매번 그 내용이 달라졌을 뿐 즉흥적으로, 늘 즉석에서, 더러는 재미있기도 하고 더러는 놀라운 대목을 연출하기도 했다. 그러나 그것은 궁극적으로는 비극이었다. 톰슨 씨는 단 5분 사이에 나를 거의 열 명의 다른 사람과 착각했다(오인 혹은 의사擬似식별). 그는 이것저것 추측해서 되는 대로 내뱉었다. 조금의 망설임도 보이지 않았다. 그의 생각은 어림짐작에서 그다음 어림짐작으로, 가설에서 그다음 가설로, 확신에서 그다음 확신으로 아무런 막힘없이 넘나들고 있었다. 혹시 아닐지도 모른다고 망설이는 기색 같은 것은 어느 한 대목에서도 찾아볼 수 없었다. 그러나 그는 내가 누구였는지도, 자신이 어디서 무엇을 했었는지도 전혀 몰랐다. 전에 식료품점을 운영했고, 심한 코르사코프 증후군으로 병원에 입원한 적이 있다는 사실도.

그는 어떤 일이든지 몇 초만 지나면 잊어버렸다. 그의 착각에는 끝이 없었다. 그의 발밑에서는 기억상실이라는 심연이 언제나 입을 벌린 채 도사리고 있었다. 그렇기에 그는 온갖 거짓 혹은 가짜 이야기를 능숙하게 지어내면서 그 심연에 다리를 놓아 한시바삐 건너가려 했을 것이다. 그러나 그런 이야기들은 지어낸 이야기가 아니라 그가 순간적으로 목격한 세계 혹은 그렇게 느껴진 세계였다. 그의 말은 워낙 변화무쌍하고 앞뒤가 맞지 않아서 단 한 순간도 감내하거나 인정할 수 없었다. 그러나 거기에는 생소하고, 혼란스럽지만 그럭저럭 일관성도 갖춘 세계가 존재했다. 그를 둘러싼 세계, 그것은 그가 무의식중에 끊임없이 속사포처럼 불을 뿜는 창의성을 발휘하여 매번 급조해내는 세계였다. 마치 아라비안나이트와도 같은 세계, 환상의 세계, 꿈과 같은 세계였다. 항상 새로운 인물들과 주인공들이 등장하고 새로운 상황이 펼쳐지는, 매순간 변화와 변형이 일어나는 만화경 같은 세계였다. 그러나 그에게 그것은 일시적이고 순간적인 환상이나 환영이 아니라 지극히 정상적이고 확고한 현실세계였다. 그의 입장에서 볼 때는 전혀 아무런 문제도 없는 세계인 것이다.

한번은 톰슨 씨가 여행을 떠난 적이 있었다. 그는 호텔 프런트에 자신의 이름을 윌리엄 톰슨 목사라고 사인하고 택시를 불러 밖으로 나섰다. 나중에 들은 이야기이지만, 택시기사는 그처럼 재미있는 승객을 태운 적이 없다고 말했다. 한 이야기가 끝나면 다음 이야기로 이어지는, 멋진 모험으로 가득 찬 놀라운 경험담을 연이어 들려주었기 때문이다. 택시기사는 말했다.

"그는 마치 세상 모든 곳을 여행했을 뿐만 아니라 경험해보지 않은 일이 없고, 만나지 않은 사람이 없는 것 같았습니다. 단 한 사람의 인생에 그렇게 많은 일들이 일어나다니 믿기 어려운 일이었습니다."

우리는 대답했다.

"단 한 사람의 인생으로는 결코 그럴 수 없지요. 정말 기묘하기는 하지만, 그것은 한마디로 정체성에 관련된 문제입니다."✦

또 한 사람의 코르사코프 증후군 환자인 지미 G.에 대해서는 이미 〈길 잃은 뱃사람〉에서 자세하게 말한 바 있다. 그는 급성 코르사코프 증후군에 걸린 뒤 치료를 받아 이미 오래전에 증상이 완화되었지만, 그 이후로 자아상실 상태에서 헤어나지 못했다(혹은 아마도 얼핏 현실처럼 보이는 꿈의 세계, 과거의 기억 속 세계에 있었을 것이다). 반면에 톰슨 씨는 갓 퇴원한 상태였다. 발병한 것은 3주 전이었다. 그는 당시 고열에 시달리며 헛소리를 지껄였고 가족의 얼굴도 알아보지 못했다. 그러나 퇴원한 뒤에도 증상이 여전히 심각했고 착란 속에서 만들어낸 이야기를 계속해서 지껄이는 혼미 상태에 있었다(종종 코르사코프 증후군 정신병이라고 부르기도 하지만 실제로 정신병은 결코 아니다). 잊혀지고 사라지는 것들을 메우기 위해서 그는 끊임없이 주위의 사물과 자신에 대해 이야기를 만들어냈다. 이야기를 만들어내거나 공상하는 힘은 그 자체가 뛰어난 재능이라고 할 수 있지만, 그것은 앞서 말한 착란 상태로 인해 발생된 것이다. 왜냐하면 환자는 매순간 자기 자신과 자신의 주변세계를 문자 그대로 창조해야 하기 때문이다. 우리는 각자 오늘날까지의 역사, 다시 말해서 과거라는 것을 지니고 있으며 연속하는 '역사'와 '과거'가 각 개인의 인생을 이룬다. 우리는 누구나 우리의 인생 이야기, 내면적인 이야기를 지니고 있으며 그와 같은 이야기에는 연속성과 의미가 존재한다. 그리고 그 이야기가 곧 우리의 인생이기도 하다. 그런 이야기야말로 우리 자신이며 그것이 바로 우리의 자기 정체성이기도 한 것이다.

만약 누군가에 대해 알고 싶을 때, 우리는 그 사람의 이야기, 그의 내면 가장 깊숙한 곳에 자리 잡은 진실된 이야기를 듣고 싶어 한다. 우리 한 사람 한 사람이 하나의 전기傳記이고 이야기이기 때문이다. 우

♦ 이와 아주 비슷한 이야기가 루리야의 《기억의 신경심리학》(1976년)에 실려 있다. 어떤 택시기사가 정말 매력적인 손님을 태웠다. 택시기사는 그 손님의 이야기에 푹 빠졌다. 그런데 손님이 내리면서 택시요금이라고 준 것이 체온표였다. 그제서야 비로소 택시기사는 그가 온전치 못한 사람이라는 것을 알았다. 《천일야화》의 세헤라자드 같았던 그 손님이 신경병원의 기묘한 환자 가운데 한 사람이라는 사실을 깨달았던 것이다.

리는 각자 자신만의 이야기를, 우리 자신에 의해, 우리 자신을 통해, 우리들 안에서 즉 지각·감각·사고·행동을 통해서 스스로 끊임없이 무의식중에 만들어내기 때문이다. 물론 입으로 말하는 이야기는 언급할 필요조차 없다. 생물학적으로나 생리학적으로 우리는 서로 그다지 다를 것이 없는 존재들이다. 그러나 역사적으로 그리고 이야기의 화자로서 우리 모두는 각각 고유한 존재이기도 하다.

우리가 우리 자신으로 존재하기 위해서는 반드시 자기 자신에 대한 정체성을 '가지고 있어야' 한다. 자기 자신의 인생 이야기를, 필요하다면 되살려서라도 가지고 있어야만 하는 것이다. 우리는 우리 자신 즉 지금까지의 이야기인 내면의 드라마를 재수집해야 한다. 우리의 정체성, 자아를 유지하기 위해서는 이러한 한 편의 이야기 즉 연속적으로 이어지는 내면의 이야기를 필요로 한다.

그와 같은 이야기에 대한 필요성, 아마도 그것이 톰슨 씨가 장광설 만들기에 필사적인 이유를 설명해주는 단서이기도 할 것이다. 연속성, 즉 연속적인 내면의 이야기의 상실이 그를 일종의 이야기광이 되게끔 내몬 것이다. 끊임없이 말할 수밖에 없고, 밑도 끝도 없이 이야기를 지껄이며 몽상을 말한다. 진실한 이야기 혹은 연속성을 유지할 수 없기 때문에, 다시 말하면 자기의 내적 세계를 유지할 수 없기 때문에, 꾸며낸 이야기를 쉬지 않고 지껄여대는 것이다. 가짜 인간들 즉 유령들이 사는 가짜 세상 속에서 그리고 가짜 연속성 속에서 가짜 이야기를 계속 만들어내는 상태에 내몰릴 수밖에 없는 것이다.

톰슨 씨의 경우는 어떨까? 겉보기에 그는 활기 넘치는 코미디언처럼 보일 것이다. 사람들은 그를 '재미있는 사람'이라고 말한다. 이러한 상황에서는 희극소설에 등장하는 배꼽잡는 소재들도 허다하게 등장한다.♦ 그것은 코미디다. 그러나 단순한 코미디가 아니다. 오싹한 일이기도 하기 때문이다. 여기에 한 인간이, 어떤 의미로 광기 속에서 필사적으로 몸부림치는 인간이 있기 때문이다. 주변 세계는 하나하나 그 모습을 잃어가고 의미를 잃어가며 사라져간다. 그러므로 그는 스스로 의미를 찾아야만 한다. 필사적으로 의미를 만들어야 한다. 끊임없이 이야기를 만들어 자신의 발밑에서 항상 입을 쩍 벌리고 있는 무의미라는 심연, 그 혼돈 위에 '의미'라는 다리를 놓아야 한다.

톰슨 씨 자신도 그와 같은 사실을 알고 있을까? 아니 느끼고라도 있을까? '명랑한 사람' '재미있는 사람' '해학이 넘치는 사람'으로 보이기는 하지만, 사람들은 그가 지닌 무언가에 압도되어 말을 잃고 심지어는 두려움까지 느낀다. "그는 결코 멈추지 않습니다. 마치 경주에 나선 사람 같습니다. 틈만 나면 달아나려고 하고 무엇인가를 붙잡기 위해 기를 쓰고 있는 사람 말입니다" 하고 사람들은 말한다.

실제로 그는 달리는 것을 결코 멈출 수 없다. 매순간 다리를 놓고 단절된 상태를 수리하지 않는다면 기억, 존재, 의의 등의 단절을 결코 메울 수가 없기 때문이다. 단절을 메우기 위한 '다리'와 '연결'은 아

◆ 이와 같은 소재를 다룬 소설이 실제로 있다. 〈길 잃은 뱃사람〉을 발표한 지 얼마 안 되었을 무렵 데이비드 질먼이라는 젊은 작가가 '크로피 보이'라는 자작원고를 나에게 보내왔다. 이것은 톰슨 씨와 같은 기억상실증 환자의 이야기를 다룬 소설이었다. 주인공은 여러 가지 모습으로 화려하게 변신하며 정체성을 얼마든지 만들어 즐긴다. 그는 자신의 변덕에 따라 정체성을 만들기도 하지만 어쩔 수 없이 그것을 만들기도 한다. 소설에는 기억상실증 환자 특유의 천재적이고 놀라운 상상력이 제임스 조이스에 버금가는 필치로 묘사되어 있었다. 그 책이 실제로 출판되었는지 여부는 모르겠지만 나는 그것이 출판될 만한 가치가 있는 소설이라고 믿는다. 보르헤스의 〈기억의 왕 푸네스〉는 신기하리만치 루리야의 《모든 것을 기억하는 남자》에 나오는 환자와 비슷하다. 그래서 나는 때때로 보르헤스가 실제로 기억항진증 환자를 만난 것을 토대로 〈기억의 왕 푸네스〉를 썼을 것이라고 생각했다. 이와 똑같이 〈크로피 보이〉의 경우에도 질먼이 실제로 톰슨과 같은 환자를 만나고 연구했기 때문에 그런 글을 쓸 수 있었다고 믿는다.

무리 훌륭하더라도 도움이 되지 않는다. 그것들은 허구이며 현실로서 제 기능을 수행하지도 못할 뿐만 아니라 현실과 일치하지도 않기 때문이다. 톰슨 씨도 그와 같은 사실을 느끼고 있을까? 아니, 질문을 바꾸어 그에게 '현실성'이란 어떤 것일까? 그는 끊임없이 다가오는 고통 속에서 신음하고 있을까? 그 자체로는 전혀 실재하지도 않는 환상과 허구로써 끊임없이 자신을 구원하려 몸부림치지만 자아 속에 매몰되어 버린 인간, 실재하지도 않는 세계 속에 빠진 한 인간이 겪을 고통 속에서 그는 신음하고 있는 것일까? 그가 즐거운 기분으로 살아가고 있지 않은 것만은 확실하다. 끊임없이 이어지는 내면의 압박에 시달리는 사람이 그렇듯 그의 얼굴은 내내 긴장감으로 굳어져 있다. 자주는 아니지만 가끔 그는 고통스럽고 당혹스러운 표정을 짓기도 한다. 그러나 자신을 지키기 위해서 그가 말해야 하는 실체 없는 이야기가 그의 구원이며 동시에 파멸로 이끄는 힘이기도 한 것이다. 그 때문에 표면은 빛나는 무지개처럼 쉬지 않고 변하지만 그 밑에서는 끝 모를 환상과 섬망의 심연이 자리 잡고 있는 것이다.

　　더구나 그에게는 감정을 잃어버렸다는 감각이 없다. 그에게는 정체성과 현실성을 규정하는 그 오묘하고 신비로우며 엄청난 깊이를 상실했다는 감각이 없다. 그와 만난 사람은 누구나 그 사실을 깨닫고 놀란다. 그가 아무리 막힘없이 열정적으로 이야기하더라도, 기묘하게도 그 이야기 속에는 감정이 들어 있지 않다. 현실과 비현실, 진실과 비진실(여기에서는 '거짓'이라는 개념을 쓸 수 없다. 오직 '비진실'이라는 말만을 쓸 수 있을 뿐이다), 중요한 것과 사소한 것, 적절한 것과 초점이 어긋난 것 따위를 구별하는 판단력이라는 감각이 존재하지 않는 것이다. 마치 자신이 무슨 말을 하든 그런 것은 결코 중요하지 않고, 남들이 무슨 말을 하든 어떤 행동을 하든 그것 역시 전혀 중요하지 않으며, 정말이지 중요한 것은 하나도 없다는 듯한 무관심이었다.

어느 날 오후, 이를 증명하는 깜짝 놀랄 만한 사건이 일어났다. 톰슨 씨는 자신이 즉석에서 즉흥적으로 지어낸 갖가지 사람에 관해 빠른 말투로 지껄이고 있었다. 한참을 그러더니 "어럽쇼, 내 동생 봅이 창밖으로 지나가네" 하고 말했다.

여느 때와 같은 독백 투였고 흥분하기는 했지만 무관심하고 별다른 동요가 없는 말투였다. 그러나 1분 후에 깜짝 놀랄 일이 일어났다. 한 남자가 문 안으로 슬며시 들어와 이렇게 말하는 것이다.

"저는 윌리엄의 동생 봅입니다. 형이 제가 창밖으로 지나가는 광경을 본 것 같군요."

톰슨 씨의 말투와 태도로는 진짜 동생이 정말로 나타났다고 상상도 할 수 없었다. 위세는 부리지만 언제나 무관심하고 무덤덤한 그의 독백을 듣고는 생각도 할 수 없었기 때문이다. 톰슨 씨는 정말로 자기 동생에 대해 말했던 것이다. 동생이 실재하다니! 실재하는 동생을 보고도 마치 실재하지 않는 사람에 대해 말할 때와 똑같은 말투로 말하다니! 우리는 망령이 느닷없이 살아 숨 쉬는 인간이 되어 자기 앞에 서 있는 듯한 충격을 받았다. 그러나 아직 속단하기는 일렀다. 톰슨 씨는 자기 앞에 서 있는 동생을 눈앞에 있는 사람으로 인정하려 하지 않았다. 감정을 생생하게 드러내지도 않았고 비현실의 혼미 상태에서 눈을 뜨지도 않았다. 오히려 반대로 동생을 비현실적인 존재로 취급했다. 그를 무시했고 모르는 사람이라고 말했으며, 한층 심한 혼미 상태로 빠져 들어갔다. 그것은 지미가 형을 만났을 때의 양상과 전혀 달랐다(《길 잃은 뱃사람》 참조). 너무나 서글퍼진 동생 봅은 낭패감에 몸을 떨며 이렇게 말했다.

"나는 봅이에요. 롭이나 돕이 아니라 동생 봅이란 말이에요."

그러나 아무리 말해도 소용없었다. 톰슨 씨는 변함없이 지껄이는 가운데 기억의 실마리가 조금 풀려서 자기 정체성에 대한 옛 기억이 되살아났는지 피붙이인 형 조지에 대해 말했다. 그러나 여전히 직접화법의 현재형 시제를 사용하고 있었다. 봅은 어안이 벙벙해서 말했다.

"하지만 큰형님 조지는 19년 전에 죽었어요."

"맞아, 형님은 언제나 입을 열면 농담만 하지."

톰슨 씨는 동생 봅의 말을 무시하고 있거나 아니면 봅의 말에 무관심하거나 둘 중 하나였다. 그는 계속해서 형 조지에 대해 실없는 소리들을 늘어놓았다. 흥분한 채 제멋대로. 진실이나 실제, 타당성, 그 어떤 것에도 무관심하다는 태도였다. 그는 자기 눈앞에 보이는 살아 있는 동생의 절망스러운 모습에도 아랑곳하지 않았다.

그 일이 있은 후 나는 톰슨 씨의 내적인 현실성에 다른 어떤 것보다 중대하고도 결정적인 상실이 일어났다는 것을 확신했다. 그것은 현실감의 상실, 감정과 의미 그리고 영혼의 상실이었다. 그래서 나는 지미의 경우처럼 간호사들에게 물었다. "톰슨 씨에게 혼이 있습니까? 아니면 병 때문에 혼이 빠져나갔을까요?"

그러나 이번에는 간호사들도 어떻게 대답해야 좋을지 몰라 곤혹스러운 태도를 보였다. 마치 그들도 똑같이 고민하고 있었던 듯했다. 이번에는 지미에 대해서 물었을 때처럼 "스스로 생각해보세요. 성당에 앉아 있는 톰슨 씨를 한번 보세요" 하고 말하지 않았다. 왜냐하면 그는 성당에 앉아 있을 때도 경박하게 재잘거리며 자신이 만들어낸 이야기를 쉬지 않고 지껄였기 때문이다. 지미에게는 말로 다할 수 없는 처절한 슬픔과 쓰라린 상실감이 있었지만, 명랑하기만 한 톰슨 씨에게는 그런 것이 느껴지지 않았거나 혹은 직접적으로 느끼지 못했는지도 모른다. 지미에게는 생각에 깊이 빠져 있다는(적어도 고뇌하고 있다는) 느낌이 전해졌고 내면의 깊이, 혼의 존재가 느껴졌다. 그러나 톰슨 씨에게는 그런 것이 없었다. 간호사들이 말했듯이 그에게도 신학적인 의미에서 불멸의 혼이 분명히 있고, 전능하신 하나님이 그것을 인정하고 자비를 베풀었음에는 틀림없다. 그러나 일반적인 인간의 차원에서 말하면 대단히 불온한 무엇인가가 그의 정신과 인격 속으로 파고들어온 것이다. 이 점에 대해서는 간호사들도 동의했다.

지미는 말하자면 '미아'와 같은 상태였다. 따라서 정서의 세계에 몰두하거나 그것과 순수하게 교류함으로써 잠시나마 구원받을 수 있었다. '미아'는 '발견될 수 있는' 것이다. 키에르케고르의 용어를 빌리면 그는 조용한 절망의 상태에 있었다. 따라서 그에게는 구원의 가능성이 남아 있었다. 현실이라는 땅에 발을 딛고 감정과 의미를 되살릴 가능성이 있다. 감정과 의미가 지금은 상실되거나 잊혀졌지만 그는 그것을 애타게 다시 갖고 싶어 하기 때문이다.

반면에 톰슨 씨는 시끄럽고 화려한 언행과 끊임없는 농담으로 현실세계를 대신하고자 했다(만일 세계가 절망감으로 가득 찬다고 해도 그는 그와 같은 절망감을 느끼지 못할 것이다). 끝없는 농담 속에 배어나오는 관계와 현실에 대한 명백한 무관심으로 인해 그는 절대로 구원받지 못할지도 모른다. 멋대로 말을 지껄이거나 망령들을 등장시켜서 '의미'를 얻으려고 하지만 오히려 그 자체가 '의미'를 얻을 수 없는 결정적인 장애이다.

그는 무섭게 입을 떡 벌린 기억상실이라는 심연을 매번 뛰어넘으려고 쉬지 않고 꾸며낸 이야기를 지껄인다. 그와 같은 그의 재능이야말로 그에게는 저주인 셈이다. 만일 그가 조용하게 침묵할 수만 있다면, 만일 그가 쉬지 않고 지껄이는 것을 멈출 수만 있다면, 만일 그가 환상이 빚은 기만적인 겉모습과 손을 끊을 수만 있다면, 그때(아, 그때야말로!) 그의 내면에 현실이 살아날지도 모르는 일이다. 진짜인 그 무엇,

깊이가 있는 진실로 느껴지는 무엇인가가 그의 영혼 속에 되살아날지도 모르는 일이다.

　그의 경우 가장 큰 '실존적인' 비극은 기억에 있지 않았다. 그의 기억이 완전히 황폐해진 것은 사실이지만 문제는 기억에만 있지 않았다. 그에게는 느낀다는 기본적인 능력이 사라진 것이다. '잃어버린 영혼'이란 이것을 말한다.

　루리야는 이러한 무관심을 '균일화'라고 불렀다. 그는 때때로 이것을 그 어떤 세계든 인간이든 결국에는 파괴하고 마는 궁극의 병이라고 생각했다. 생각건대 루리야에게 그것은 놀랍도록 매력적인 측면이었고 동시에 치료자에 대한 더할 나위 없는 도전이었다. 그는 이 주제로 몇 번이나 돌아갔다. 예를 들면 《기억의 신경심리학》에서는 코르사코프 증후군 및 기억과 관련지어 '균일화'에 대해 말하기도 했으며, 《뇌와 심리작용》에서는 이마엽 증후군과 관련해서 매우 긴 분량으로 이 문제를 논했다. 특히 《뇌와 심리작용》에서는 그러한 환자들의 몇몇 병례들을 빠짐없이 상세하게 적고 있다. 그들도 루리야의 《지워진 기억을 쫓는 남자》에 나오는 환자와 비슷하지만 훨씬 무섭다. 왜냐하면 그들은 자신들에게 어떤 일이 일어났는지를 깨닫지 못하는 환자들이고, 자기도 모르는 사이에 자아를 상실한 환자들이고, 질병으로 고통스러워하는 것은 아니지만 사실은 신에게 훨씬 가혹하게 버림받은 환자들이기 때문이다. 《지워진 기억을 쫓는 남자》에 나오는 자제츠키는 언제나 싸우는 인간으로 묘사되었다. 그는 자신의 상태를 깨닫고 손상받은 뇌를 회복하려고 손톱만큼의 융통성도 없이 완고하게 싸운다. 그러나 우리의 톰슨 씨는 그보다 더 심한 상태에 있으면서도 루리야가 진료한 이마엽 환자(《예, 신부님, 예, 간호사님》 참조)처럼 자신이 저주받은 상태에 있다는 사실조차 깨닫지 못하는 것이다. 고장을 일으킨 것이 어떤 하나의 기능이 아니라(몇 가지 기능도 아닌) 가장 중요한 자아, 영혼 그 자체인데도 말이다. 그렇게 생각하면 그는 명랑하게 살아가기는 하지만 지미보다 훨씬 심하게 자아를 상실했다는 결론이 나온다. 톰슨 씨에게는 인격이 남아 있다는 느낌이 들지 않았다. 그런 느낌이 들더라도 그것은 아주 드문 일이다. 지미는 거의 언제나 맥락도 일관성도 없는 비참한 상태에 있었지만 마음 깊은 곳에서는 윤리적인 존재였다. 적어도 그는 맥락이 다시 연결될 가능성이 있었던 것이다. 그러면 톰슨 씨의 치료법은 무엇일까? 우리는 이렇게 한마디로 요약할 수 있다. '그의 맥락을 다시 연결하는 것.'

그의 맥락을 다시 연결하려는 우리의 노력은 모두 실패했다. 우리가 노력하면 할수록 그는 더욱더 심하게 이야기를 지어냈다. 그러나 우리가 단념하고 그의 곁을 떠나면 그는 이따금씩 병원을 둘러싸고 있는 조용하고 평온한 정원을 거닐었다. 그는 병원에 딸린 정원의 정적 속에서 자신의 평정을 되찾곤 했다. 그러나 다른 사람이 있으면 그는 흥분해서 되는 대로 지껄였고, 정체성을 되찾으려고 쉬지 않고 지껄이거나 비현실의 혼미 상태로 자신을 몰아넣었다. 식물, 조용한 정원, 인간이 없는 세계에서는 사회적인 요구나 인간적인 요구에서 벗어날 수 있었던 것이다. 그럴 때 그는 정체성의 혼미 상태에서 벗어나고 흥분 상태에서 해방되어 유유자적한 평정을 되찾는다. 정적과 더할 나위 없이 만족스러운 분위기가 주어지고, 나아가 주위가 인간을 제외한 온갖 것으로 채워져 있을 때에야만 그는 비로소 평온과 충족감을 맛보는 것이다. 인간의 정체성이니 인간관계니 하는 것들이 전혀 문제가 되지 않고 오직 자연만이 존재할 때 그는 자연과 말이 필요 없는 일체감을 누리는 것이다. 그리고 그는 이 일체감을 통해서 자신이 이 세상에 살아 있다는, 가식이 아닌 진정한 존재성을 회복하는 것이다.

예, 신부님, 예, 간호사님

화학연구원이었던 B부인은 인품이 갑작스럽게 변했다. 농담과 싱거운 소리를 했고 충동적으로 익살꾼 노릇을 했다. 무엇보다도 '경박스러워졌다'. 그녀의 친구 중에서 한 사람이 말했다.

"선생님도 느끼시겠지만, 선생님을 전혀 개의치 않아요. 이제 더는 아무것도 개의치 않는 것 같아요."

처음에는 가벼운 조증이라고 생각했지만, 예상과는 달리 뇌종양으로 판정이 났다. 수막종이길 바랐지만, 머리뼈절개술을 실시한 결과 양쪽 이마엽의 안쪽에 커다란 암종이 있었다.

그녀를 만나보니 어찌나 말이 많고 변덕스러운지 '익살꾼'(간호사들은 그녀를 그렇게 불렀다)이라는 인상을 주었다. 그녀는 익살과 농담에만 머리가 팽팽 돌아가는 익살꾼이었다.

어떤 때는 나에게 "예, 신부님"이라고 했다가 "예, 간호사님"이라고 하기도 하고 또 어떤 때는 "예, 선생님"이라고 했다. 그녀는 이 세 가지 말을 아무렇게나 바꿔가며 쓰는 것 같았다. 내가 물었다.

"제가 누구죠?"

"얼굴에 난 턱수염을 보면 대수도원장 같다는 생각도 들고, 흰 옷을 보면 간호사 같기도 하고, 청진기를 보면 의사 선생님 같다는 생각도 들어요."

"내 전신은 보이지 않습니까?"

"안 보여요."

"신부, 간호사, 의사는 구별하실 수 있지요?"

"그럼요. 하지만 내게는 아무 상관 없어요. 신부님이든 간호사든 의사든 그게 뭐 대수겠어요?"

이후 그녀는 장난스럽게 말을 섞어서 "예, 신부-간호사님" "예, 간호사-의사님" 하는 식으로 대답했다.

좌우식별 검사를 해보았지만, 검사하기가 몹시 힘들었다. 오른쪽과 왼쪽을 자기 내키는 대로 대답했기 때문이다(그러나 지각과 주의면에서 좌우를 판단하는 데는 결함이 있었지만 반응면에서는 혼란을 보이지 않았다). 그것을 지적하자 그녀는 이렇게 대답했다.

"왼쪽, 오른쪽이나 오른쪽, 왼쪽이나 마찬가지 아니에요? 뭐가 다르다는 거죠?"

"차이가 있지 않겠어요?"

내가 묻자 그녀는 화학자답게 분명하게 말했다.

"물론 차이는 있지요. 좌우는 각각의 대칭체이니까요. 하지만 내게는 아무런 의미도 없어요. 내게는 아무런 차이도 없다고요. 손… 의사… 간호사… 좌우가 무슨 상관이 있겠어요?"

당황한 내 얼굴을 보고 그녀는 이렇게 덧붙였다.

"그래도 모르시겠어요? 나에게는 그런 것들이 아무런 의미도 없단 말이에요. 모두들 아무래도 좋다고요, 적어도 나에게는."

예, 신부님, 예, 간호사님

"그렇습니까? 아무래도 좋단 말씀이시군요."

그녀를 더는 몰아붙이지 않는 쪽이 좋겠다고 생각했기 때문에 나는 조금 머뭇거렸다.

"의미가 없다는 것… 그것에는 마음이 쓰입니까? 아니면 그것 역시 아무래도 좋습니까?"

"물론이에요."

그녀는 밝게 웃으면서 즉석에서 대답했다. 마치 농담을 하거나 상대방을 놀리거나 포커판에서 이겼을 때 내뱉는 말투 같았다.

이것은 틀림없는 부정일까? 아니면 짐짓 강하게 보이기 위한 행동일까? 그것도 아니면 견딜 수 없는 감정의 움직임을 숨기기 위한 위장일까? 어느 쪽이든 그녀가 속마음으로 어떻게 생각하는지 표정을 봐서는 알 수 없었다. 감정도 의미도 그녀의 세계에서는 사라지고 없었다. 그녀는 그 어떤 것이든 '현실의 사물'로서('비현실'의 것으로서도) 느끼지 못하는 것이다. 모든 것이 균일화되고 동등한 가치밖에 없기 때문이다. 그래서 모든 것이 의미를 상실하고 만 것이다.

나는 큰 충격을 받았다. 그녀의 친구나 가족들도 마찬가지였다. 그러나 그녀 자신은 별반 신경을 쓰지 않고 무관심했다. 너무나 제멋대로이고 변덕스러워서 재미있는 한편 무섭기도 했다.

지적이고 머리도 뛰어난데, 어떤 까닭인지 B부인은 정상이 아니라 '혼이 빠져나간' 듯한 느낌을 주었다. 나는 윌리엄 톰슨과 음악가 P선생을 떠올렸다. 이것은 루리야가 말한 '균일화'의 한 예였다. 이 점에 대해서는 앞장에서도 말했지만 다음 장에서 다시 다루기로 한다.

뒷이야기

이 환자의 경우처럼 사람을 무시하는 듯한 무관심과 '균일화'

를 보이는 상태는 아주 진기한 사례에 해당하는 것은 아니다. 독일의 신경학자들은 이것을 '해학증Witzelsucht'이라고 불렀다. 1세기 전에 휴링스 잭슨은 이를 가리켜 신경계가 '해체'되는 하나의 기본 형태라고 생각했다. 이 병을 자각하는 사례는 드물지만 병 자체로서는 드물지 않은 것이다. 이것을 자각하지 못하는 까닭은 아마 통찰력 자체가 '해체'되어 사라졌기 때문일 것이다. 나는 똑같은 병례를 1년에도 몇 차례나 마주했지만 그 원인은 가지각색이었다. 때로는 환자가 그저 재미있는 익살꾼일 뿐인지 아니면 분열증인지를 처음에 잘 알 수 없는 경우도 있다. 우연히 나는 노트에서, 1981년에 진료한 다발성 경화증 환자에 대해 적어놓은 내용을 발견했다(이 환자에 대해서는 경과 관찰이 불가능했다).

그녀는 굉장히 빠른 말투로 충동적으로 이야기했다. 게다가 무관심한 듯했다. 중요한 것이든, 하잘것없는 것이든, 진실이든 거짓이든, 진지한 것이든 농담이든, 빠른 말투로 별다른 고려도 없이 툭툭 내뱉었다. 아주 짧은 순간에 전혀 상반되는 말을 하기도 했다. 음악을 좋아한다고 말하는가 싶으면 싫어한다고 말하기도 했고 허리가 삐었다고 말한 뒤에는 그렇지 않다고 말하기도 했다.

나는 여러 가지 의문을 던져 이 관찰의 결론을 대신했다.

잠재기억의 장애로 인해 내뱉어진 꾸며낸 이야기가 어느 정도나 섞여 있을까? 이마엽의 무관심, 균일화는 어느 정도의 비율을 차지할까? 기묘한 분열병적인 혼란은 어느 정도 인정될까? 어느 정도나 인격이 훼손되어 감정이 단선화되어버린 것일까?

예, 신부님, 예, 간호사님

정신분열증 가운데 '아희적 유쾌'라고 부르는 것(파과형이라고 부르기도 한다)의 증상은 기질적 건망증 및 이마엽 증후군과 매우 비슷하다. 그러나 그러한 증상들은 지독한 악성이며 우리의 상상을 뛰어넘는다. 그 상태에서 회복되어 그것이 어떤 상태였는가를 설명할 수 있는 사람은 어느 누구도 없기 때문이다.

익살스럽고 때때로 재기가 넘치는 듯이 보이지만, 그들의 세계는 분해되고 침식되어 무질서와 혼돈 상태에 있다. 이미 어떠한 마음의 기반도 존재하지 않는 것이다. 그러나 외부에서 보는 한, 지능이 전혀 손상되지 않은 듯이 보인다. 그렇다 해도 이런 증상이 끝닿은 곳은 '바보스러움'의 끝없는 심연, 경박함의 끝없는 심연이다. 그곳에서는 모든 것이 뿌리도 없는 풀처럼 떠돌며 뿔뿔이 흩어져 있다. 루리야는 일찍이 그런 상태에서 단순히 '브라운 운동'밖에 하지 못하는—무질서하고 아무런 소용도 없는 운동을 그저 되풀이하기만 하는—환자에 대해서 말한 바 있다. 루리야가 그런 환자를 보고 분명히 느꼈던 공포를 나도 느끼고 있다(그러나 루리야는 공포에 떨기만 한 것이 아니라 그것에 자극받아 훌륭한 견해를 피력했다). 루리야의 글을 읽고 머릿속에 떠오른 것이 보르헤스의 〈기억의 왕 푸네스〉, "나의 기억은 쓰레기 더미와 같습니다" 하는 그의 푸념이다. 그리고 마지막으로 떠오른 것이 포프의 《던시아드(바보열전)》이다. '던시아드', 그것은 우매함이 세계를 완전히 지배하는 모습이다. 어리석음이야말로 세계가 막을 내리는 광경인 것이다.

위대한 반역의 수괴여, 네가 그 손으로 막을 내리면
세계의 온갖 것들은 암흑에 휩싸이네.

투렛 증후군에 사로잡힌 여자

〈익살꾼 틱 레이〉에서 나는 비교적 약한 증상의 투렛 증후군에 대해서 말했다. 이미 언급한 것처럼 투렛 증후군 환자 가운데는 '괴상하고 광폭한 증상을 보이는' 환자들이 있다. 물론 투렛 증상을 자신에게 맞도록 적절하게 다스리는 사람도 있지만, 그것에 '사로잡혀' 충동이 일어나는 극심한 혼란상태와 중압 때문에 진정한 정체성을 얻지 못하는 사람도 있다.

투렛 증후군 환자 자신이나 다른 많은 의사들도 투렛 증후군 환자 가운데는 증상이 극히 심한 경우도 있다는 사실을 인정했다. 이런 환자들은 인격이 분열되어 정신이상을 일으키지 않을 도리가 없다. 또한 기묘한 환몽 상태에 빠지거나 팬터마임을 하기도 하고 흉내를 내기도 한다. 이러한 투렛 증후군 즉 '슈퍼 투렛 증후군'은 극히 드문데, 발병률이 아마 일반적인 투렛 증후군의 50분의 1정도일 것이다. 증상도 질적으로 달라서 일반적인 투렛 환자의 증상보다 훨씬 심하다. 이것은 '투렛 정신병'이며 이 병에 걸리면 정체성까지 위험해진다. 그러나 일종의 정신병이기는 하지만 생리학적으로나 증후학적으로 볼 때는 아주 특수하기 때문에 일반적인 정신병과는 전혀 다르다. 반면에 인격이 무너진다는 점에서는 엘도파로 생기는 격렬한 운동성 정신이상이나 코르사코프 정신병에서 보이는 작화증作話症과 공통점이 많다((정체성의 문제) 참조). 그리고 그것은 이처럼 인격을 완전히 삼켜버릴 수도 있다.

앞에서도 말했듯이, 맨 처음 접한 투렛 증후군 환자 레이를 진료한 다음 날, 나는 눈이 번쩍 뜨이는 경험을 했다. 그날 뉴욕 거리에서 적어도 세 사람의 투렛 증후군 환자를 발견한 것이다. 세 사람 모두 레이처럼 두드러지게 눈에 띄었다. 어찌 보면 레이보다도 증상이 훨씬 심해 보였다. 바로 그날이야말로 내가 신경의로서 새로운 눈을 뜨게 된 날이었다. 얼핏 본 것만으로도, 나는 심한 투렛 증상이 무엇인가를 배운 것이다. 동작에 틱 증상과 경련이 있을 뿐 아니라 지각, 상상력, 정욕 등에서도 틱 증상과 비슷한 발작을 일으켰다. 그것은 전인격에 걸친 발작이었다.

나는 이미 레이를 통해 길거리에서 무슨 일이 일어날지 상상할 수는 있었다. 하지만 백문이 불여일견이었다. 우리는 직접 눈으로 보아야 한다. 병원과 병동이 병세를 관찰하기에 늘 적절한 장소라고는 말할 수 없다. 적어도 기질적인 원인으로 충동, 모방, 의인화, 반응, 상호작용이 믿을 수 없을 정도로 심각하게 일어나는 경우에 이들 장소는 그 병을 관찰하기에 적절한 장소가 아니다. 병원이나 연구소, 병동 등은 모두 환자의 이상한 행동을 (완전히 금지하지는 않지만) 규제하거나 생활자로서의 환자가 아니라 환자의 행동에만 의사의 관심을 집중하는 구조를 가지고 있기 때문이다. 그러한 시설은 어떤 류의 검사와 작업을 실시하는 체계적이고 과학적인 신경학에는 적절하지만 시야가 넓은 자연주의적 신경학과는 어울리지 않는다. 자연주의적 신경학에서는 실생활에서 자신을 의식하거나 감시받지 않는 상태의 환자를 살펴야 하기 때문이다. 그런 상태에서는 환자들의 충동적인 모습도 있는 그대로 나타난다. 물론 관찰자는 자신이 관찰한다는 사실을 환자에게 들키면 안 된다. 바로 이런 점에서 볼 때 뉴욕과 같은 거대도시의 이름도 모르는 길거리만큼 환자를 관찰하기에 적절한 장소는 없다. 그런 곳이라면 환자가 억제할 수 없는 충동에 노출되어 해방된 모습 혹은 지배 예속된 모습을 충분히 볼 수 있기 때문이다.

실제로 '길거리 신경학'에는 존경받을 만한 선구자들이 있다. 그 가운데 한 사람인 제임스 파킨슨은 찰스 디킨스보다 40년이나 앞서 런던의 길거리를 돌아다니면서 관찰했다. 그는 후에 자신의 이름이 붙게 된 병을 진료소가 아니라 런던의 혼잡한 길거리에서 발견했던 것이다. 사실 병원 안에서는 파킨슨병을 제대로 보거나 이해하기가 불가능하다. 원초적이고 충동적인 행동, 경련, 온몸의 마비현상, 도착증 등이 병 특유의 성질이 충분하게 드러나는 것은 복잡한 상호작용이 일어날 수 있는 길거리에서이다. 파킨슨병을 충분히 이해하기 위해서는 실제로 생활하는 장소를 관찰해야 하는 것이다. 투렛 증후군의 경우에도 마찬가지이다. 메기와 판델의 유명한 책《틱》(1901년)의 서문에 나오는 '어떤 틱 증후군 환자의 비밀'이라는 이야기에는 파리의 길거리에서 관찰된, 사람들을 흉내 내는 이상한 틱 증후군 환자가 묘사되어 있다. 릴케도《말테의 수기》에서 파리의 길거리에서 본, 현기증 증상이 심한 틱 증후군 환자에 대해서 쓴 적이 있다. 내 경우에도 병원에서 진찰한 레이가 아니라 다음 날 길거리에서 목격한 사람들이 더욱 놀라웠다. 특히 어떤 장면은 너무나 특이했기 때문에 나는 그것을 마치 어제 일처럼 선명하게 기억하고 있다.

나는 60대로 보이는 백발의 노부인에게 눈길이 사로잡혔다. 그냥 보기에도 노부인은 뭔가 심한 혼란 상태에 빠져 있었다. 그러나 처음에는 무슨 일을 겪고 있는지, 어떤 원인 때문에 그런 상태에 있는지를 확실히 알 수 없었다. 발작을 일으키고 있는 걸까? 도대체 왜 경련이 일어나고 있는 걸까? 그녀는 사람을 지나칠 때마다 틱 증상이 일어나는 바람에 이를 악문 듯한 표정을 짓고 있었다. 동정을 느꼈기 때문인지 아니면 그녀의 경련이 옮았기 때문인지는 몰라도 그녀 앞을 지나치는 사람들도 경련을 일으켰다. 도대체 원인이 무엇일까?

가까이 다가가서야 나는 그 사정을 알 수 있었다. 그녀는 길거리를 지나가는 사람들을 흉내 내고 있었던 것이다. 아니, 단순히 흉내 내고 있다고 말하기는 어려웠다. 지나가는 사람들을 희화화하고 있었다고 말해야 옳다. 1초 아니 1초도 안 되는 시간에 그녀는 지나가는 사람들의 모든 습관을 알아차렸다.

그때까지 나는 수많은 팬터마임이나 흉내 내기, 피에로나 마술을 보았지만 그때 본 섬뜩한 광경에 필적할 만한 것은 본 적이 없었다. 그녀는 모든 사람들의 얼굴 표정과 몸짓을 흉내 냈다. 거의 순간적이고도 자동적으로, 경련을 일으키는 듯한 동작으로 모방을 했던 것이다. 그것도 단순한 모방이 아니었다. 모방하는 것만 해도 대단한 일인데 단순히 그 수준에만 머무르지 않았다.

그녀는 수없이 많은 사람들의 특징을 잡아서 몸으로 흉내 냈다. 특히 사람들의 두드러진 몸짓과 표정을 과장되게 흉내 냈다. 의도적으로 과장하는 게 아니라 발작적으로 그렇게 했다. 그녀의 움직임은 모두 지독하게 빨라지고 왜곡되었다. 따라서 천천히 짓는 미소는 빨라져서 거칠고 순간적으로 일그러지는 얼굴이 되었고, 점잖은 몸짓도 빨라져 경망스럽고 경련을 일으키는 듯한 움직임으로 변했다.

한 블록 정도의 짧은 거리를 지나가는 동안 극도로 흥분한 이 노부인은 4, 50명이나 되는 사람들을 흉내 냈다. 만화경과도 같은 빠르기였다. 하나의 흉내는 1, 2초 정도에서 끝났고 그보다 빨리 끝나는 흉내도 있었다. 전부 합해서 고작 2분 정도밖에 걸리지 않았다.

이토록 우스꽝스러운 모방은 이것으로 끝나지 않았다. 2차, 3차 모방이 있었다. 흉내를 당한 사람들은 찔끔하거나 화를 내면서 그녀를 째려보았다. 그러면 그녀는 다시 그것을 왜곡해서 흉내 냈다. 그러면 그들은 더욱 분노하거나 충격을 받았다. 이렇게 해서 괴이한 공명 현상 혹은 상호작용이 점점 퍼져나가 모두가 그 속으로 끌려들어가는 것이다. 내가 멀리서 보고 혼란을 일으킨 원인은 바로 그 때문이었다. 이 노부인은 그 누구의 흉내도 낼 수 있었다. 흉내를 냄으로써 자기 자신은 사라졌기 때문에 결국 그녀는 그 누구도 될 수 없었다. 수많은 얼굴, 가면, 인격을 가진 이 여성에게 이다지도 많은 정체성이 소용돌이치는 상태는 대체 어떤 것일까? 답은 즉시 나왔다. 1초도 되지 않는 사이에 나왔다. 자기 자신 및 타인에게서 오는 압력이 너무나도 강해서 이미 폭발 일보직전의 상태에 있었다. 별안간 더는 참을 수 없게 된 노부인은 샛길로 들어가서 초췌한 모습으로 토해내기 시작했다. 그녀가 흉내 낸 4, 50명의 몸짓과 자세, 표정과 태도 즉 그녀의 모든 레퍼토리를 토해냈다. 커다란 팬터마임과도 같은 동작 한차례로 게걸스럽게 먹었던 50명의 정체성을 모두 토해낸 것이다. 통행인을 흉내 내는 행위는 2분간 계속되었지만 그것을 토해내는 것은 한차례로 끝났다. 10초 사이에 50명을 토해낸 셈이다. 한 사람당 불과 0.2초가 걸린 셈이다. 얼마나 빨리 토해냈는가!

그후 나는 투렛 증후군 환자와 이야기를 하거나 그들을 관찰하고 비디오로 찍으면서 몇 백 시간을 보냈다. 그러나 뉴욕의 길거리에서 본 환영과도 같은 2분간의 사건만큼 많은 것을 재빠르면서도 날카롭게 가르쳐준 경우는 없었다.

그때 나는 다음과 같은 사실을 깨달았다. 슈퍼 투렛 증후군 환자가 극심한 이상 상태에 빠지는 것은 환자 자신의 책임이 아니다. 그것은 틀림없이 기질적인 변덕 탓이다. 그것은 중증의 슈퍼 코르사코프 증후군과 조금 비슷하지만 그러한 상태가 되는 원인이나 목적은 전혀 다르다. 슈퍼 투렛 증후군 환자와 슈퍼 코르사코프 증후군 환자는 지리멸렬한 상태로 내몰려 정체성의 혼란을 일으킨다는 점에서는 동일하다. 그러나 코르사코프 증후군의 경우는 다행스럽게도 환자 자신이 그 상태를 알지 못한다. 그러나 투렛 증후군 환자는 자신의 비참한 상태를 비참하리만치 정확하게 자각한다. 아이러니하고도 냉혹한 일이지만 어쨌든 환자는 자신에 대해서 잘 안다. 그러나 환자 본인으로서는 어떻게 할 도리가 없다. 어떻게 해보겠다는 기분이 사라졌는지도 모른다.

코르사코프 증후군 환자가 기억상실과 무기력에 시달리는 데 반해, 투렛 증후군 환자는 이상한 충동으로 내몰린다. 그 충동은 환자 자신이 일으킨 것이지만 동시에 그 자신도 그러한 충동의 희생자이다. 그는 충동을 거부하면서 그것을 버리지 못한다. 따라서 코르사코프 증후군 환자와는 달리, 투렛 증후군 환자는 병과 친숙해질 수밖에 없다. 병과 싸우면서도 병과 친숙해지고 병과 유희를 벌인다. 따라서 투렛 증후군 환자들에게는 갖가지 형태의 대립과 친숙함이 발견된다.

투렛 증후군 환자는 억제라는 정상적인 보호장벽, 다시 말해서 기질적으로 결정되는 정상적인 자아의 경계가 없다. 따라서 그들의 자아는 살아 있는 한 언제나 공격에 노출된다. 내측과 외측에서 오는 충동에 휩쓸려 공격을 받는 것이다. 그 충동은 기질적인 원인에서 오는 발작성 충동일 뿐 아니라 인격(의인격擬人格이라고 말해야겠지만)과 관련이 있는 유혹적인 것이다. 자아는 어떤 식으로 이 공격을 견뎌낼까? 과연 견뎌낼 수 있을까? 정체성을 상실하지 않을 수 있을까? 그러한 파괴와 압박에 직면하더라도 성장할 수 있을까? 아니면 짓부숴진 '투렛화한 영혼'이(이것은 내가 나중에 진료한 환자가 쓴 표현이지만) 살아가는 걸까? 투렛 증후군 환자의 혼은 생리학적·실존적 심지어 신학적 압력에 직면한다. 자기 자신을 확고하게 통제하는 경우도 있을 것이고, 어쩌면 충동에 우롱당하고 사로잡히고 혼을 잃는 경우도 있을 것이다. 그러나 어떤 경우에도 끊임없이 무서운 압력에 직면하는 것이다.

앞에서도 인용했지만 흄은 이렇게 썼다.

> 감히 말하자면 우리는 무수하고 잡다한 감각의 집적 혹은 집합체에 불과하다. 그러한 감각은 믿기 어려운 속도로 차례차례 이어지고 움직이고 변화하고 흘러간다.

흄의 생각대로라면 개인의 정체성은 허구에 불과하다. 우리는 존재하는 것이 아니라 단순히 감각 혹은 지각의 연속에 불과한 것이다. 이것은 분명히 정상적인 인간에게는 적용될 수 없는 말이다. 정상적인 인간이라면 자기 자신의 지각을 파악하기 때문이다. 정상적인 인간은 그저 계속해서 변화하기만 하는 감각의 집합체가 아니라 지속적인 개체 혹은 자아에 의해 통일을 유지하는 확고한 존재이다. 그러나 슈퍼 투렛 증후군 환자처럼 불안정한 존재의 경우에는 흄의 말이 그대로 적용된다. 분명히 그들의 생활은 어느 정도 왔다 갔다 하는 발작적인 지각과 움직임의 연속이기 때문이다. 알맹이를 이루는 이성도 없이 끊임없이 변화하는 환영처럼 동요하는 것이다. 이 점에서 본다면 슈퍼 투렛 증후군 환자는 인간이라기보다는 흄이 말한 거품과도 같은 존재이다. 철학적 신학의 입장에서 말한다면 이것은 자아가 충동에 의해 압도당하는 경우에 우리가 걸어가야 할 운명이다. 충동에 압도당한다는 점에서는 프로이트적인 운명과도 비슷하다. 그러나 프로이트적인 운명의 경우에는 비극적이기는 해도 이성(의식)이 존재하는 반면에 흄적인 운명은 무의미하고 부조리할 뿐이다.

　　슈퍼 투렛 증후군 환자는 진정한 인간, 어디까지나 '개체'다운 존재로서 살아가기 위해서 끊임없이 충동과 싸워야 한다. 투렛 증후군 환자들은 아주 어린 시절부터 진정한 인간이 되는 길을 방해하는 무시무시한 장벽에 직면한다. 그러나 대부분의 경우, 이것이야말로 '경이'라고 불러도 지나침이 없지만, 그들은 싸움에서 승리한다. 살아가는 힘, 살아남아야겠다는 의지, '개체'다운 존재로서 살고 싶다는 의지력이야말로 인간이 지닌 가장 강력한 힘이기 때문이다. 그것은 어떠한 충동이나 병보다도 강하다. 건강, 싸움을 겁내지 않는 용맹스런 건강이야말로 항상 승리를 거머쥐는 승리자인 것이다.

3부

이행

쇼스타코비치의 비밀이란 그의 왼쪽 뇌실腦室 관자뿔 부분에
금속 파편인 탄환 부스러기가 있다는 것이다.
쇼스타코비치는 그것을 제거하는 것을 몹시 꺼렸던 것 같다.
뢴트겐 검사 결과 쇼스타코비치의 머리가 움직이면 파편이 움직여서 관자엽의
음악 영역을 압박한다는 사실이 밝혀졌다.
파편이 거기에 있기 때문에 머리를 한쪽으로 기울이면
반드시 음악이 들려왔다고 그는 말했다. 그때마다 새로운 선율이
머릿속에 가득 차 그것을 작곡에 이용한 듯하다.

지금까지 나는 기능에 대한 기존의 개념에 의심을 품고 상당히
근본적인 재검토를 제창했다. 그러나 '결손'에 대립하는 개념으로 '과
잉'을 제기했을 뿐이기 때문에 대국적으로 보면 역시 기존의 개념을
고집한 셈이 된다. 그러나 전혀 별도의 개념을 쓸 필요도 있다는 사실
은 분명하다. 현상 그 자체에 가까이 다가가, 있는 그대로의 경험과 사
고와 행위를 주의 깊게 관찰하려면 시나 그림과 좀더 관련이 깊은 말
을 사용할 필요가 있다. 예를 들면 꿈이 그렇다. 기능 일변도의 용어로
어떻게 꿈에 대해서 설명할 수 있겠는가?

　사물을 생각하거나 논하는 경우에는 항상 두 가지 영역이 있
다. 그 두 가지 영역을 뭐라고 불러도 좋겠지만 '물리적인' 영역과 '현상
적인' 영역으로 나누는 것도 하나의 좋은 예이다. 요컨대 양과 형식을
문제삼는 영역과 사물의 질을 다루는 영역이 있는 것이다. 우리 모두
는 자기 고유의 정신세계, 마음의 여로 혹은 심상풍경이라고 할 만한
것을 가지고 있다. 대개는 그것들 하나하나에 대해서 신경학적인 상관

관계를 생각할 필요는 없다. 일반적으로 말하면 생리학적인 것이나 신경학적인 것 따위를 생각하지 않고도 인간에 대해서, 인생에 대해서 말할 수 있다. 그런 때에 생리학 혹은 신경학적인 것을 생각하는 것은 터무니없거나 우스꽝스러운 일이라고까지야 말할 수 없지만 적어도 쓸데없는 일로 여겨지는 것은 분명하다. 왜냐하면 우리는 자기 자신을 자유로운 존재로 간주하기 때문이다. 우리는 완벽하게 자유롭지 못하며 무언가에 의해 규제된다. 그러나 우리는 신경기능과 신경계의 변화에 따라 결정되는 것이 아니라 지극히 복잡한, 인간적이고 윤리적인 사고에 의해 결정되는 존재라고 여긴다. 대개의 경우 이러한 사고는 정확하게 들어맞는다. 그러나 언제나 그런 것은 아니다. 왜냐하면 인생은 때때로 기질적인 병의 개입으로 변화되는 일이 있기 때문이다. 그런 때는 생리학적·신경학적인 상관관계를 고려해서 인생을 바라볼 필요가 있다. 제3부에서 다루는 것은 바로 그러한 환자들이다.

　　이 책의 전반부에서는 명백하게 병리학적인 사례를 다루었다. 신경학적으로 말해서 두드러진 과잉 혹은 결손이 인정된 이야기들이다. 이러한 환자와 친척들은(진료를 맡은 의사는 물론이고) '어딘가에 문제가 있다'는 사실을 늦든 빠르든 알아낸다. 내면세계와 기질이 변하는 일도 있다. 그러나 그것은 이윽고 분명히 드러나듯이 신경기능에서의 커다란(양적이라고 말해도 좋다) 변화가 원인이 된다. 제3부에서는 주로 '회상'을 다룬다. '회상'은 지각이 변형한 것, 상상 혹은 '꿈'으로 간주되어 신경학과 의학에서는 별로 주목하지 않는 문제이다. 이러한 '회상' 즉 '과거로의 이행'은 당사자의 감정 및 의미와 관련이 있고 흔히 정도가 강하기 때문에 꿈과 같이 심리적인 것으로 간주되는 경향이 있다. 또한 의학적인 것이 아니라(하물며 신경학적인 것은 더더욱 아니라) 무의식이든 의식이든 그 속에 내재된 어떤 활동의 표출이거나 아니면 영감 또는 심령적인 것으로 보는 경우가 많다. 회상은 본질적으로 극적이고 이야기적인 성격을 지닌 것이고 게다가 개인적인 의미를 지니기 때문에 좀처럼 '증상'으로 간주하지 않는다. 따라서 의사와 상담하기보다는 정신분석가나 사제와 상담함으로써 정신이상으로 보거나 종교적 계시로 평가하는 것이다. 누구도 환각을 '의학적'인 것으로 보지 않는다. 기질적인 원인을 의심하거나 발견하면 환각의 가치가 떨어지는 것처럼 느끼기까지 한다(물론 가치가 떨어지지는 않는다. 병인론은 환각의 가치 및 평가와는 아무런 관계도 없기 때문이다).

제3부에 실린 '이행'의 모든 경험은 많든 적든 기질적인 원인에 따라 일어난 것은 분명하다. 그러나 처음에는 그것이 분명하게 드러나지 않았으며 밝혀내기까지는 주의 깊은 연구가 필요했다. 기질적인 원인이 있다고 해서 '이행' 혹은 '회상'의 심리적·정신적인 중요성은 조금도 줄어들지 않는다. 도스토옙스키가 발작 시에 신 혹은 영원한 존재의 모습이 나타난 것처럼 느꼈다고 한다면, 다른 기질적인 조건도 똑같이 작용했다고 해도 이상할 것은 없다. 다시 말해서 현세 너머에 있는 미지의 세계로 통하는 '문'이 되는 것도 가능하다. 제3부는 말하자면 그러한 '문'에 대한 연구라고 말할 수 있다.

휴링스 잭슨은 1880년에 어떤 종류의 간질에 대해서 말하면서 이러한 '이행' '문' 혹은 '몽환 상태'에 대해서 언급했다. 그가 쓴 개념은 일반적인 의미의 '회상'이라는 단어이기는 했지만.

다른 증상이 함께 나타나지 않는다면 회상이 발작적으로 일어났다고 해서 곧바로 간질이라고 진단을 내려서는 안 된다. 그렇지만 그러한 초양성 정신 상태가 지극히 빈번하게 일어나기 시작한다면 간질이라고 의심해도 좋다. 나는 '회상'만을 따로 떼어내 상담한 경험이 없다.

그러나 나는 회상만을 떼어내 상담한 일이 있다. 간질뿐 아니라 다른 기질적인 조건 아래서 일어난 회상이 있는가 하면 발작성의 강제 회상도 있다. 내용도 각양각색이다. 음악을 듣는 경우가 있는가 하면 '환영'도 있고 '어떤 존재'가 나오거나 정경이 나타나기도 한다. 그러한 '이행' 혹은 '회상'은 흔히 편두통으로 인해 일어난다(《힐데가르트의 환영》 참조). 간질로 인한 것이든 중독 증상으로 인한 것이든 이처럼 '과거로 돌아가는 감각'은 〈인도로 가는 길〉에 드러나 있다. 단순한 중독이나 화학 물질로 인해 일어난 것은 〈억누를 길 없는 향수〉와 〈내 안의 개〉에서 보이는 기묘한 후각과민증이다. 〈살인〉 편은 발작 혹은 이마엽성 탈억제에 의해서 실제 있었던 무서운 살인을 회상하게 된 예이다.

제3부의 주제는 관자엽과 변연계에 특이한 자극을 가한 결과 발생하는, 사람을 과거로 이행시키는 심상과 기억의 힘이다. 이것에 의해 우리는 뇌 속이 어떻게 될 때 환영과 꿈이 일어나는지를 알 수 있을 것이다. 그리고 셔링턴이 '신비로운 직물기'라고 부른 뇌가 우리를 과거로 운반해가는 마법의 융단을 어떻게 짜는지를 알게 될 것이다.

회상

C부인은 귀가 조금 안 들릴 뿐 다른 곳은 아주 건강했다. 그녀는 양로원에서 살았다. 1979년 1월 어느 날 밤, 그녀는 아주 생생한 꿈을 꾸었다. 그리운 꿈이기도 했다. 아일랜드에서 살았던 어린 시절의 추억이 깃든 꿈이었고 노래도 나왔다. 모두들 즐겨 부르고 음악에 맞추어 춤추던 노래였다. 눈을 뜬 뒤에도 노래는 크고 분명하게 들렸다. '아직도 꿈을 꾸고 있구나.' 하고 생각했지만 그게 아니었다. 그녀는 이상한 생각이 들었다. 아직 깊은 밤이었다. 그녀는 생각했다. '누군가 라디오를 틀어놓은 게로군. 하지만 어째서 나만 잠이 깼을까?' 그녀는 이쪽저쪽에 있는 라디오를 전부 조사했지만 스위치가 모두 꺼져 있었다. 그러자 이번에는 다른 생각이 들었다. 이에 박은 봉이 크리스털 라디오 기능을 해서 흘러다니는 전파를 예민하게 잡는 경우도 있다는 이야기가 떠오른 것이다. '그런 일이 생긴 게 틀림없어. 그래서 소리가 나는 거야. 곧 멈추겠지. 날이 밝으면 치료를 받아야겠어.' 그녀는 야근하는 간호사에게 이에 박은 봉에 문제가 생겼다고 호소했지만 간호사는

이상이 없다고 대답했다. 그러자 또다른 생각이 떠올랐다. '도대체 어떤 방송국이 이런 한밤중에 아일랜드 노래를 큰 소리로 방송할까? 소개도 설명도 없이 노래만 흘려보내고, 게다가 내가 아는 옛 노래만 틀고 다른 노래는 내보내지 않다니 대체 어떤 방송국일까?' 그녀는 스스로에게 물었다. '라디오가 머릿속에 있는 걸까?'

그녀는 커다란 동요를 일으켰다. 음악은 변함없이 시끄럽게 울려퍼졌다. 상황이 이렇다면 믿을 수 있는 것은 이비인후과 의사밖에 없었다. '날 진료해주는 의사한테 상담을 해야지. 그분이라면 난청 때문에 생긴 단순한 이명현상이니 걱정하지 말라고 할 거야.' 그러나 다음 날 아침에 진찰을 받았더니 의사가 이렇게 말했다.

"틀렸습니다, C부인. 귀 때문이 아닙니다. 끼리릭끼리릭, 윙윙, 사각사각 하는 소리가 들리면 이명일 수도 있지만 아일랜드 노래가 들린다면 그건 귀 탓이 아닙니다."

그는 이렇게 덧붙였다.

"정신과에서 진찰을 받아보시는 게 좋겠습니다."

그녀는 그날로 정신과 의사에게 진찰을 받았다.

"틀렸습니다, C부인. 정신적인 것이 아닙니다. 머리가 어떻게 된 게 아닙니다. 머리가 잘못된 사람에게는 음악이 들리지 않습니다. 목소리가 들리지요. 신경과 의사에게 가서 진찰을 받으십시오. 제 동료인 색스 선생에게 가보시지요."

이렇게 해서 그녀는 나를 찾아왔다.

그녀와 대화를 나누기는 무척 힘들었다. 그녀의 귀가 잘 들리지 않은 탓도 있지만 더 큰 이유는 계속해서 들리는 노랫소리 때문에 내 목소리가 자꾸만 사라졌기 때문이었다. 그녀는 노랫소리가 약해졌을 때만 내 목소리를 알아들었다. 그녀는 총명하고 건강도 좋았다. 망상도 없었고 착란도 일으키지 않았다. 그러나 무언가에 열중해서 마음을 빼앗긴 듯한 표정을 짓고 있었다. 주변의 사물은 거의 눈에 들어오지 않는 듯했다. 신경계에는 이상이 없었지만, 나는 이러한 증상이 신경과 관련된 어떤 원인에서 비롯된 게 아닐까 하고 의심했다.

도대체 어떤 이유로 C부인은 이런 상태에 빠졌을까? 그녀는 88세로, 건강은 더할 나위 없이 좋았고 발열의 징후도 없었다. 정신착란을 일으킬 만한 약도 복용하지 않았다. 분명히 그 전날까지는 정상이었다.

"선생님, 중풍 때문인가요?"

내 생각을 꿰뚫듯이 그녀가 물었다.

"그럴 수도 있습니다. 그러나 이런 증상은 저도 처음입니다. 무슨 일이 일어난 것은 분명합니다. 하지만 별로 위험한 상태는 아닙니다. 걱정하지 마시고 잠시 경과를 두고 봅시다."

"도저히 이대로 지낼 수가 없어요. 선생님도 제가 겪고 있는 고통을 한번 당해보시면 그런 말씀을 못하실 거예요. 이곳이 조용하다는 건 알아요. 하지만 내 주변에는 노래, 노래, 노래뿐이에요."

나는 곧바로 뇌파검사를 해보고 싶었다. 특히 뇌 중에서 음악을 담당하는 관자엽이 어떤 상태인지 조사하고 싶었다. 그러나 사정이 있어서 당분간은 검사를 할 수 없었다. 그러는 사이에 그녀의 귀에 들리는 음악은 전만큼 심하지 않게 되었다. 소리가 작고 약해졌으며 무엇보다도 계속 들리지 않았다. 나흘째 되던 날부터는 잠을 잘 수 있었고 음악이 들리지 않는 틈틈이 대화를 나눌 수도 있었다. 뇌파검사를 할 수 있을 무렵에는 하루에 12차례 정도 짧은 음악이 들릴 뿐이었다. 우리는 그녀를 가만히 눕히고 머리에 전극을 단 뒤, 움직이지 말라고 일렀다. 말을 하지도 말고 마음속으로 노래를 부르지도 말라고 지시했으며, 기록하는 사이에 노래가 들리면 오른손 집게손가락을 검사에 방해되지 않도록 슬며시 조금만 들어올리라고 말했다. 기록을 하는 2시간 동안 그녀는 손가락을 3번 올렸다. 손가락을 올릴 때는 언제나 뇌파계의 바늘이 흔들렸고 측두부의 뇌파에 급격한 변화가 나타났다. 이것으로 그녀의 관자엽에 발작이 일어났음을 확인했다. 관자엽 발작은 회상과 경험적 환각을 일으키는 원인이다. 이 점에 대해서는 잭슨이 처음으로 추측했고 나중에 와일더 펜필드가 증명했다. 그러나 왜 그녀에게 이러한 기묘한 증상이 느닷없이 나타난 걸까? 뇌를 촬영한 결과, 분명히 아주 미미한 혈전증 즉 오른쪽 뇌에 경색이 일어났음이 밝혀졌다. 밤에 돌연히 아일랜드 음악이 들려온 까닭은 대뇌피질에 있는 음악 기록의 흔적이 갑자기 활발해진 탓이다. 그것은 분명히 뇌졸중의 결과였고 혈전이 사라지자 노랫소리도 함께 사라졌다.

4월 중순경이 되자 노랫소리는 완전히 사라졌고 그녀는 다시 정상으로 돌아왔다. 나는 그녀에게 지금까지의 과정에서 어떤 느낌이 들었느냐고 물었다. 특히 노랫소리가 들리지 않아서 아쉽지는 않느냐고 물었다. 그녀는 미소를 지으며 대답했다.

"그런 걸 물으시다니 참 짓궂으시군요. 정말 마음이 놓여요. 하지만 조금 아쉽다는 생각도 듭니다. 지금은 노래들이 거의 생각나질 않아요. 하지만 그때는 잊혀진 어린 시절로 잠시나마 돌아갔다는 느낌이 들었어요. 정말로 멋진 곡도 있었고요."

C부인과 똑같은 기분을 엘도파 투여 환자들에게서 들은 일이 있다. 나는 그것을 '억누를 길 없는 향수'라고 불렀다. C부인이 말한 것은 분명 향수였다. 나는 H. G. 웰스의 감동적인 소설 《벽에 난 문》을 떠올렸다. 그녀에게 그 소설을 이야기하자 "정말로 내 기분과 똑같네요" 하고 대답했다.

"느낌이나 분위기가 정말 똑같아요. 하지만 내 경우에는 문이 정말로 있었답니다. 물론 벽도 당연히 있었고요. 그 문은 사라진 과거, 잊혀진 과거로 연결되는 문이었어요."

1년 전 6월에 M부인을 진찰해달라는 부탁을 받을 때까지, 나는 똑같은 환자와 마주친 일이 없었다. 그녀도 C부인처럼 양로원에서 생활하고 있었다. 그녀 역시 80대였고 다소 귀가 안 들렸지만 총명하고 기민했다. 그녀도 머릿속에서 음악이 들려왔다. 이따금씩 끼리릭끼리릭, 슉슉, 사각사각 하는 소리도 들렸고, 사람의 말소리가 들리는 일도 있었다. 대개는 '아득히 먼 곳에서' '한 번에 몇 사람의 목소리가' 들렸기 때문에 무슨 말을 하는지 알 수는 없었다. 그녀는 이 증상을 4년간이나 아무에게도 말하지 않았다. 머리가 돈 게 아닐까 하고 혼자서 애태우기만 했다. 그러다가 간호사 가운데 한 사람으로부터 양로원에서 얼마 전에 같은 사례가 있었다는 이야기를 듣고 안심이 되었다. 그래서 나에게 증상을 털어놓을 때는 마음이 한결 놓인 상태였다.

M부인의 말은 이랬다. 어느 날 부엌에서 요리를 만들고 있는데 노래가 들렸다. 〈이스터 퍼레이드〉라는 곡이었고, 이어서 〈글로리 글로리 할렐루야〉와 〈굿 나이트 스위트 지저스〉가 들렸다. C부인과 마찬가지로 그녀도 라디오에서 흘러나오는 노래라고 생각했지만 스위치가 켜진 라디오는 한 대도 없다는 사실을 금방 알아차렸다. 그것은 4년 전인 1979년의 일이었다. C부인은 몇 주일 만에 회복했지만 M부인의 경우에는 음악이 계속해서 들렸고 오히려 더욱 심해졌다.

처음에 들린 것은 이 세 곡뿐이었다. 아무 일도 없는데 느닷없이 자연스럽게 들리는 일도 있었다. 그러나 어떤 곡을 생각하면 그 곡이 생생하게 들려오는 경우가 대부분이었다. 그래서 되도록 노래 생각을 하지 않으려고 했지만 그러려고 애쓸수록 뜬금없이 생각나곤 했다.

"그 세 곡을 특히 좋아하셨나 보죠? 부인이 각별히 좋아했던 곡이었나요?"

정신과 의사처럼 나는 이렇게 물었다. 그러자 그녀는 즉시 대답했다.

"아니요. 특별히 좋아하지는 않았습니다. 결코 특별한 노래가 아니에요."

"노래를 계속 들으면 어떤 기분이 듭니까?"

"소름이 끼치도록 싫어요. 이웃집에서 하루 온종일 같은 레코드를 틀어놓은 것 같아요" 하고 그녀는 딱 잘라 말했다.

1년가량은 머리가 이상해질 만큼 세 곡만 되풀이해서 들릴 뿐 다른 곡은 전혀 들리지 않았다. 그러나 시간이 지나자 좀더 복잡하고 다양한 음악이 들렸다. 어떤 의미에서는 악화되었다고 말할 수 있지만, 오히려 안심이 되는 것도 사실이었다. 이제 그녀의 귀에는 헤아릴 수 없을 만큼 많은 음악이 들렸다. 때로는 몇 곡이 동시에 들리기도 하고, 오케스트라나 합창이 들리는 경우도 있었다. 사람의 목소리나 시끌시끌한 잡음이 들리기도 했다.

검사 결과, 청각을 빼고는 아무런 이상이 없었다. 그러나 나는 매우 흥미로운 사실을 발견했다. 그녀는 속귀에 문제가 생긴 뒤부터 난청 증세가 있었다. 이것은 흔히 있는 증상이었다. 그러나 그녀의 경우에는 그 밖에도 음조를 지각하고 구별하는 기능에 특히 문제가 심했다. 신경학에서는 음치증이라고 부르는 증상이었고, 청각을 담당하는 관자엽의 기능이 손상된 것과 깊은 관계가 있었다. 그녀 자신도 요즈음에는 성당에서 듣는 찬송가가 모두 다 비슷하게 들려서 음의 높이나 멜로디로는 구별할 수 없고 가사와 리듬에 의존해서 구별해야 한다고 불평했다.♦

M부인은 자신이 옛날에는 노래를 꽤 잘했다고 했다. 하지만 내가 검사를 했을 때는 노래가 늘어졌고 음도 틀렸다. 그녀는 이런 말도 했다.

"머릿속에서 들려오는 음악은 아침에 눈을 떴을 때 가장 분명하게 들려옵니다. 그러나 다른 지각을 통해 어떤 인상이 들어오면 약해집니다. 예컨대 무언가에 대해 정서적으로든 지적으로든 주의를 쏟을 때는 거의 들리지 않습니다. 특히 시각적으로 주의를 집중할 때는 전혀 들리지 않습니다."

내가 그녀를 진찰한 1시간 동안 M부인은 한 번밖에 음악을 듣지 못했다. 〈이스터 퍼레이드〉의 몇 소절이 갑자기 크게 울려퍼졌고 그 때문에 내 말을 거의 듣지 못했다.

뇌파검사 결과 양 관자엽의 전위가 매우 높아 그곳에 흥분이 일어났음이 밝혀졌다. 관자엽은 음과 음악표현에 관여하는 중요한 곳이며 복잡한 경험과 장면을 떠올리는 일에 관계하기도 한다. 무엇인가가 '들려올' 때는 언제나 고전위의 파가 날카롭게 진동하는 모습으로 변해 분명히 간질성임을 나타냈다. 이러한 결과는 관자엽 이상에서 오는 음악간질이라는 나의 생각을 뒷받침해 주었다.

C부인과 M부인에게 도대체 무슨 일이 일어난 걸까? '음악간질'이란 말 자체는 모순된 개념이다. 왜냐하면 음악이란 정감 넘치고 의미 있는 것이며 내면 깊은 곳에 존재하는 무엇인가를, 즉 토마스 만이 말하는 '음악의 배후에 있는 세계'를 드러내려는 행위의 산물이기 때문이다. 반면에 간질은 완전히 그 반대이다. 그것은 말하자면 닥치는

♦　이처럼 목소리의 어투나 표정을 지각할 수 없는 음색인식불능증은 내가 담당했던 환자인 에밀리 D. 의 경우에 잘 나타난다(〈대통령의 연설〉 참조).

대로 행동하는 노골적인 생리현상이며 선택 따위와는 전혀 인연이 없다. 또한 감정이나 의미도 전혀 없다. 따라서 '음악간질'이라든가 '인격적 간질'과 같은 개념은 그 자체가 모순을 이룬다. 그러나 현실적으로는 이러한 간질이 일어난다. 그것은 관자엽 발작의 경우에만 한정된다. 다시 말해서 뇌 속의 회상을 담당하는 장소에서 일어나는 간질이다. 이러한 간질에 대해서는 잭슨이 이미 한 세기 전에 발표했고, 그것과 관련해서 '몽환상태' '회상' 및 '정신발작'에 대해서도 논한 바 있다.

간질 환자가 발작을 시작했을 때 멍한 듯이 보이지만 사실은 아주 복잡한 정신 상태인 경우가 많다. 복잡한 정신 상태 즉 지적인 아우라라는 것은 어떤 병례에서도 항상 동일하다. 적어도 기본적으로는 동일하다.

그후 반세기가 지나 펜필드의 경이적인 연구가 등장할 때까지 잭슨의 주장은 시시한 에피소드 정도로만 취급되었다. 그러나 펜필드는 그러한 증상을 일으키는 관자엽의 위치를 지적했을 뿐 아니라 실험을 통해서 잭슨이 말한 '복잡한 정신 상태'를 일으키는 데 성공했다. '복잡한 정신 상태'라 함은 과거에 경험한 정확하고 상세한 환각에 지나지 않았다. 그는 대뇌피질의 발작을 일으키기 쉬운 장소에 가벼운 전기자극을 줌으로써 그것을 재현했던 것이다. 이 실험은 의식이 완벽하게 있는 환자를 대상으로 이루어졌다. 환자에게 자극을 주자 곧바로 지극히 생생한 멜로디의 환각이 생겨났다. 사람들과 정경의 환각도 일어났다. 그 같은 환각이 수술실이라는 무미선조한 분위기에서도 대단히 현실감 있게 추체험되었다. 당시 수술실에 있던 사람들은 환자가 자신의 추체험을 놀랍도록 상세하게 말하는 것을 들을 수 있었다. 잭슨이 60년 전에 발표한 것이 이 실험으로써 뒷받침되었다. 그는 이 상태의 특징인 '의식의 중복'에 대해서 다음과 같이 말했다.

하나는 의기생적擬寄生的이라고 부르는 상태에 가까운 의식(몽환 상태)이다. 또 하나는 약간 잔존하고 있는 정상적인 의식이다. 이 두 가지가 공존하기 때문에 의식의 중복이라고 말하는 것이다. 정신의 겹보임이다.

내가 진료한 두 명의 환자도 바로 이와 똑같았다. M부인은 귀청을 찢는 듯한 〈이스터 퍼레이드〉와 그것보다 음은 작지만 더욱 깊이가 있는 〈굿 나이트 스위트 지저스〉가 들리는 몽환 상태에서, 내가 말하는 소리를 (듣기 어려운 듯했지만) 들으며 나를 보고 있었던 것이다. 〈굿 나이트 스위트 지저스〉가 들려오면 그녀의 눈에 떠오르는 것은 예전에 자신이 다녔던 31번지의 교회였다. 그곳에서는 '아흐레 기도'가 끝난 뒤에 그 곡을 불렀다. C부인의 경우에는 좀더 과거로 거슬러 올라가서 아일랜드에서 보낸 어린 시절을 떠올렸다. 그렇게 아득한 옛날로 돌아간 상태에서 나를 며 내 이야기를 들었던 것이다.

"색스 선생님, 선생님이 말씀하시는 것도 알겠고, 내가 뇌졸중을 일으킨 노인네이며 양로원에서 살고 있다는 것도 압니다. 하지만 전 지금 아일랜드에서 보낸 어린 시절로 다시 돌아간 기분도 들고요. 어머니의 팔에 안겨 있는 듯한 기분이 듭니다. 어머니의 모습이 눈에 선하고 노랫소리가 들려옵니다."

펜필드도 지적했지만 "그러한 간질성 환각, 몽상은 결코 공상이 아니라 기억이다. 지극히 명확하고 선명한 기억이며, 더구나 당시에 체험할 때의 감정과 함께 떠오른다". 그러한 기억은 대뇌피질이 자극을 받았을 때마다 되살아나는데, 평상시에 떠오르는 기억보다 훨씬 더 선명하다. 이 점 때문에 펜필드는 다음과 같이 생각했다. '뇌는 그 사람의 전 생애에 걸친 기억을 완전하다고 말해도 좋을 정도로 보관하고 있다. 모든 의식의 흐름은 뇌에 보존되며, 생활 속에서 필요할 때마다 언제라도 떠오른다. 그러나 간질과 전기적 자극이라는 특이한 조건 하에서도 환기되어 되살아나는 일이 있다. 그러한 발작성 기억에 나타나는 정경은 다종다양하고 황당하기도 하며 근본적으로는 무의미하고 제멋대로이다.' 아래의 글은 그가 쓴 글에서 인용한 것이다.

수술 시에 분명하게 드러나는 것은, 인공적으로 환기된 경험적 기억은 당사자의 과거 어떤 한 시기에 흘렀던 의식의 흐름 일부가 무작위적으로 재생된 것이라는 점이다(이하 펜필드는 그가 환기한 간질성 꿈과 장면을 요약해서 서술했다). (…) 그것은 음악을 듣고 있을 때일지도 모르고 무도장의 입구에서 내부를 들여다볼 때일지도 모르며 만화의 한 장면을 보고 도둑질을 상상하고 있을 때일지도 모른다. 어쩌면 생생한 꿈을 꾸고 난 후 눈을 떴을 때일지도 모르고 친구와 담소를 하던 때이거나 어린 아들의 이야기를 듣고 괜찮으니 걱정하지 말라고 타이르던 때, 네온간판을 보고 있을 때일지도 모른다. 산기가 있어서 분만실에 있을 때, 무서운 남자가 들어와 두려웠을 때, 온몸에 눈을 흠뻑 뒤집어쓴 채 방에 들어온 사람들을 보고 있을 때일지도 모른다. 제이콥시나 워싱턴시의 한 모퉁이 혹은 사우스벤드나 인디애나의 어딘가에 있을 때일지도 모른다. 아득한 옛날의 어느 날 밤, 서커스의 줄타기 묘기를 보고 있을 때일 수도 있고 어머니가 손님들을 배웅하는 소리를 들을 때이거나 부모님이 크리스마스 캐럴을 부르는 소리를 듣고 있을 때일지도 모른다.

회상

여기에서 펜필드의 멋진 문장을 모두 소개하고 싶지만 그렇게 하지 못하는 것이 유감스럽다(펜필드 및 페로트, 687쪽 참조). 내가 진료한 아일랜드인 부인의 경우에도 그렇지만, 펜필드의 서술은 바로 '인격생리학' 즉 자아 그 자체에 관한 생리학의 훌륭한 예라고 할 수 있다. 그는 음악적 발작이 빈번하게 관찰되는 것에 놀라움을 느껴, 흥미로운 (때로는 재미있는) 예를 몇 가지 들고 있다. 이것은 그가 다룬 관자엽 간질의 500가지 사례 가운데 3퍼센트 이상에 해당한다.

우리는 전기자극을 받은 환자가 음악을 듣는 빈도가 높은 것을 알고 놀랐다. 11가지 병례를 다루었는데, 무려 17곳의 서로 다른 장소를 자극함으로써 그것이 일어난다는 사실이 밝혀졌다. 들려오는 것은 오케스트라, 성가, 피아노연주곡, 합창 등 다양했다. 라디오의 주제음악이 들리는 예도 있었다. 음악이 재생되는 장소는 관자엽 위쪽의 표면이었다(소위 음악화 간질이 일어나는 부위와 가까웠다).

펜필드는 지극히 인상적이고 때로는 재미있기까지 한 예를 구체적으로 제시했다. 아래의 목록은 그의 최종 논문에서 인용한 것이다.

〈화이트 크리스마스〉증례 4. 합창으로 들림.
〈롤링 얼롱 투게더〉증례 5. 환자는 제목을 몰랐으나 콧노래를 들은 수술실의 간호사가 제목을 알아냈다.
〈잘자라, 우리 아기〉증례 6. 어머니가 부르는 노래. 이것은 라디오 연속극의 주제음악인 듯하다.
제목은 알 수 없지만 환자가 라디오에서 들은 적이 있는 곡. 라디오에서 잘 나오는 곡. 증례 10.

〈오오, 마리〉 증례 30. 라디오 연속극의 주제음악.

〈사제들의 행진곡〉 증례 31. 환자가 갖고 있던 레코드의 할렐루야 코러스에 나오는 곡.

부모님이 크리스마스 캐럴을 부름. 증례 32.

〈가이스 앤 돌스〉 속에 나오는 곡. 증례 37.

라디오에서 자주 들은 적이 있는 곡. 증례 45.

〈아이 윌 겟 바이〉와 〈유 윌 네버 노우〉 증례 46. 라디오에서 자주 나오는 곡.

M부인의 경우처럼 어떤 증례에서도 들려오는 음악은 정해져 있었다. 발작이 자연스럽게 일어난 경우나 대뇌피질에 전기적 자극을 주어 발작을 일으키는 경우에도 똑같은 선율이 되풀이해서 들려오는 것이다. 따라서 앞에 나열한 곡들은 단순히 라디오의 히트곡일 뿐 아니라 환각성 발작시에 나타나는 히트곡이기도 하다. 말하자면 '대뇌피질에서 들려오는 톱 10'인 셈이다.

환각성 발작이 일어났을 때, 왜 개개의 환자에게는 어떤 정해진 노래(혹은 장면)만이 '선택적으로' 재생되는 것일까? 펜필드는 이 점을 궁금하게 여겼지만, 곡의 선택에는 아무런 이유도 없고 또한 아무런 의미도 없다고 생각했다.

한창 자극을 주는 중에 혹은 간질성 방전시에 떠오르는 사소한 사건과 노래 속에, 환자에게 정서적으로 중요한 것이 있다고 생각하기는 대단히 곤란하다. 그 가능성까지 부정할 수는 없겠지만.

그의 결론은 이렇다. "대뇌피질이 조건에 따라 좌우되는 것은 사실이며 그에 대한 증거도 있다. 그러나 그것을 별도로 치면, 무엇이 선택되어 떠오르는가는 완전히 제멋대로이다." 이것은 말하자면 생리학자의 견해이다. 생리학의 입장에서 본다면 그럴 것이다. 그러므로 펜필드의 말에도 일리가 있다. 그러나 과연 그것뿐일까? 그 밖에 다른 무엇인가는 없을까? 펜필드는 노래가 갖는 정서적 의미, 토마스 만이 '음악의 배후에 있는 세계'라고 부른 것을 절실하게 느끼고 충분히 인식했을까? "이 노래는 당신에게 어떤 의미가 있습니까?" 하는 표면적인 질문만으로 충분할까? '자유로운 연상'에 대한 연구가 진전된 오늘날, 얼핏 보기에 하찮고 별다른 이유가 없는 듯 보이는 생각 속에도 사실은 예상치 못한 깊은 의미와 반응이 드러나 있다는 것을 우리는 알고 있다. 그러나 내면세계를 깊이 분석했을 때라야 그런 것들이 비로소 명확하게 드러난다. 이 점에서는 생리학적 심리학도 마찬가지이다. 깊이 있는 분석이 정말로 필요한지의 여부는 알 수 없지만. 발작과 동반해서 나타나는 노래와 장면에 대해서 좀더 깊이 파헤칠 좋은 기회가 주어진다면 우리는 적어도 시도는 해야 한다.

나는 M부인을 찾아가서 그녀의 머릿속에서 주로 울려퍼지는 세 곡의 노래에 대한 그녀의 감정과 연상을 심도 있게 조사했다. 시간 낭비일 수도 있었지만 나는 해볼 만한 가치가 있다고 생각했다. 이윽고 어떤 중요한 단서가 드러나기 시작했다. 그녀는 이들 노래에 대해서 아무런 감정도 없고 어떤 특별한 의미도 부여하지 않는다고 말했다. 그러나 발작이 일어나 노래가 들려오기 훨씬 전부터 무의식중에 그 곡들을 자주 흥얼거렸다는 기억을 떠올렸다. 그녀뿐 아니라 다른 사람들도 이 사실을 뒷받침하는 증언을 했다. 그렇다면 그 곡들은 이미 무의식적으로 '선택'되었던 셈이다. 그리고 뒤에 일어난 기질적 병이 그것을 표면으로 끌어낸 셈이다.

그녀는 그 노래들을 지금도 좋아할까? 지금까지도 어떤 특별한 의미가 있을까? 환각으로 들리는 노래에서 그녀는 무엇을 얻고 있을까? 내가 M부인을 진찰한 다음 달, 〈뉴욕타임스〉에 〈쇼스타코비치의 비밀〉이라는 기사가 실렸다. 중국인 신경과 의사인 다줴 왕에 따르면, 쇼스타코비치의 비밀이란 그의 왼쪽 뇌실腦室 관자뼈 부분에 금속 파편인 탄환 부스러기가 있다는 것이다. 쇼스타코비치는 그것을 제거하는 것을 몹시 꺼렸던 것 같다.

파편이 거기에 있기 때문에 머리를 한쪽으로 기울이면 반드시 음악이 들려왔다고 그는 말했다. 그때마다 새로운 선율이 머릿속에 가득 차 그것을 작곡에 이용한 듯하다.

뢴트겐 검사 결과 쇼스타코비치의 머리가 움직이면 파편이 움직여서 관자엽의 음악 영역을 압박한다는 사실이 밝혀졌다. 따라서 몸을 기울이면 선율이 무한하게 흘렀고, 천재 쇼스타코비치는 그것을 작곡에 이용할 수 있었다. 《음악과 뇌》(1977년)의 편자인 R. A. 헨더슨 박사는 반신반의하는 태도로 "나로서는 있을 수 없는 일이라고 잘라 말할 수 없다" 하고 말했다.

나는 기사를 읽은 뒤에 그것을 M부인에게 보였다. 그것을 읽고 난 M부인은 단호하게 말했다.

"나는 쇼스타코비치가 아니기 때문에 노래를 이용할 수는 없습니다. 노래라면 지긋지긋합니다. 언제나 같은 노래가 들려오니까요. 그에게는 음악적 환각이 하늘로부터 온 선물일지도 모르지만 나에게는 재앙일 뿐입니다. 그는 치료 받고 싶지 않을지도 모르지만 나는 어떻게든 고치고 싶습니다."

나는 M부인에게 항경련제를 투여했다. 그러자 순식간에 음악성 발작이 멈췄다. 최근에 그녀를 다시 만났을 때, 나는 음악적 발작이 그립지 않느냐고 물었다.

"아니요, 조금도 그립지 않아요. 발작이 없어져서 얼마나 기쁜지 몰라요." 하고 그녀는 대답했다. 그러나 이미 보았듯이 C부인의 경우에는 이야기가 달랐다. 그녀의 환각은 훨씬 복잡하고 수수께끼 같은 부분이 많았고, 뭔가 훨씬 깊은 맛이 있었다. 전혀 이치에 맞지도 않고 이유도 없어 보였지만 심리학적으로는 상당히 중요하고 유익하다는 사실이 밝혀졌다.

C부인의 간질은 생리학적으로 보나 그녀의 성격과 그녀가 받은 충격으로 보나 처음부터 M부인과는 차이가 있었다. 첫 번째 특징은 관자엽에 생긴 중풍으로 인한 발작이 72시간이나 계속되었다는 것이다. 그것만으로도 엄청난 일이었다. 두 번째도 역시 생리학적 원인(중풍의 정도나 그것이 갑작스럽게 일어난 점에 비추어볼 때, 뇌 깊숙한 곳에 있는 '감정 중추'인 구회, 편도체, 변연계 등과 관자엽 깊숙이까지 장애가 있음이 분명하다)에 기인한 것인데, 발작을 동반한 극도로 강렬한 감정(그리고 깊은 향수)이 일어나 다시 한번 어린 시절로 돌아가고픈 감정이 일어난 것이다. 오랜 세월 잊고 있었던 집으로 돌아가 어머니를 만나고 어머니의 팔에 안기고 싶다는 기분을 느낀 것이다.

그러한 발작의 원인은 생리학적이면서 동시에 환자 고유의 것이기도 하다. 뇌의 어떤 특정 부위에 이상이 생겨서 일어날 뿐 아니라 개개의 심리적 조건과 심리적 필요에 따라서 일어나는 것이다. 데니스 윌리엄스는 그 점에 대해서 다음과 같이 보고했다.

31번째 환자는 모르는 사람들 틈에 혼자 있다는 사실을 깨달으면 간질발작을 크게 일으켰다. 발작 초기에는 집에 있는 부모님이 떠올랐다. 그리고 '집으로 돌아갈 수 있다면 얼마나 좋을까' 하는 간절한 바람을 느꼈다. 그것은 떠올리기만 해도 즐거운 생각이었다. 그러다가 소름이 돋고 몸이 더워지거나 차가워진다. 그다음에는 발작이 멈추거나 아니면 경련으로 진행한다.

윌리엄스는 이 놀라운 이야기를 단지 있는 그대로 서술했을 뿐, 부분과 부분이 어떤 관계인지는 전혀 고려하지 않았다. 거기에서 일어난 감정을 생리학적으로 취급했을 뿐이다. 즉 '발작성 쾌감'이라고 치부한 것이다. 나아가 '집으로 돌아간 듯한 기분'과 지금 '홀로 있다'는 것의 관련도 무시하고 있다. 물론 이러한 것들은 모두 생리학적인 현상이 틀림없기 때문에 그 나름대로 옳다. 그러나 나는 이렇게 생각하고 싶다. '발작이 뜬금없이 일어났고 그 발작을 막아낼 방법이 없었다고 하더라도, 이 남자는 그때 그 장소에 어울리도록 적절하게 타이밍을 맞춘 것은 아닐까?'

C부인의 경우, 옛 기억을 떠올리고 싶다는 욕구가 마음 깊숙한 곳에 지속적으로 존재했다. 왜냐하면 아버지는 그녀가 태어나기 전에 돌아가셨고 어머니도 그녀가 다섯 살이 되기 전에 돌아가셨기 때문이다. 그녀에게는 인생 초기의 5년에 대한 분명한 기억이 없었다. 어머니의 기억, 아일랜드의 기억, 집의 기억이 없었고, 그녀는 그것을 언제나 가슴이 아리도록 슬퍼했다. 가장 어린 시기이지만 인생에서 가장 귀중한 이 시기의 기억이 없다는 것은 정말이지 참을 수 없는 일이었다. 때때로 그녀는 사라진 어린 시절의 기억을 되살리려고 했지만 한 번도 성공하지 못했다. 그러나 꿈속에서 그리고 그 뒤에 이어진 긴 환각 속에서 그녀는 사라진 중요한 어린 시절을 되찾았던 것이다. 그녀가 느꼈

던 것은 단순한 '발작성 쾌락'이 아니라 뼛속 깊이 스며드는 깊은 환희였다. 그것은, 그녀의 말을 빌려 말하자면, 인생을 굳게 닫아걸었던 문이 열리는 듯한 기분이었다.

'무의식의 기억'에 대한 훌륭한 저서를 남긴 에스더 살라만은 자신의 책에서 '어린 시절의 신성하고 귀중한 기억'을 간직하는 것 혹은 그것을 되살리려고 하는 것이 얼마나 필요한 일인가를 역설했다 《순간순간들》, (1970년)). 만일 어린 시절의 기억이 없다면 인생은 아주 무미건조하고 근거도 없는 것이 되고 만다고 한다. 그러한 기억을 되살림으로써 얻는 깊은 환희와 존재감에 대해, 그녀는 도스토옙스키와 프루스트 등의 자서전에서 많은 인용문을 뽑아 논했다. "우리는 모두 '과거에 살 수 없는 망명자'이다. 바로 그렇기 때문에 그것을 되살려야 하는 것이다" 하고 그녀는 말했다. 이미 90년 가까이 살았고 길고 길었던 고독한 인생도 이제 막을 내리려고 하는 C부인에게 어린 시절의 '신성하고 귀중한' 기억을 되살려주는 것, 이 신기하고 기적과도 같은 회상은, 어린 시절 기억의 상실이라는 문을 부수었다. 그러나 아이러니하게도 그것은 뇌에서 일어난 장애에서 비롯된 결과였다.

발작에 지치고 진절머리를 내는 M부인과는 달리, C부인은 발작이 일어나면 인생에 생기가 도는 듯한 느낌을 받았다. 그녀는 발작을 통해서 심리적인 안정과 현실감을 얻을 수 있었다. 그것은 오랜 세월 뿌리 없는 풀처럼 살았던 그녀가 아무리 원해도 얻을 수 없었던 소중한 감각이었다. '나에게도 정말로 어린 시절이 있었다, 집이 있었고 어머니가 있었다, 어머니는 나를 소중하게 여기고 귀여워했다'와 같은 따뜻한 느낌을 받을 수 있었던 것이다. 치료를 받아 환각을 없애고 싶어했던 M부인과는 달리, C부인은 항경련제를 거부하며 이렇게 말했다.

"나에게는 회상이 필요합니다. 지금과 같은 상태가 필요해요.

언젠가는 끝이 나겠지만…."

도스토옙스키는 때때로 '정신발작'을 일으켰고 발작시에는 '복잡한 정신 상태'가 되었다. 그 점에 대해서 그는 이렇게 말했다.

여러분처럼 건강한 사람들은 우리와 같은 간질 환자들이 발작을 일으키기 직전에 느끼는 행복감을 상상도 하지 못할 것입니다. 그 지극한 행복감이 몇 초 만에 끝날지 아니면 몇 시간, 몇 달 동안 계속될지는 우리도 모릅니다. 그러나 설령 인생에서 맛볼 수 있는 모든 기쁨을 준다고 해도 이것과 바꿀 마음이 없는 것만은 확실합니다. (T. 알라주아넌, 1963년)

C부인도 이런 기분을 알았던 게 틀림없다. 그녀는 한창 발작을 일으키는 중에 지극한 행복감을 느끼는 것도 알고 있었다. 그녀에게 그것은 정상적인 정신 상태, 더할 나위 없이 건강한 상태로 통하는 문 혹은 그것을 여는 열쇠였다. 그렇기 때문에 그녀는 병이 곧 건강이고 병에 걸리는 것이 곧 치료되는 길이라는 느낌을 받았다.

뇌졸중이 치료됨에 따라 C부인은 우울증에 시달렸고 공포를 느끼기에 이르렀다. 그녀는 말했다.

"문이 닫혀버렸습니다. 모든 것이 다시 잊혀졌습니다."

그녀의 말은 사실이었다. 4월 중순경이 되자 어린 시절의 광경과 음악, 감정이 모두 돌연히 사라졌다. 그녀가 듣고 보았던 것은 의심할 나위 없이 진정한 '회상'이었다. 공상 따위가 아니었다. 왜냐하면 펜필드가 분명히 보여주었듯이 그러한 발삭은 어떤 현실, 과거에 경험한 현실을 확고하게 붙잡아서 재생하는 것이기 때문이다. 그것은 공상이 아니다. 개인의 인생에서 실제로 일어났던 과거 경험의 한 토막인 것이다.

펜필드는 언제나 이러한 관점에서 의식에 대해서 생각했다. 정신발작은 의식의 흐름(혹은 의식된 현실) 가운데 일부분을 포착해서 경련을 통해 그것을 재생하는 것이라고 그는 생각했다. C부인의 사례에서 특히 감동적인 것은, 간질을 통해 일어난 '회상'이 그녀의 의식에도 없었던 것을 꺼내어 경련을 통해 완전한 기억으로 되살렸다는 점이었다. 그것을 통해서 그녀는 기억에 남지 않을 정도로 희미해졌거나 아니면 어떤 억압으로 인해 의식에 새겨질 수도 없었던 지극히 어린 시절의 경험을 되살릴 수 있었다. 바로 그러한 이유 때문에, 우리는 생리학적으로는 '문'이 닫혔을지라도, 환자의 경험 그 자체는 잊혀진 것이 아니라 강력하고도 영속적인 인상으로 남아 치유 효과를 지닌 의미 있는 경험으로 느껴진 것이라고 가정해야만 한다. 뇌졸중에서 회복된 그녀는 이렇게 말했다.

"발작이 일어나서 행복했습니다. 일생에서 가장 건강하고 행복했던 경험이었습니다. 이제 어린 시절의 기억이 완전히 사라졌다는 느낌은 없습니다. 자세한 부분까지 낱낱이 떠올릴 수는 없지만 분명히 있었다는 것만은 알게 되었습니다. 이제 비로소 나는 어느 모로 보나 만족스럽고 완전한 존재가 되었답니다."

이런 그녀의 말을 터무니없는 것이라고 치부할 수 있을까? 아니다. 신빙성 있고 진지한 말이다. C부인의 발작은 일종의 '각성' 효과를 가져다주었고, 그 어느 곳에도 의지할 데 없는 인생에 발판을 마련해주었다. 잃어버린 어린 시절을 그녀에게 되돌려준 것이다. 그녀는 지금 일찍이 경험한 적이 없는 깊은 평안함을 느끼고 있다. 평안함은 남은 여생 동안 계속 이어질 것이다. 진실한 과거를 되살려서 자신의 것으로 만든 사람에게만 주어지는 궁극의 평안함, 혼의 안식인 것이다.

휴링스 잭슨은 "회상만을 떼어내 상담한 일이 없다"라고 말했다. 이와는 대조적으로 프로이트는 "신경증은 회상 그 자체이다"라고 말했다. 이 두 가지 예에서는 회상이라는 개념이 완전히 반대되는 의미로 쓰이고 있다. 왜냐하면 정신분석의 목적은 허위의 회상, 공상적 회상을 실제 있었던 과거에 관한 기억, 회상으로 바꾸는 것이기 때문이다(정신발작이 한창 진행 중일 때 나타나는 것은 진짜 기억이다. 사소한 것이든 심오한 것이든 어느 경우에도 실제로 일어난 적이 있었던 일의 기억이다). 프로이트가 잭슨을 대단히 존경했다는 사실은 널리 알려진 바와 같다. 그러나 잭슨의 경우 1911년 세상을 뜰 때까지 프로이트에 대해서 들은 적이 있었는지는 알 길이 없다.

C부인의 병례는 잭슨이나 프로이트 어느 입장에 서서 보아도 감동적이고 아름답다. 그녀의 회상은 잭슨이 말한 개념에 가까웠다. 그러나 그것은 프로이트가 말한 '회상'으로 그녀를 연결시켜 그녀의 아픔을 치료해주었다. 그러한 병례는 실로 멋지고 소중하다. 육체적인 것과 내면적인 것을 이어주는 다리와 같은 역할을 하기 때문이다. 어쩌면 그것은 미래의 신경학, 생생한 경험에 기초한 신경학이 존재해야 할 모습을 제시하는 예이기도 하다. 내가 이렇게 생각한다고 해서 잭슨이 놀라거나 노여워하지는 않을 것이다. 이것이야말로 1880년에 '몽환 상태'와 '회상'에 대해 발표했을 때 그가 꿈꾸었던 것이니까.

펜필드와 페로트는 논문 제목을 '뇌에서의 시각 및 청각적 경험의 기록'이라고 정했다. 그렇다면 우리에게 주어진 다음 문제는 그러한 내면의 기록이 어떤 형태를 취하는가이다. 지금까지 보았듯이 발작을 통해서 과거의 경험(의 단편)은 완전히 재현된다. 그러면 경험의 재구성을 위해서 무엇을 사용할 수 있을까? 필름 혹은 레코드와 같은 것을 뇌의 영사기나 전축에 걸 수 있을까? 아니면 그와 같은 것이기는 하지만 이론적으로는 그 전 단계의 존재인 시나리오나 악보 같은 것이 뇌 속에 있을까? 우리 인생의 모든 레퍼토리는 대체 어떤 형태로 보관되고 있을까? 기억과 회상은 바로 그 레퍼토리에서 솟아나기 때문이다. 그뿐 아니라 우리의 상상력, 가장 단순한 감각적인 이미지, 움직임의 이미지에서 가장 복잡한 세계와 풍경, 장면까지 그려내는 상상력도 그 레퍼토리에 토대를 두고 생기는 것은 아닐까? 어디까지나 내면적이고 극적인 인생의 레퍼토리란, 기억이란, 상상력이란 과연 무엇일까?

이 장에 나온 환자들의 회상 체험은 기억의 성질에 관한 근본적인 문제를 제기한다. 〈길 잃은 뱃사람〉과 〈정체성의 문제〉는 기억상실을 다룬 장이지만, 거기에서도 우리의 주의를 끄는 것은 역시 기억의 문제이다. 인식불능증 환자를 접한 경우에는 인식이란 무엇인가 하는 근본적인 문제가 나온다. 〈아내를 모자로 착각한 남자〉에 나오는 P선생의 경우에는 극적인 시각인식불능증이고, M부인과 〈대통령의 연설〉에 나오는 에밀리의 경우에는 청각인식불능증 및 음악인식불능증이다. 지능이 뒤떨어진 사람들의 두서없는 행동과 인식불능증 그리고 이마엽성 행위상실증 환자의 경우에는 행위 그 자체가 근본적으로 문제가 된다. 이마엽성 행위상실증은 특히 심한 사례이며, 환자는 '운동 멜로디' 즉 보행 리듬도 잃는 것이다. 《깨어남》에서도 썼듯이 이것은 파킨슨병 환자에게도 일어난다.

C부인과 M부인이 '회상'으로 인해 즉 선율과 정경과 발작적으로 나타나는 일종의 기억항진, 인식항진으로 인해 고통받은 것과는 달리 기억상실증과 인식불능증 환자는 내적인 선율과 정경을 잃었다(혹은 잃고 있다)고 말할 수 있다. 인간에게는 내적인 '선율'과 내적인 '정경'이 있다. 다시 말해서 기억과 마음에 프루스트적인 것이 있다는 사실

이 이 두 가지 예에서 분명해진다.

　　그러한 환자의 대뇌피질 가운데 한 부분을 자극하면 순식간에 프루스트적인 기억의 환기가 일어난다. 왜 이런 일이 일어날까? 뇌 속의 어떤 기관이 이것에 관여하고 있을까? 뇌의 정보처리와 재생에 대한 현재의 사고방식은 모두 기본적으로 산정적이라 할 수 있다(데이비드 마의《환각, 시각제시에 대한 산정적 연구》참조). 그 때문에 뇌 기능의 해명에는 스키마타, 프로그램, 알고리즘과 같은 관념과 용어가 쓰인다.

　　하지만 스키마타, 프로그램이나 알고리즘 따위와 같은 용어만으로 그토록 풍부한 환각, 우리 인간의 경험이 지닌 시각적·극적·음악적인 면까지 설명할 수 있을까? '경험'이라는 것을 성립시키고 있는 내면적인 성질까지도 설명할 수 있을까?

　　답은 명백하고 단호하게 '없다'이다. 설령 마와 번스타인 두 사람이 제시한, 고도의 복잡한 해석을 동원하더라도 그것은 설명이 불가능하다. 그들이 그 분야의 위대한 개척자인 것은 분명하지만, 산정적인 것을 아무리 쌓아올리더라도 그것만으로는 결코 '도상적인' 표현이 될 수 없다. 도상적인 표현이야말로 인생을 짜나가는 '실'이자 '재료'이다.

　　따라서 우리가 환자에게서 배우는 것과 생리학자가 말하는 것 사이에는 커다란 간격이 있다. 여기에 다리를 놓을 방법이 없을까? 설령 그것이 절대적으로 불가능하다고 해도(아무래도 그럴 것 같지만) 사이버네틱스의 개념을 뛰어넘는 무엇인가가 있지 않을까? 근본적으로 내면적인 것, 다시 말해서 프루스트적인 회상을 이해하는 데에 사이버네틱스의 개념보다 직질한 개념은 없을까? 셔링턴식의 기계론적인 생리학이 아니라 내면적이고 프루스트적인 생리학은 없을까? 셔링턴 자신도《인간의 성질》(1940년)에서 이 점에 대해 얼핏 언급했다. 정신을 가리켜 '신기한 직물기'에 비유한 것이 그것이다. 그는 인간의 정신을 끊임없이 변화하면서도 항상 의미가 있는 패턴을 짜나가는 직물기라고 생각했다.

이와 같은 의미가 있는 패턴은 완전히 형식적인 혹은 산정적인 프로그램과 패턴을 능가한다. 또한 그것은 모든 회상과 기억, 인식, 행동이 본래 품고 있는 개인적 특질을 허용한다. 그러면 그러한 패턴은 어떤 형태와 구성을 취하는가? 그 답은 즉시(그리고 필연적으로) 분명하게 주어진다. 즉 개인적인 패턴이란 감히 말하건대 각본이나 악보와 같은 것이다. 반면에 추상적인 패턴, 컴퓨터적인 패턴은 스키마타와 프로그램의 형태를 취하지 않을 도리가 없다. 따라서 뇌의 각본과 악보는 뇌 프로그램의 수준을 넘은 것이라고 생각해야 한다.

〈이스터 퍼레이드〉의 악보는 M부인의 뇌에 사라지지 않고 확고하게 새겨져 있었다. 처음에 듣고 느꼈던 그대로의 악보가 말하자면 그녀 자신의 악보로서 새겨졌던 것이다. 마찬가지로 C부인의 경우에는 뇌의 연극적인 영역에 어린 시절 극적인 장면의 시나리오가 확고하게 새겨져 있었다. 그래서 그것은 얼핏 잊혀진 듯이 보였지만 옛날 그대로의 모습으로 떠올릴 수 있었던 것이다.

펜필드의 병례에서는 다음과 같은 점에 주목하여 생각할 수 있다. 대뇌피질의 발작을 일으키는 부위 즉 회상을 일으키는 진원에 대항하는 미소한 부분을 제거하면, 되풀이해서 떠오르는 장면을 완전히 없앨 수 있다. 다시 말해서 회상과 기억항진 상태를 정지시키고 망각과 기억상실 상태로 뒤바꿀 수 있다. 이 점은 대단히 중요하면서도 무시무시한 사실이다. 진정한 의미에서의 정신외과적 수술, 정체성과 관련이 있는 신경수술이 가능하다는 뜻이기 때문이다. 한편 그러한 수술은 총절개술이나 엽절개술보다 훨씬 정밀하고 특수한 수술이 될 것이다. 총절개술이나 엽절개술은 의욕을 떨어뜨리거나 인격을 송두리째 바꾸는 일이 있기는 하지만 개개의 경험에 대해서까지 영향을 미칠 수는 없다.

도상적으로 종합되지 않은 경험은 경험이라고 말할 수 없다. 도상적으로 종합되지 않은 행위 역시 행위라고 말할 수 없다. '뇌에 새겨진 모든 사물에 대한 기록'은 도상적인 것임에 틀림없다. 이것이 뇌에 새겨진 기록의 최종적인 형태이다. 설령 거기까지 이르는 과정 중 예비단계에서 산정적이고 프로그램적인 형태를 취하더라도 말이다. 뇌에서 표현의 최종적인 형태는 '예술'이다. 혹은 이것을 예술의 용인이라고 바꿔 말해도 좋다. 즉 인간의 경험과 행위는 장면과 선율이 되어 표현되는 것이다.

그 증거로는 기억상실증, 인식불능증, 행위상실증처럼 뇌에서의 표현이 파괴되는 경우 그것을 재구성하기 위해 이중의 접근이 필요하다는 점을 들 수 있다(만일 그것이 가능하다고 할 때의 이야기이지만). 이중의 접근방법 가운데 한 가지는 파괴된 프로그램과 시스템을 재건하는 것이다. 이 방면에서는 구소련의 신경심리학이 대단히 깊이 있는 발전을 보였다. 다른 한 가지는 내적인 멜로디와 장면에 대해서 직접 접근하는 것이다(이것에 대해서는 《깨어남》《나는 침대에서 내 다리를 주웠다》 등에서도 썼지만 이 책에서는 특히 〈시인 리베카〉와 제4부의 머리말에서 상세하게 다루었다). 뇌에 장애가 있는 환자들을 이해하고 도우려면 이러한 두 가지 중 어느 쪽의 접근방법을 취해도 좋다. 혹은 양쪽의 접근방법을 결합해서 실시해도 좋다. 다시 말해서 '시스템적' 요법과 '예술적' 요법 가운데 어느 쪽을 취해도 좋지만 두 가지를 결합시키는 것이 바람직하다.

이미 100년 전에 이와 비슷한 말을 한 사람이 있다. 잭슨은 1880년에 '회상'에 대해 쓴 최초의 논문에서 이와 거의 비슷한 말을 했다. 코르사코프는 '기억상실증'에 대해 1887년에 쓴 논문에서, 프로이트와 안톤은 인식불능증에 대해 1890년대에 쓴 논문에서 이 점을 시사했다. 그들의 날카로운 통찰은 체계적인 생리학의 대두에 가려 절반가량 잊혀졌다. 그러나 지금이야말로 그것을 다시 떠올려 사용해야 할 때이다. 그렇게 한다면 우리 시대에 새롭고 멋진 '실존적인' 과학, 실존적인 요법을 창출할 수 있을 것이다. 우리는 그것과 체계적인 생리학을 결합함으로써 병을 포괄적으로 이해하고 효과적으로 치료할 수 있을 것이다.

억누를 길 없는 향수

간질과 편두통에 따른 발작시에는 '회상'이 이따금씩 일어나지만, 엘도파의 투여로 각성된 뇌염후유증 환자의 경우에는 회상이 종종 일어난다. 그래서 나는 엘도파를 '신기한 마음의 타임머신'이라고 부르게 되었다. 특히 한 환자의 병례가 너무나 극적이었기 때문에 나는 그녀에 대한 논문을 투고한 적도 있다. 그것은 1970년 6월에 〈랜싯〉지에 실렸으며 지금부터 그 논문을 옮겨 싣고자 한다. 논문에서 나는 회상을 엄밀하게 잭슨식의 의미로 파악했다. 다시 말해서 회상이란 아득한 과거세계의 기억이 발작적으로 솟구치는 것이라고 생각했다. 그러나 나중에 《깨어남》에서 이 환자 로즈 R.에 대해서 썼을 때는 '회상'보다는 '휴지休止'라는 관점에서 생각해보았다(나는 '그녀의 시간은 1926년에서 멈추고 말았는가'라고 썼다). 해롤드 핀터도 〈일종의 알래스카〉에서 데보라를 그렇게 묘사했다.

뇌염후유증 환자에게 엘도파를 투여했을 때 나타나는 놀라운 효과

가운데 하나는, 병 초기 단계에 나타났다가 그후 사라진 증상과 행동 패턴이 부활된다는 점이다. 호흡 곤란, 안구운동 발작, 반복적인 운동 과다증과 틱이 재발 혹은 악화된다는 점에 대해서는 이미 말했다. 이 밖에도 잠복 상태에 있던 많은 원시적인 증상, 예를 들면 간대성근경련증, 대식증, 다음증多飮症, 남성성욕항진병, 중추성통증, 강제정동强制情動 등이 재발한다는 사실도 밝혀졌다. 좀더 고등한 기능에 대해서는 복잡하고 정서적인 정신 상태, 사고체계, 꿈, 기억 등이 부활 혹은 회복된다는 점도 인정되고 있다. 그것들은 모두 뇌염후유증에 의한 무감정 상태와 무운동증과 같은 망각 상태 속에서 억압 혹은 저해되어 '잊혀지고' 있었던 것이다.

엘도파의 투여를 통해 강제회상이 나타난 놀라운 예로 다음과 같은 63세 노부인의 사례를 들 수 있다. 그녀는 18세 때 뇌염 후에 일어나는 진행성 파킨슨병에 걸려 안구운동 발작이 동반된 거의 지속적인 의식불명 상태에서 24년간이나 병원에 입원해 있었다. 엘도파를 투여하자 처음에는 파킨슨 증상과 의식불명 상태도 극적으로 해소되고 거의 정상적으로 말하거나 움직일 수 있게 되었지만 이윽고 원시적 충동의 항진에 의한 수의운동의 흥분이 일어났다(이것은 다른 몇몇 환자의 예에서도 인정되는 점이었다). 이 기간 동안 환자는 젊은 시절에 대해 향수를 느끼고 그때의 자기 자신으로 기꺼이 돌아가려고 했으며 과거의 성적인 기억을 억제하지 못하고 떠올렸다. 그녀는 녹음기를 구해달라고 하더니 며칠간 음탕한 노래, 저질스러운 농담, 우스꽝스러운 노래 따위를 수도 없이 녹음했다. 그것들은 모두 1920년내 중반에서 후반에 걸쳐서 유행했던 것이며, 사교계의 가십 또는 음란만화에 등장하거나 나이트클럽, 뮤직 홀 등에서 불리던 것이었다. 녹음기에서는 옛날의 왈가닥 소녀들이 쓰던, 시대에 뒤떨어진 말씨나 억양으로 당시의 사건들이 되풀이되어 흘러나왔다. 가장 놀란 사람은 환자 자신이었다.

"놀라 자빠질 일이에요" 하고 그녀는 말했다.

"까닭을 알 수 없어요. 지난 40년 동안 그런 것을 듣거나 생각한 적이 없으니까요. 아직까지 내가 그런 것들을 기억하고 있었다니 정말 뜻밖입니다. 하지만 지금은 그것이 한시도 쉬지 않고 마음속에 떠돌고 있어요."

그녀는 흥분 상태가 계속 심해졌기 때문에 엘도파의 양을 줄일 필요가 있었다. 엘도파의 양을 줄여도 그녀는 쉬지 않고 지껄였다. 하지만 곧 젊었을 때의 기억을 송두리째 잊었고 녹음해두었던 노래 역시 한 구절도 떠올리지 못했다.

강제회상은 편두통과 간질이 발작했을 때 그리고 최면 상태에 빠졌을 때, 나아가 정신병에 걸렸을 경우 등에 일어난다. 대개는 전에도 언젠가 보았던 장면이라는 느낌이 들며, 잭슨식으로 말하면 의식의 중복이 일어난다. 그것은 특별한 말, 음, 장면, 특히 냄새 등과 같이 강렬한 기억항진성 자극을 받으면 그다지 극적이지 않더라도 모든 사람에게 일어난다. 발작성 공동편시 상태에서도 갑자기 기억이 용솟음치듯 솟구친다고 하며, 주트는 그것을 가리켜 '환자의 마음에 수천 가지의 기억이 갑자기 밀려온 상태'라고 표현했다. 펜필드와 페로트는 대뇌피질의 간질을 일으키는 부위를 자극해서 정해진 형의 기억을 환기시키는 데 성공했으며, 발작이란 설령 그것이 자연스럽게 일어나는 것이든 인공적으로 유발된 것이든 '화석화된 기억'을 활성화하는 것이라고 생각했다.

환자는(보통 사람과 똑같이) 휴면 상태에 있는 무수한 기억의 흔적을 지니고 있다. 특별한 조건하에서, 특히 흥분 상태가 심할 경우에 그 일부가 활성화되는 일이 있다. 그러한 기억의 흔적은 신경계에 사라지기 어렵게 각인되어 있으며, 휴면 상태인 채로 계속 존재하고 있을 것이다. 마치 마음 깊숙이 간직된 과거의 사건들이 대뇌피질 하부에 새겨져 있는 것과 같다. 그것이 눈을 뜨지 않는 까닭은 흥분이 결여되어 있기 때문이거나 어떤 억제요인이 강하게 작용하기 때문일 것이다. 물론 흥분 상태와 탈억제는 효과면에서 같으며 서로를 유발하기도 한다. 그러나 환자의 기억이 병 중에는 억제되어 있다가 엘도파의 투여로 해방된다고 간단하게 단언할 수 있을지는 의문이다.

　　엘도파, 중추탐침中樞探針(대뇌피질에 대한 자극 — 옮긴이), 편두통, 간질, 위기적 상태 등으로 인해 환기된 강제회상은 흥분 상태의 일종이라고 말할 수 있다. 어느 것이든 기억이 해방되는 것임에는 변함이 없으며, 과거를 재체험 혹은 재현하는 것이 가능하다.

인도로 가는 길

바가완디 P.는 악성 뇌종양에 걸려 1978년에 우리 의료원에 입원한 19세의 인도 소녀이다. 종양, 더 정확히는 별아교세포종이 처음 발견된 것은 그녀가 7세 때였는데, 그때만 해도 그다지 악성도 아니었고 다른 곳으로 전이되지도 않은 상태라서 수술로 완전히 제거되었다. 그 덕분에 기능도 완전히 회복되었고 그녀는 일상생활로 돌아올 수 있었다.

병의 이런 소강상태는 10년 동안 계속되었고 그녀는 모든 일에 감사하는 마음으로 충실하게 살려고 노력했다. 그녀는 자신의 머릿속에 '시한폭탄'이 들어 있다는 사실을 알고 있었다(그녀는 총명한 소녀였다).

18세에 종양이 다시 발병했고 훨씬 더 공격적이고 악성이 되어서 이제 더는 제거할 수 없었다. 종양이 커져 신경이 눌리는 것을 막기 위해 그녀는 감압수술을 받았다. 그 결과 좌반신이 약해지고 마비되었을 뿐만 아니라 주기적인 발작 등의 증상도 나타났다.

처음에 그녀는 상당히 명랑했고 자신에게 찾아올 운명도 잘

받아들이는 것처럼 보였다. 종양이 관자엽까지 자라 다시 감압수술을
하자(뇌부종을 완화시키기 위해 우리는 스테로이드를 처방했다) 발작은 더욱 잦
아졌다.

심한 경련을 동반한 발작이 처음에도 가끔씩 일어나곤 했지만,
지금의 발작은 성질이 전혀 달랐다. 그녀는 의식을 잃지는 않았지만
마치 '꿈을 꾸는 듯' 아니 꿈속에 빠져 있는 듯했다. 우리는 관자엽 발
작이 점점 더 빈번하게 일어나고 있다는 것을 쉽게 알아볼 수 있었다
(뇌파 검사로도 확인되었다). 잭슨에 따르면 이런 관자엽 발작의 특징은 '몽
롱 상태'와 의도하지 않은 '회상'이라고 한다.

꿈은 처음에는 모호했지만 이윽고 점점 더 분명하고 구체적인
환영으로 바뀌어갔다. 그것은 인도의 풍경이었다. 마을, 집, 정원… 어
렸을 때부터 알고 또 좋아했던 장소였기 때문에 바가완디는 곧바로 알
아볼 수 있었다.

"꿈꾸는 게 괴로운가요? 그렇다면 다른 약을 쓸 수도 있어요"
하고 묻자, 그녀는 부드러운 미소를 띠며 말했다.

"아니요. 나는 그런 꿈이 좋아요. 고향으로 돌아간 것 같은걸
요."

꿈에는 가끔 사람들의 모습도 보였는데 주로 고향의 가족이나
이웃이었다. 사람들은 말을 하기도 하고 노래를 부르기도 하고 때로는
춤을 추기도 했다. 어떤 때는 꿈속에서 그녀가 교회 안에 있기도 하고
묘지에 있기도 했다. 하지만 주로 마을에서 가까운 들판이나 밭 아니
면 지평선 저 멀리까지 뻗어 있는 야트막하고 정겨운 언덕들이 보였다.

이 모든 것들이 관자엽 발작 때문일까? 처음에는 우리도 관자
엽 증상이라고 생각했지만 나중에는 확신이 줄어들었다. 왜냐하면 관
자엽 발작에 걸린 환자(잭슨이 강조했고 펜필드가 두개골을 열어 뇌에 자극을

가함으로써 증명했다. 〈회상〉 참조)는 좀더 고정된 형태의 꿈만 꾸기 때문이다. 늘 똑같은 장면, 똑같은 노래가 반복적으로 나오는데, 그때 활성화되는 대뇌피질 부분도 항상 일정했다. 반면에 바가완디의 꿈은 고정되어 있지 않았다. 그녀의 꿈속에 나오는 광경은 매번 달랐고, 눈앞에 펼쳐지는 풍경도 매번 바뀌었다. 당시 그녀는 다량의 스테로이드 처방으로 인해 중독과 환각 증상이 나타난 것일까? 그럴 가능성도 있었지만, 그렇다고 스테로이드의 양을 줄일 수는 없었다. 그렇게 되면 그녀는 혼수상태에 빠져 며칠 내에 사망할 수도 있었기 때문이다.

이른바 '스테로이드 정신증' 환자는 흥분하거나 혼란에 빠지는 일이 종종 일어나는 반면에 바가완디는 늘 정신도 멀쩡하고 조용하고 침착했다. 그녀의 증상이 프로이트적 의미의 환상이나 꿈일까? 아니면 정신분열증 환자에게 가끔 나타나는 난몽성亂夢性 증세의 일종일까? 이번에도 우리는 자신 있게 말할 수 없었다. 왜냐하면 그녀의 꿈속에도 일종의 환상이 나타나기는 했지만 그 환상들은 모두 그녀의 기억 속에 있는 것이었기 때문이다. 그것들은 제정신 상태의 정상적인 의식과 병행해서 나타났으며(앞에서 보았듯이 잭슨은 '의식의 이중화'에 대해 말했다) 정신이 지나치게 한곳에만 쏠리거나 격렬한 충동 때문은 분명 아니었다. 그것들은 특정한 그림이나 음유시tone poems로 나타나기도 했는데, 어떤 때는 즐거운 분위기이기도 했고 어떤 때는 슬픈 분위기이기도 했다. 그리고 가끔은 사랑과 보살핌 속에 지내던 어린 시절의 기억이 떠올랐다가 사라지기도 했다.

시간이 지날수록 꿈과 환상은 점점 더 빈번해지고 심해졌다. 가끔씩 나타나던 것이 이제는 거의 하루 종일 지속되었다. 그녀는 마치 최면 상태에라도 빠진 듯 넋이 나가 있었는데, 눈을 감고 있을 때도 있었고 눈을 뜨고 있을 때도 있었지만 얼굴에는 항상 알 듯 모를 듯 어럼풋한 미소를 띠고 있었다. 볼일이 있어서 누군가가 그녀에게 다가가 뭔가를 물으면 그녀는 즉시 정신을 차리고 예의 바르게 대답했지만, 지극히 현실적인 직원들조차도 그녀가 자신들과는 다른 세계에 있으니 방해해서는 안 되겠다는 느낌을 받을 정도였다. 호기심이 생기기는 했지만 나도 그들과 똑같은 느낌을 받았기 때문에 뭔가를 좀더 자세히 알아봐야겠다고 나서기가 꺼려졌다. 그러나 한 번 정말로 딱 한 번은 물어본 적이 있었다.

"바가완디 양, 무슨 일이 일어나고 있는 거죠?"

그러자 그녀가 대답했다.

"죽어가고 있어요. 전 고향으로 가고 있어요. 제가 왔던 곳으로 돌아가는 거예요. 어쩌면 이런 게 귀향일지도 모르죠."

한 주가 지나자 바가완디는 이제 더이상 외부의 자극에 반응하지 않았다. 마치 자기 자신만의 세계에 푹 빠져 있는 것 같았다. 눈을 감고 있었지만 얼굴에는 여전히 행복한 미소를 연하게 띠고 있었다. 한 직원이 말했다.

"바가완디 양은 고향으로 돌아가고 있어요. 곧 거기에 도착할 거예요."

사흘 후, 그녀가 죽었다. 아니, 어쩌면 인도로 가는 여행을 이제 막 끝냈다고 하는 편이 더 나을지도 모른다.

내 안의 개

22세의 의대생인 스티븐 D.는 약물중독이었다. 암페타민을 주로 복용했지만 코카인과 펜시클리딘도 복용했다. 어느 날 밤 그는 생생한 꿈을 꾸었다. 세계가 상상할 수 없을 만큼 다양한 냄새로 진동하는 꿈이었다. '이건 행복한 물 냄새군… 그리고 이건 용감한 돌 냄새인걸.'

잠에서 깨어난 그는 바로 그런 세계에 자신이 있다는 것을 깨달았다. 마치 전에는 완전히 색맹이었던 사람이 갑자기 완벽한 총천연색 세계로 들어선 느낌이었다.

"방금 전까지만 해도 그저 갈색으로만 보이던 것을 이제는 열 가지 이상의 갈색으로 구별할 수 있게 되었어요. 전에는 비슷하게 보이던 내 가죽 장정의 책들도 이제는 색조들을 꽤 분명하게 구별할 수 있어요."

실제로 그는 색채 감각이 향상되었고 시각 감각도 선명해진 데다 기억도 극도로 강화되었다.

"전에는 결코 그림을 그릴 수 없었고 마음속으로 뭔가를 '볼' 수도 없었어요. 하지만 이제는 마치 내 마음속에 카메라 루시다를 가지고 있는 것 같아요. 마치 종이 위에 투사된 것처럼 모든 것이 '보이고' 내가 '본' 것을 단지 윤곽만 그리는데도, 아주 정확한 해부도를 그릴 수 있어요."

하지만 그의 세계를 정말로 변화시킨 것은 예민해진 후각이 아니었다.

"내 자신이 개가 된 꿈을 꾸었어요. 그건 냄새의 꿈이었어요. 그리고 지금 잠에서 깨어보니 냄새로 가득한 세계였어요. 다른 감각들도 모두 전보다 강화되었지만 후각에 비할 바는 아니었어요."

그리고 이 모든 것과 함께 잃어버린 세계, 반쯤은 잃어버리고 반쯤은 기억이 나는 그 세계에 대해 몸서리칠 정도로 열렬한 감정과 기묘한 향수 같은 것이 생겨났다.♦ 그는 계속해서 말했다.

"향수 가게에 들어갔어요. 전에는 코가 그렇게 예민하지 않았는데 이번에는 향수 냄새를 금방 구별했어요. 향수 냄새 하나하나가 각각 독특했고 뭔가를 생각나게 해주고 아무튼 그 자체가 하나의 세계라는 것을 발견했어요."

그는 친구들과 환자들을 구별할 수 있었다. 냄새로….

♦ 어느 정도 이와 비슷한 상태가 있다. 감정이 기묘할 정도로 과다하게 치닫는 현상을 말한다. 강렬한 후각적 환각과 함께 향수, 회상, 데자뷰 등이 나타나기도 하는데 이는 갈고리이랑 발작의 특징이기도 하다. 관자엽간질의 한 형태인 갈고리이랑 발작은 약 한 세기 전에 잭슨이 처음으로 보고한 것이다. 그런 경험은 꽤 특수하기는 하지만 때때로 후각이 전반적으로 예민해지는 현상인 후각과민증을 들 수 있다. 계통발생적으로는 옛 '냄새-뇌'(후각뇌)의 일부인 갈고리이랑은 기능적으로는 대뇌의 변연계 전체와 연합되어 있다. 한편 변연계는 감정 상태를 결정하거나 통제하는 데 결정적인 역할을 하고 있다는 사실이 점점 더 명확해지고 있다. 원인이 어떻든 변연계가 흥분하면 감정이 격해지고 감각이 예민해진다. 이 주제와 관련해서는 데이비드 베어(1979년)가 곁가지 연구를 포함해 매우 자세한 연구를 진행시켜왔다.

내 안의 개

"병원에 가서 마치 개처럼 코를 킁킁거리며 냄새를 맡았어요. 그렇게 냄새를 맡아보니 눈으로 보기도 전에 그곳에 있는 스무 명의 환자들을 금방 알아차릴 수 있었어요. 사람은 모두 각자의 얼굴 냄새가 있었어요. 뭐, 후각 골상학이라고나 할까요. 아무튼 사람의 얼굴 생김새보다도 냄새가 훨씬 더 생생하고 더 암시적이죠."

그는 사람의 감정도 냄새로 알 수 있었다. 두려워하는지, 만족하는지 그리고 여자인지 남자인지까지… 마치 개처럼 말이다. 그는 거리와 가게도 냄새로 구별해낼 수 있었다. 그는 냄새만으로 길을 잃는 일 없이 뉴욕의 거리를 찾아갈 수 있었다.

그는 모든 것을 냄새 맡고 만져보고 싶은 충동을 느꼈지만("직접 만져보고 냄새를 맡아보지 않으면 전혀 실감이 나지 않았어요.") 다른 사람들과 함께 있을 때는 이상한 사람으로 취급되지 않으려고 그런 충동을 억제했다. 성적인 냄새에도 예민해지고 자주 흥분했지만 음식이나 다른 냄새보다 더하지는 않았다. 냄새는 대단한 쾌락을 주었다. 물론 불쾌감 역시 대단했다. 그러나 냄새는 그에게 단순한 쾌감이나 불쾌감의 문제가 아니었다. 그에게 이제 냄새는 자신을 둘러싼 세계에 대한 미의식과 판단에 가장 중요한 구실을 하는 요소가 되었다.

"엄청나게 구체적인 세상이 펼쳐졌어요. 하나하나가… 너무도 직접적이고 생생한 그런 세상 말이에요."

전에는 지적이었으며 무엇이든 숙고하고 추상화하는 경향이 있었던 그가 이제는 개개의 경험이 주는 거부하기 힘든 직접성에 비해 사고나 추상화, 범주화 같은 것들은 성가시고 진실성도 떨어진다는 것을 알게 되었다.

이런 기이한 변신은 그로부터 3주 후에 갑작스럽게 끝이 났다. 후각을 포함한 모든 감각이 정상으로 되돌아온 것이다. 예전 상태로 돌아온 그는 아쉬움과 안도감을 동시에 느꼈다. 핏기도 없고 감각도 희미할뿐더러 구체성도 떨어지고 추상적인 세상으로 돌아온 것이다.

"원래대로 돌아와서 기쁘긴 해요. 하지만 잃은 것도 무척 많은 것 같아요. 문명화되고 인간화되는 과정에서 우리가 포기한 것들이 뭔지 이제 알겠어요. 우리에게는 뭔가 다른 것도 필요해요. 원시적인 어떤 것…"

그리고 16년이 흘렀다. 학창시절도, 암페타민에 찌들었던 시절도 이제는 모두 옛이야기가 되었다. 그때와 비슷한 일은 그 이후로 한 번도 경험하지 못했다. 촉망받는 젊은 내과전문의가 된 스티븐은 친구이자 동료로서 나와 함께 뉴욕에서 일하고 있다. 후회랄 것은 하나도 없지만 그래도 그는 때때로 향수에 잠기곤 한다.

"냄새로 가득 찬 세계, 너무도 생생하고 너무도 현실적인 그런 세계였답니다. 마치 다른 세상에 와 있는 느낌이었어요. 순수한 지각의 세상, 모든 게 선명하고 생기 있는, 자족적이고 충만한 그런 세상요. 그럴 수만 있다면 언젠가는 그 시절로 돌아가 다시 한번 개가 되고 싶다는 생각도 가끔은 든답니다."

프로이트는 인간의 후각에 대해 인간이 성장하고 문명화되는 과정에서 억압된 '희생양'이라고 쓴 적이 여러 번 있다. 그는 인간이 직립을 하고 전생식기 단계의 원초적인 성욕이 억압당하는 과정에서 후각도 함께 억압당한다고 가정한 것이다. 시각이 지나치게(혹은 병리학적으로) 예민해지는 현상은 성도착증, 물품음란증의 경우에 흔히 나타나며 퇴행이나 도착倒錯과 연결된다는 사실이 실제로도 보고되어왔다.✦ 그러나 스티븐의 예에서 보인 탈억제는 그보다는 훨씬 더 일반적으로 보이며 비록 흥분(아마도 암페타민으로 인해 유발된 흥분일 것이다)을 동반하기는 했지만 특별히 성적인 것이나 성적인 퇴행과 연관된 것도 아니다. 이와 유사한 후각과민증(때로 발작을 동반하기도 한다)은 도파민 과민 상태에서도 발생할 수 있고, 뇌염후유증 때문에 엘도파를 투여받는 환자나 투렛 증후군 환자들의 경우에도 발생한다.

어쨌든 억제가 가장 기본적인 지각단계에서도 흔히 볼 수 있는 현상이라는 것만큼은 확실하다. 그리고 세련되고 범주화되고 감정에 좌우되지 않는 '식별력'을 갖추기 위해서는 헤드가 '원시감각'이라고 이름 붙인 아직 분화되지 않은 원초적인 느낌에 대한 억제가 필요하다.

이러한 억제의 중요성은 프로이트주의자들에게처럼 과소평가될 수 있는 것이 아니다. 또한 블레이크주의자들처럼 억제에서 벗어나는 것을 찬양하거나 낭만화해서도 안 된다. 헤드가 암시하듯이 우리가 개가 아닌 인간으로 존재하려면 아마도 억제가 필요할 것이다.♦♦ 그러나 스티븐의 경험은 G. K. 체스터튼의 시 〈쿠들의 노래〉를 떠올리게 한다. 우리도 가끔은 사람이 아니라 개가 될 필요가 있다.

코가 없어져버렸다네
이브의 타락한 후예들은…
오, 물의 행복한 냄새
돌의 용맹한 냄새!

♦   이에 대해 A. A. 브릴(1932년)은 후각이 극히 예민한 동물(예를 들면 개), '미개인' '어린아이' 등과 비교해서 자세히 설명했다.

♦♦ 헨리 헤드에 대한 조너선 밀러의 평 "The Dog Beneath the Skin", 〈더 리스너The Listener〉(1970년)를 참조.

나는 최근에 이런 증례의 결정판이라고 할 수 있는 환자를 만난 적이 있다. 재능이 뛰어난 남자였는데, 어느 날 머리 부상을 당해 후각로 부분을 다쳤다. 이 부분은 머리 앞쪽에 길게 뻗어 있어 손상되기 아주 쉬운 곳이다. 사고 후 그는 후각을 완전히 상실하게 되었다.

그는 이런 결과에 놀라기도 하고 낙담하기도 했다.

"후각? 그런 건 생각해본 적도 없어요. 보통 때 누가 그런 게 있다는 걸 의식이나 하겠어요? 하지만 막상 후각을 잃고 보니, 눈이 보이지 않는 거랑 똑같았어요. 인생의 맛을 꽤 많이 잃어버렸지요. 사람들은 모를 거예요, 냄새에 얼마나 많은 '맛'이 있는지를. 사람들 냄새를 맡고, 책 냄새를 맡고, 도시 냄새를 맡고, 봄 냄새를 맡지요. 물론 의식하지는 못할 거예요. 그래도 모든 것의 뒤에는 온갖 풍요로운 냄새가 있답니다. 그렇듯 풍요로운 세상이 어느 날 아주 빈곤한 세상으로 돌변해버린 거예요."

그는 극심한 상실감과 함께 간절한 바람을 갖게 되었다. 제대로 된 후각을 되찾고 싶다는… 그동안 별로 관심조차 없었던, 그나마 지금은 삶의 뒤편으로 완전히 물러나버린 것 같은 후각세계를 다시 기억해내고 싶다는 욕망이 생긴 것이다. 그리고 몇 달 후, 깜짝 놀랄 정도로 기쁜 일이 생겼다. '맛도 없고 그저 그랬던' 모닝커피에서 다시 그윽한 향기가 나기 시작한 것이다. 그는 시험 삼아 파이프 담배를 입에 대지 않은 채 불만 붙여보았다. 그러자 자신이 그토록 좋아하던 향을 희미하게나마 느낄 수 있었다.

그는 이미 신경과 의사들로부터 회복할 가망성이 없다는 말을 들었던 상태이지만 몹시 흥분하여 담당의에게 달려갔다. 그러나 이중맹검법二重盲檢法을 써서 세밀하게 검사를 한 담당의는 말했다.

"아닙니다. 유감스럽지만 이건 회복의 조짐이 아니에요. 여전히 완전한 무후각증입니다. 아무튼 파이프 담배와 커피 냄새를 맡으셨다니… 이상한 일이긴 하군요."

중요한 것은 그가 손상을 입은 곳이 대뇌피질이 아니라 후각로뿐이라는 것이다. 그에게 일어난 일은 아마도 후각과 관련된 이미지가 너무나 강렬하게 발달한 나머지 생긴 '통제된 환각증'일 것이다. 커피를 마시거나 파이프에 불을 붙이거나 하는 일 즉 과거에 늘 향기를 동반했던 상황에서 무의식중에 향기에 대한 기억을 다시 떠올릴 수 있게 된 것이다. 향기를 맡고 싶다는 소망이 너무 강한 나머지 향기가 '진짜'라는 생각을 하게 된 것이다.

어느 정도는 의식적이고 어느 정도는 무의식적인 이러한 힘은 더욱 강화되고 적용범위도 더 넓어졌다. 그는 이제 코로 봄의 냄새를 '맡는다'. 아니 어쩌면 그는 냄새기억이나 냄새그림에 대한 기억을 되살려내는 것일 수도 있다. 그러나 적어도 그 기억은 자신은 물론 다른 사람까지도 그가 실제로 냄새를 맡고 있다고 속아 넘어갈 정도로 강렬한 것이다. 이런 보상작용은 시각장애인이나 청각장애인의 경우에는 종종 일어나는 일이다. 우리는 소리를 듣지 못했던 베토벤이나 앞을 보지 못했던 프레스콧 같은 사람을 떠올릴 수 있다. 그러나 이런 일이 무후각증 환자의 경우에도 일어나는지 나로서는 알 수 없다.

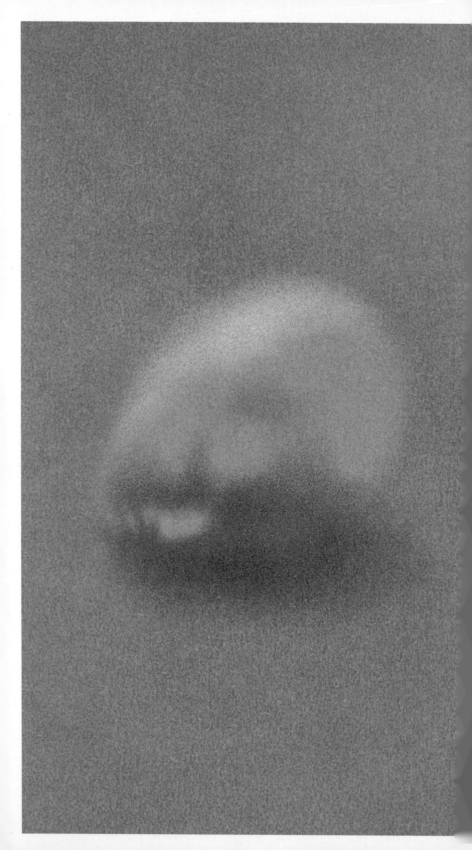

살인

도널드는 PCP를 복용한 몽롱한 상태에서 애인을 죽이고 말았다. 그러나 그에게는 살인을 했다는 기억이 전혀 남아 있지 않았다. 적어도 남아 있지 않은 듯이 보였다. 최면술과 최면제인 아미탈나트륨을 사용해보았지만 역시 아무런 반응을 보이지 않았다. 따라서 재판에서는 "기억의 억압은 보이지 않으며, 기질적인 기억상실, 펜시클리딘 중독으로 흔히 일어나는 의식상실이 인정된다"라는 결론이 내려졌다.

그가 애인을 살해한 과정은 경찰 조사를 통해서 상세히 밝혀졌지만 너무나 소름이 끼쳐 법정에서 공개될 수 없었다. 그래서 심리는 비공개로 열렸고 세상에도 그리고 당사자인 도널드에게도 알리지 않았다. 관자엽 발작 즉 정신운동 발작이 일어났을 때 자주 관찰되는 폭력행위가 증거로 채택되었다. 그러한 폭력행위의 경우 당사자에게는 자신의 행위에 대한 기억이 남아 있지 않고, 대개는 폭력을 휘두를 의사도 없다. 따라서 그러한 범죄를 저지른 사람에게는 책임을 묻지 않으며 유죄선고가 내려지지도 않는다. 그렇다 해도 당사자 자신이나 타인의 안전을 고려해서 그런 죄를 저지른 자는 수감된다. 불행한 도널드에게도 똑같은 조치가 내려졌다.

범죄자인지 아니면 정신이상자인지가 분명하게 판별되지 않은 채, 도널드는 정신이상이 있는 범죄자들을 수용하는 병원에서 4년을 보냈다. 그는 감금된 게 차라리 마음이 편한 듯했다. 아마 자신은 벌을 받아야 마땅하다고 생각했기 때문일 것이다. 게다가 격리되어 있는 게 안전하다고 느낀 듯했다. 누군가가 물으면 그는 언제나 슬픈 목소리로 "나는 사회에 적응할 수 없어요" 하고 말했다. 병원에 수용되어 있으면 느닷없이 자신을 제어할 수 없는 상태에 빠져도 안전했고 마음도 놓였다.

그는 언제나 식물에 흥미를 보였다. 원예는 건강한 취미이다. 위험한 인간관계를 맺거나 무서운 행위를 저지를 우려도 없으므로 병원에서는 그것을 장려했다. 그래서 도널드는 거친 황무지를 제공받아 그곳에 화단, 채소밭, 그 밖에 다양한 종류의 정원을 가꾸었다. 그는 절도 있는 안정을 되찾은 듯이 보였다. 옛날에 그토록 거칠었던 감정과 인간관계도 신기할 만큼 안정되었다. 그를 두고 분열병자라고 생각하는 사람도 있었고 정상이라고 생각하는 사람도 있었지만, 그가 안정되었다는 것만큼은 모두가 인정했다. 5년째 접어들어 주말 외출을 허락받자 그는 바깥 바람을 쐬기 시작했다. 자전거를 무척이나 좋아했던 그는 다시 자전거 한 대를 샀다. 그것이 이 기묘한 이야기 제2막의 시작이다.

자전거를 탄 그는 빠른 속력을 즐기면서 비탈이 심한 언덕길을 내려가고 있었다. 그때 서투르게 주행중이던 차 한 대가 길이 꺾여 보이지 않는 모퉁이에서 느닷없이 튀어나왔다. 도널드는 정면충돌을 피하려고 핸들을 꺾었지만 중심을 잃고 떨어져 머리를 땅에 심하게 부딪히고 말았다.

그는 머리에 중상을 입었다. 심한 양측경막하혈종이었고 외과

수술로 즉시 제거되었지만, 양 이마엽도 크게 손상되었다. 약 2주일 동안 그는 반신불수로 혼수상태를 헤맸다. 그후 그는 뜻밖에도 회복하기 시작했다. 그러나 이때부터 '악몽'이 시작되었다.

의식을 회복하기는 했지만 그것은 그에게 또다른 재앙을 안겨주었다. 그는 극심한 마음의 동요에 시달렸다. 의식을 반 정도 회복한 도널드는 누군가와 격하게 싸우는 듯 "야, 무슨 짓이야! 하지 마!" 하고 계속 부르짖었다. 의식이 또렷하게 돌아오면서 그 끔찍한 기억이 완벽한 형태로 되돌아온 것이다. 그는 신경학적으로 보아 심각한 상태였다. 좌반신 무기력에 지각장애, 발작, 심한 이마엽 결손증상을 일으키고 있었다. 게다가 전혀 새로운 문제까지 더해졌다. '살인', 시체, 잃어버렸던 기억이 선명하고도 마치 환영을 보듯이 하나하나 되살아난 것이다. 회상은 억제할 길 없이 용솟음쳐서 그를 압도했다. 그는 '살인'을 되풀이해서 보고, 수도 없이 계속해서 살인을 저지르고 있는 상태였다. 이것은 악몽일까, 광기일까, 그것도 아니면 기억의 항진일까? 기억력이 정말로 놀랍게 높아졌다.

우리는 그에게 자세한 질문을 던졌다. 질문을 던질 때에는 어떠한 암시나 힌트도 주지 않도록 세심하게 주의했다. 그 결과 그가 기억해내는 것들은 실제로 있었던 일의 회상이라는 사실이 곧 밝혀졌다. 그러나 그 자신은 회상을 제어할 수 없었다. 그는 사건의 세세한 내용까지 알고 있었다. 조사를 통해 밝혀진 것과 똑같은 사건 내용을 알고 있었다. 공판과정에서도 그에게 알려주지 않았던 내용까지 모두 알고 있었던 것이다.

그때까지는 전혀 없었던 기억—혹은 잊혀졌다고 여겨진 기억—이, 최면술과 최면주사를 사용해도 되살아나지 않던 그 기억이 갑자기 되살아났음이 밝혀진 것이다. 그뿐 아니라 그러한 회상이 일어나는 것을 멈출 수 없었다. 설상가상으로 회상을 통해 되살아나는 기억은 그로서는 도저히 견디기 힘든 내용이었다. 도널드는 뇌신경외과 병동에서 두 번이나 자살을 기도했다. 그리고 그때마다 강력한 진정제를 투여받고 구금되었다.

　도널드에게 도대체 무슨 일이 일어난 걸까? 무슨 일이 일어나려고 하는 걸까? 정신병으로 인한 망상이 갑자기 나타났다는 생각은 들지 않았다. 왜냐하면 실제로 나타난 것은 틀림없는 과거의 사실이었고 그 회상이었으니까. 혹시 그것이 정신병적 망상이라고 할 수 있을까? 그렇다면 그것이 왜 아무런 예고도 없이 갑자기 머리의 손상과 함께 나타났을까? 그의 경우는 정신병적이라고 해도 좋을 정도로 어떤 이상하고 강력한 압력이 기억에 가해졌다. 정신의학 용어로 말하면 너무나도 강한 리비도부착이 일어난 것이다. 그 때문에 그는 끊임없이 자살을 생각해야 하는 상황으로 내몰렸다. 막연한 오이디푸스적인 고뇌와 죄악감이 아니라 실제로 저질렀던 살인이 기억상실에서 반전을 이루어 떠오른 것은 도대체 어떤 연유에서일까? 이러한 추상을 불러일으키는 집중이란 대개 어떤 것일까?

　하나의 가능성으로, 이마엽이 손상되면서 억제에 필요한 조건이 사라졌다고 생각해볼 수 있을까? 지금 우리가 본 현상은 그때까지의 억압이 갑자기 풀리고 그 대신에 특이한 '반억압'이 폭발적으로 분출한 것이 아닐까? 그러나 우리 모두는 이러한 병례를 들은 적도 없었고 책에서 읽은 적도 없었다. 이마엽 증후군에서 일반적으로 '탈억제'가 관찰된다는 점은 모두가 잘 알고 있었다. 그런 때의 '탈억제'에서는 예를 들면 충동적인 익살, 수다, 요설, 호색 등이 관찰되고 그 무엇에도 구애받지 않고 제멋대로 행동하는 태도가 엿보인다. 그러나 당시의 도널드에게서는 그러한 변화를 관찰할 수 없었다. 적어도 충동적이지 않앉고 제멋대로 충동에 따라 행동하지도 않았다. 그의 성질과 판단, 인격은 전과 조금도 다름없었다. 도무지 억누를 길 없이 나타나 그를 괴롭히고 고뇌에 빠뜨리는 것은 단 한 가지, 살인 당시의 기억과 그때의 감정이었다.

어떤 흥분성 요소나 간질 요소가 있어서 그것이 영향을 미치고 있을까? 이에 뇌파 검사를 했더니 지극히 흥미로운 결과가 나왔다. 코인두 전극을 사용해서 조사해보니 그는 때때로 간질발작을 일으키기도 했지만 그것과는 별도로 양 관자엽에서 끊임없는 흥분 상태와 강도 높은 간질을 일으키고 있다는 사실이 밝혀진 것이다. 이것은 어디까지나 추론으로, 전극을 끼워넣지 않고는 확실하다고 잘라 말할 수 없었다. 그러나 아마 그 흥분 상태는 양 관자엽 속에서 일어나며 구회에서 편도체, 나아가 변연계까지 퍼져 있음에 틀림없었다(이것들은 모두 관자엽 깊은 곳에 자리 잡은 감정의 회로이). 펜필드와 페로트는 관자엽 발작 환자에게 반복적으로 일어나는 '회상'과 '경험적 환각'에 대해서 보고했다(《브레인》, 1963년, 596~697쪽 참조). 그러나 펜필드가 이 책에서 말한 대부분의 경험과 회상은 수동적이라고 말해도 좋은 것이었다. 예를 들면 음악을 듣는다거나 어떤 장면과 마주쳐 그것을 보는 수준에 머물렀고, 따라서 환자는 그 자리에 있지만 행위자가 아니라 단지 관객에 불과했다.♦

환자가 어떤 행위를 다시 경험하거나 다시 하는 듯한 느낌을 맛

♦   전부가 그렇다고는 할 수 없다. 펜필드가 쓴 글 중에는 다음과 같은 예가 있다. 특히 심한 정신적 손상을 받은 어떤 12세 소녀는 발작을 일으킬 때마다, 꿈틀꿈틀 움직이는 뱀 자루를 들고 쫓아오는 잔인한 남자에게 잡히지 않으려고 필사적으로 달아나는 자신의 모습을 떠올렸다. 이러한 '경험적 환영'은 5년 전에 실제로 일어난 무시무시한 사건이 그대로 정확하게 재현된 것이다.

보는 예는 지금까지 누구도 들은 적이 없다. 그런데도 도널드에게는 그런 일이 일어났다. 그러나 명확한 판단을 내릴 수는 없었다.

그렇기 때문에 여기에서는 그후 어떻게 되었는가를 쓸 수밖에 없다. 몇 년이 걸리기는 했지만 도널드는 젊음, 운, 시간, 자연적인 회복력, 손상되기 이전에 지니고 있던 뛰어난 기능들 덕분에 눈에 띄게 회복되었다. 이마엽의 기능을 대체하는 루리야식의 치료법도 회복에 도움을 주었다. 그의 이마엽 기능은 현재 거의 정상이다. 몇 년 전부터 사용한 새로운 항간질제 덕분에 관자엽 발작이 효과적으로 억제된 것이다. 아마 여기에서도 자연적인 회복력이 큰 힘을 발휘했을 것이다. 나아가 효과적인 정신요법을 정기적으로 세심하게 실시한 결과, 초자아로 인한 가혹한 자책도 수그러지고, 그 대신 좀더 원만한 자아가 도널드를 지배하기에 이르렀다. 그러나 무엇보다 중요한 사실은 도널드가 정원 가꾸는 일을 다시 시작했다는 점이다.

"정원을 손질하고 있을 때 마음이 제일 포근해요. 식물에는 에고가 없으니 다툼이 일어날 리도 없잖아요. 그러니 감정을 해치는 일도 없어요" 하고 그는 말했다. 프로이트가 말했듯이 노동과 사랑이야말로 궁극적인 치료법인 것이다.

도널드는 살인 사건을 조금도 잊지 않았고 기억을 다시 억압하는 일도 하지 않고 있다(억압하려고 해도 가능한 일이 아니니까). 그러나 기억을 억압하지 않더라도 기억으로 인해 시달리는 일은 없다. 생리학적인 균형, 정신적인 안정을 되찾은 것이다.

그러나 일단 잊었다가 나중에 다시 되살아난 기억에 대해서는 어떻게 생각하면 좋을까? 기억상실이 왜 일어났고, 왜 기억이 급작스럽게 되살아났을까? 완전한 망각에서 그토록 격렬한 회상으로 전환된 까닭은 무엇일까? 신경학의 드라마라고도 할 수 있는 이 기묘한 이

야기에서 실제로 일어난 일은 과연 무엇이었을까? 그것은 지금까지도
수수께끼이다.

힐데가르트의 환영

어느 시대에나 종교문헌은 '환영vision'에 대한 묘사로 가득 차 있다. 문헌 속에 나오는 사람들은 숭고하고 무어라 말할 수 없는 느낌을 눈부신 광채와 함께 경험했다(윌리엄 제임스는 이것을 환영photism이라고 했다). 대부분의 경우 이러한 경험이 히스테리성 황홀 상태인지 혹은 정신병적인 황홀상태인지 아니면 간질이나 편두통 혹은 중독 때문에 생겨난 상태인지를 확인하는 것은 불가능하다. 그러나 빙겐의 힐데가르트(1098~1180)는 아주 특별한 예외이다. 수녀인 그녀는 지적·문학적 재능이 비상했던 신비주의자였다. 그녀는 어릴 적부터 말년에 이르기까지 헤아릴 수 없이 많은 '환영'을 경험했고,《주님의 길을 알라》와 《성스러운 작품에 관한 책》이란 두 권의 수고본手稿本 속에 더할 나위 없이 아름다운 글과 그림으로 그것을 남겼다.

주의 깊게 고찰하면 그녀의 글과 그림들 속에서 우리는 어떤 분명한 특질을 찾아낼 수 있다. 그것들은 틀림없이 편두통과 관련된 것이며, 앞에서도 언급했던 온갖 다양한 시각적 이상 감각을 보여주고

천상의 도시의 환영 힐데가르트의《주님의 길을 알라》(빙겐에서 1180년경에 쓴 사본)에서 옮겨 실었다. 이 그림은 편두통 때문에 생겨난 여러 환영들을 바탕으로 재구성한 것이다.

있다. 힐데가르트의 환영에 관한 긴 글(1958년)에서 싱어는 가장 중요한 특징으로 다음과 같은 점을 들었다.

모든 그림에서 가장 두드러지게 나타나는 것은 하나의 점이나 여러 개가 함께 뭉쳐져 있는 모습으로 그려진 빛이다. 그 빛들은 희미한 빛을 발하며 움직이는 모습으로 그려져 있는데, 대부분은 물결이 움직이는 것처럼 보이기도 하고 때로는 별 모양이나 빛을 발하는 눈(그림 B)의 모습으로 해석된다. 그리고 하나의 빛이 나머지 다른 빛들보다 너울거리는 형태의 동심원들로 표현된 경우(그림A)도 아주 많고, 또 채색된 부분의 중심에서 성채임이 분명한 어떤 형태가 뻗어나와 있는 그림들(그림 C, D)도 있다. 수많은 선지자들이 묘사한 것처럼 이러한

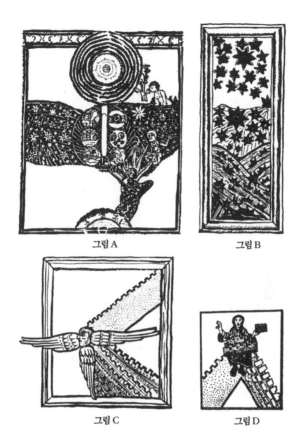

그림 A 이 그림의 배경은 물결치는 동심원들 속에 반짝이는 별들의 모습이다.
그림 B 무수하게 빛나는 별(섬광시)들이 떨어졌다가 사라진다(음성 암점과 양성 암점이 계속
이어진다).
그림 C, D 중심에서부터 뻗어나가는 성채의 모습이 그려져 있다. 원래의 그림에서는 가운데
부분이 채색되어 있으며 눈부신 빛을 발하는 것으로 묘사되어 있다. 성채는 힐데가르트가 경
험한 편두통 환각에 대표적으로 등장하는 도형이다.

빛들은 무언가 일어나거나 부글부글 끓어오르거나 용솟음치는 듯한

격렬한 느낌을 준다.

힐데가르트는 이렇게 썼다.

내가 환영을 본 것은 잠을 자고 있을 때도 아니고, 꿈을 꾸고 있을 때도 아니고, 그렇다고 미쳐 있을 때도 아니다. 세속의 눈으로 본 것도 아니고, 육신의 귀로 본 것도 아니고, 은밀한 곳에서 본 것도 아니다. 열린 장소에서 주의를 기울이면서 영혼의 눈과 내면의 귀로 본 것이다. 그것은 하느님의 의지에 따른 일이었다.

힐데가르트는 이러한 환영들 가운데 별들이 바닷속으로 사그라져가는 그림(그림 B)을 '천사들이 하강'할 조짐으로 해석했다.

나는 세상에서 가장 눈부시고 아름다운 큰 별을 보았다. 그 뒤를 쫓아 엄청나게 많은 별들이 남쪽으로 떨어졌다. (…) 그러다 갑작스럽게 그 모든 것이 사라지며 검은 석탄으로 변했다. (…) 그리고 심연으로 던져져 더이상 보이지 않았다.

이것이 힐데가르트의 우의적 해석이다. 이것을 문자 그대로 해석하면 그녀는 시야를 가로지르는 무수한 섬광시閃光視를 경험했고, 그 궤적이 음성 암점에 들어온 것이다. 성채의 형태를 띤 환영들은 〈질투하는 하느님〉(그림 C)과 〈찬란한 하느님의 옥좌〉(그림 D)에 나온다. 찬란하게 빛나는 선명한 점에서 뻗어나가는 이러한 두 개의 환영이 합쳐진 것이 첫 번째 그림이며, 그녀는 그 성채들을 하느님의 도시에 있는 건조물이라고 해석했다.

극도로 열광적인 상태에서 그녀는 이런 아우라를 경험하게 된다. 이것은 극히 드문 경우이기는 하지만, 최초의 섬광이 만들어낸 궤적을 따라 두 번째 암점이 생기는 경우이다.

힐데가르트의 환영

내가 보고 있는 빛이 어디에서 오는 것인지는 나도 모르지만, 이 빛은 태양보다 훨씬 더 밝게 빛나고 있다. 그 빛의 높이도 길이도 폭도 확인할 길이 없지만, 그래도 나는 그것에 '생명이 깃든 빛의 구름'이라는 이름을 붙였다. 태양과 달과 별의 빛이 수면에 비치듯, 인간이 글로 쓴 것, 말한 것, 미덕과 행동들이 모두 내 앞의 바로 그 빛 속에서 빛나고 있다. 때때로 나는 내 자신이 '생명이 깃든 빛 그 자체'라고 이름 붙인 또 하나의 빛을 발견하기도 한다. 그것을 보고 있노라면, 모든 슬픔과 고통을 잊고 나 자신 늙은 여인네가 아닌 순수한 소녀로 돌아가게 된다.

황홀 상태에서 힐데가르트는 자신의 환영에 대해 신을 향한 경외심과 철학적인 의미를 부여함으로써 자신의 삶을 영적이고 신비주의적인 것으로 가꾸어가는 데 도움을 받았다. 대다수 사람들에게는 환영이 하찮고 꺼림칙하고 아무런 의미도 없는 생리적인 현상일 수도 있겠지만, 선택된 소수의 사람들에게는 지고한 황홀감에서 나오는 영감의 원천이 될 수도 있다. 이런 예를 우리는 도스토옙스키에게서 찾을 수 있다. 간질 증세가 있던 그는 황홀감에서 나오는 아우라를 자주 경험하곤 했다. 그에게 그것은 대단히 중요한 경험이었다.

불과 5, 6초밖에 안 되는 짧은 순간에 불과하지만, 영원한 조화와 존재를 느낀다. 놀랍도록 분명하게 모습을 드러내어 우리를 황홀경에 휩싸이게 한다는 것, 그것이야말로 정말 무시무시한 일이다. 만약 이러한 상태가 5초 이상 지속된다면 우리의 영혼은 그것을 견뎌내지 못하고 소멸될 것이다. 이 5초 동안 나는 인간으로서의 존재 전체를 산다. 그것을 위해서라면 나는 내 모든 생명을 걸 수도 있을 것이고 아깝다는 생각도 들지 않을 것이다.

4부

단순함의 세계

지적장애인인 마틴이 이렇듯 정열적으로 바흐에 몰두하는 것은
신기한 일인 동시에 감동적이기도 했다. 바흐는 대단히 지적인 반면
마틴은 모자란 사람이었기 때문이었다. 마틴은 비록 지능은 낮지만
바흐의 복잡한 기교를 거의 완벽하게 이해하는 음악적 지성을 갖고 있었다.
지능 따위는 문제가 아니었다. 바흐는 그를 위해서 존재했고, 바흐야말로
그의 생명이었다. 마틴이 노래 부르는 모습, 음악과 한 몸을 이루고
황홀경 속에서 온 정신을 집중해서 듣는 모습은 참으로 경이로웠다.

몇 년 전에 지능이 뒤떨어진 환자들을 치료하기 시작했을 때, 그들을 상대하는 것이 우울할지도 모른다는 생각이 들어서 나는 루리야에게 편지를 보냈다. 그러나 그는 놀랍게도 아주 긍정적인 답장을 보냈다. 그의 답장에는 이렇게 쓰여 있었다. "지능발달이 지체된 환자만큼 내가 사랑스럽게 여기는 환자는 없습니다. 또한 선천성 질환 연구소에서 보낸 기간은 제 생애에서 가장 흥미로운 시간이었습니다."

　그는 처음으로 세상에 발표한 임상기록(《아이들의 언어와 정신 발달 과정》, 1959년)의 서문에서도 똑같은 심정을 피력한 바 있다. "만일 내 책에 대한 소감을 쓰는 것이 허용된다면, 나는 이 졸저 속에 언급된 사람들에 대해서 항상 느껴온 따스한 감정을 꼭 덧붙이고 싶다."

　루리야가 말한 '따스한 감정'이란 무엇일까? 그것은 분명히 개인적이고 정서적인 표현이다. 환자들이 어떤 지능장애를 가지고 있다고 해도 그들 자신이 반응하지 않는다면 혹은 그들 하나하나가 진정한 감수성을 가지고 정서적으로 반응할 수 없다면 이러한 '따스한 감정'을 느낄 수 없을 것이다. 그러나 여기에는 좀더 깊은 의미가 있다. 이 말에는 과학적인 흥미가 담겨 있는 것이다. 루리야는 과학적으로 보아 지극히 특이하고 흥미로운 무엇인가를 발견했다. 그것이 무엇일까? 결손이나 결손학상의 의미가 아닌 것은 분명하다. 그렇게 되면 범위가 너무 좁아지기 때문이다. 도대체 그들에게서 발견되는 특히 흥미로운 측면은 무엇일까?

그것은 마음의 '질'과 관계가 있다. 게다가 조금도 손상되지 않고 오히려 높아지기까지 한 마음의 '질'이다. 그들의 마음은 설령 '지능상의 결함'이 있다손 치더라도 그 이외의 정신적인 면에서는 흥미롭고 완전하다고 말할 수 있는 정도이다. 우리는 지적장애인이 가진 마음의 '질'을 인정해야 한다(어린아이나 '미개인'의 마음을 접했을 때도 같은 말을 할 수 있다. 그러나 클리퍼드 기어츠가 되풀이해서 강조했듯이 지적장애인, 어린아이, 미개인 등 세 부류를 동등하게 취급해서는 안 된다. 미개인은 지능이 낮은 사람이나 어린아이가 아니며 어린아이의 문화는 미개인의 문화가 아니다. 또한 지능이 낮다고 해서 미개인이나 어린아이라 할 수 없다). 물론 중요한 유사점도 있다. 피아제가 어린아이의 마음을 연구해서 밝혀낸 것과 레비스트로스가 미개인의 마음을 연구해서 밝혀낸 것은, 형태가 다르기는 하지만 지적장애인들의 마음과 정신세계에서도 그대로 인정된다.♦

이 연구를 계속한다면 마음과 지성을 함께 만족시키는 결과를 얻을 것이다. 그리고 루리야가 말한 '신비로운 과학'에 접근할 수도 있다.

그러면 과연 지적장애인들에게 특징적인 마음의 질이란 무엇

♦ 루리야의 초기 연구는 모두 이 세 가지를 합친 분야에 걸쳐 있다. 그는 중앙아시아의 미개사회에서 어린이에 관한 현장조사를 실시했으며, 그후 선천성 질환연구소에서 연구에 정진했다. 이 두 가지 경험을 토대로, 그가 평생에 걸쳐 이룩한 업적인 인간의 상상력에 대한 연구가 시작되었다.

인가? 사람의 마음을 사로잡는 그 천진난만함과 투명함, 완전함, 존엄은 어디에서 생기는 걸까? 어린아이의 세계나 미개인의 세계와 같이 '조금 모자란 이들의 세계'라는 것을 설정한다면 그 특징은 무엇일까?

한마디로 말하면 그것은 '구체성'이다. 그들의 세계는 생기 있고 정감이 넘치고 상세하면서도 단순하다. 왜냐하면 구체적이기 때문이다. 추상화를 통해 복잡해진 것도, 희박해진 것도, 통일된 것도 없다.

자연 만물의 본래 모습에 입각해서 말한다면 오히려 반대이겠지만, 신경학자들은 '구체성, 구체적인 사상'을 열등하고, 고려할 가치가 없고, 통일성이 결여되었고, 퇴보적인 것으로 간주한다. 따라서 체계화, 조직화에 관한 한 당대 제일인자로 불렸던 쿠르트 골드슈타인 등은 인간의 정신에 추상화와 분류를 해낼 수 있는 능력이 있기 때문에 훌륭하다고 생각했다. 따라서 일단 뇌에 손상을 입으면 인간은 고상한 영역으로부터 인간적이라고조차 말할 수 없는 차원 낮은 '구체성'의 수렁으로 내동댕이쳐진다고 생각했다. 만일 인간이 '추상적·범주적인 태도'(골드슈타인) 혹은 '명제적인 사고력'(휴링스 잭슨)을 잃으면 도리없이 인간 이하의 존재가 되며, 중요성도 없고 관심의 대상도 될 수 없다는 것이다.

그러나 나는 정반대라고 생각한다. 구체성이야말로 기본이다. 현실을 생생하게 '살아 숨 쉬는' 것으로, 개인적이며 의미가 있는 것으로 만드는 것이 바로 이 '구체성'이다. 만일 '구체성'을 상실하면 모든 것을 잃는다. 〈아내를 모자로 착각한 남자〉에 나오는 P선생의 경우가 그렇다. 그는 골드슈타인의 사고와는 정반대로 '구체성'에서 전락해서 '추상성'으로 빠진 것이다.

다음과 같이 생각하는 것이 이해하기 쉽고 좀더 자연스러울 것이다. '뇌에 손상을 입은 경우에도 구체적인 것을 이해하는 능력은 훼손되지 않고 남는다'고. 다시 말해 인간이 퇴행하면 구체적인 것밖에 이해할 수 없게 된다고 생각해서는 안 되며, 구체적인 것을 이해하는 원래의 능력은 상실되지 않고 남는다고 생각해야 하는 것이다. 따라서 기본적인 인격과 정체성 그리고 손상받기는 했지만 엄연한 생명체로서 버티고 있는 존재 그 자체는 상실되지 않고 남는 것이다.

《지워진 기억을 쫓는 남자》에 나오는 자제츠키의 경우가 그렇다. 그는 본질적으로는 인간임에 틀림없다. 그의 추상능력이나 서술능력이 아무리 황폐해졌다고 하더라도 그는 어디까지나 도덕성과 풍부한 상상력을 지닌 인간인 것이다. 바로 이 점에서 루리야가 잭슨이나 골드슈타인의 견해를 지지하는 듯이 보이지만, 사실은 중요한 점을 180도 뒤집고 있다. 잭슨이나 골드슈타인식의 입장에서 자제츠키는 지능이 낮고 혼이 빠져나간 사람에 불과하지만 실제로는 전혀 그렇지 않다. 그도 버젓한 하나의 인간이며, 그의 감정과 상상력은 전혀 손상되지 않았다. 오히려 좀더 높이 고양되었을 정도이다. 책 제목과는 달리 그의 세계는 산산이 부서지지 않았다(원제는 'The Man with a Shattered World'[산산이 부서진 남자]로 한국어판 제목과 차이가 있다—옮긴이). 그에게 부족한 것은 일관성 있는 추상능력뿐이며, 그의 세계는 대단히 평화롭고 깊이가 있으며 구체적이다.

이상과 같은 모든 점들은 지적장애인들에 대해서도 똑같이 말할 수 있다. 아니, 훨씬 더 정확하게 들어맞는다고 할 수 있다. 그들은 처음부터 지능이 낮고 추상적인 것을 이해하지 못하지만, 그렇다고 해서 곤혹감을 느끼는 일도 없다. 그들은 생각에 깊게 잠기는 일도 없이 소박하게 때때로 우리를 깜짝 놀라게 하는 집중력으로 현실을 직접 경험한다.

이 시점에서 우리는 매혹과 패러독스의 세계에 발을 들여놓게 된다. '구체성'은 꽤나 까다로운 개념이다. 이것은 상당히 애매한 개념이어서 해석하기가 어렵다. 의사나 치료사, 교사, 과학자에게 특히 요구되는 것이 바로 이 '구체성'에 대한 연구이다. '구체성'에 대한 연구는 무슨 일이 있어도 이루어져야만 한다. 이것이 바로 루리야가 말한 '신비로운 과학'인 것이다. 그가 소설 같은 필체로 쓴 두 권의 임상기록은 모두 구체성에 대한 연구라고 해도 좋다. 뇌에 장애가 있는 자제츠키는 현실에 도움을 주는 것으로서의 '구체성'이 상실되지 않고 남아 있는 사례이며, 반면에 기억항진 환자의 초정신성은 현실을 희생하고라도 '구체성'이 강조되는 경우이다.

구체성을 해명하는 데 고전적 과학은 별 도움이 안 된다. 고전 신경학이나 정신의학에서는 '구체성'을 별다른 소용이 없는 하찮은 개념으로 본다. '구체성'을 충분히 평가하고 '구체성'이 지닌 경이적인 힘과 위험성을 이해하기 위해서는 신비한 과학이 필요하다. 그리고 지적 장애인들을 생각할 때도 우리는 구체성에, 순수하고 단순한 구체성에 어쩔 수 없이 직면하게 된다.

'구체성'이야말로 새로운 해명의 실마리인 동시에 장벽이기도 하다. 그것을 통해서 감수성, 상상력, 내면의 세계로 들어갈 수 있는 반면, 구체성에 사로잡히면 의미 없는 세세한 것에 집착하기 때문이다. 지적장애인들에게는 양쪽의 가능성이 증폭되어 나타난다.

구체적인 심상과 기억에 대한 뛰어난 능력은 관념적·추상적 능력이 모자란 대신에 자연으로부터 받은 선물이다. 그러나 그 능력은 역작용을 하기도 한다. 작고 개별적인 것에 지나치게 마음을 쓴다거나 세부에 이르기까지 정확하고 선명한 심상과 기억력에 너무 매달린다거나 초절능력超絶能力의 실연자(소위 '천재아')가 자신의 지능에만 주의를 기울이는 경향을 보이는 것 등이 그 예이다(기억항진 환자의 경우와 한

동안 떠들썩하게 알려졌던 '기억술'의 개발, 양성 등이 그 예이다).◆

이러한 경향은 〈살아 있는 사전〉의 마틴과 호세의 경우에도 관찰된다. 〈쌍둥이 형제〉에 나오는 쌍둥이 형제의 경우에는 그들의 재능을 보고 싶어 하는 대중들의 바람과 자신들의 능력을 남들에게 보이고 싶어 하는 그들의 과시욕이 한데 얽혀서 그러한 경향이 특히 강하게 나타났다.

그러나 좀더 흥미롭고 인간미가 깃든 맛 그리고 좀더 감동적이고 현실적인 맛은 그들이 그들의 특질인 구체성을 어떻게 적절하게 활용하고 발전시키는지를 살펴보면 느낄 수 있다. 지적장애아들의 마음을 헤아리는 부모나 교사는 그들이 구체성을 어떻게 활용하고 발전시키는지를 잘 안다. 그러나 그런 아이들에 대한 과학적 연구는 이 점을 거의 인정하지 않는다.

신비로움, 아름다움, 심오함은 구체적인 것을 통해서도 전달된다. 또한 그 구체적인 것을 통해서 감정, 상상력, 혼의 세계로 들어갈 수도 있다. 그것은 어떠한 추상적 개념에 못지않게 효과적이다(아마 추상개념 이상으로 효과적일 것이다. 이 점과 관련해서 게르숌 숄렘은 1965년에 관념적인 것과 상징적인 것을 대비시켜 논했고, 제롬 브루너는 1984년에 '패러다임적인 것'과 '이야기적인 것'을 대비시켜 논했다). 구체적인 것에는 감정과 의미를 손쉽게 흘려넣을 수 있다. 아마 그것은 추상개념보다도 쉬울 것이다. 구체적인 것은 손쉽게 아름다운 것, 극적인 것, 희극적인 것, 상징적인 것이 되며, 예술이나 정신과 같은 심오한 것으로 승화될 수 있다. 개념적으로 말할 때, 지적장애는 불구일지도 모른다. 그러나 구체적인 것, 상징적인

◆ 프랜시스 예이츠, 《기억술》(1966년) 참조.

것을 이해하는 힘은 건강한 사람 어느 누구에게도 뒤떨어지지 않는다(이것은 과학이며 동시에 신비로운 것이기도 하다). 키에르케고르만큼 이것을 아름답게 표현한 사람은 없다. 그는 임종을 눈앞에 두고 이렇게 썼다. "너, 평범하고 소박한 인간이여." 이 말을 조금 바꿔서 표현하면 다음과 같을 것이다. "성경의 상징주의는 끝없이 높은 곳에 있다. (…) 그러나 그것은 지능이 높고 낮음과 관계가 없으며, 사람과 사람 사이의 지적인 차이와도 관계가 없다. (…) 만인은 이 점을 이해한다. 왜냐하면 모든 인간은 그 끝없는 높이에 도달할 수 있기 때문이다."

더러는 지능이 매우 낮은 사람도 있을 것이다. 자물쇠를 열지도 못하고, 하물며 뉴턴의 운동법칙을 이해하거나 세계를 개념으로 파악하지 못하는 사람들도 얼마든지 많다. 그러나 그런 사람들도 충분히 해낼 수 있는 일이 있다. 그것은 세계를 구체적인 것, 상징으로 이해하는 것이다. 이것이야말로 마틴이나 호세, 쌍둥이 형제처럼 재능이 풍부한 '바보'들이 가진 또 하나의 측면이다.

그들 모두 예외적인 경우라고 말하는 사람이 있을지도 모른다. 그래서 나는 제4부를 리베카의 이야기로 시작하고자 한다. 그녀는 지극히 평범한 환자이다. 그녀를 진찰한 것은 12년 전의 일이지만 지금도 그녀를 생각하면 마음이 훈훈해진다.

시인 리베카

아는 사람의 소개로 리베카가 우리 진료소를 찾아왔을 때, 그녀는 어리기는커녕 19세의 어엿한 숙녀였다. 그러나 그녀의 할머니가 말했듯이 행동은 아직도 어린아이 같았다. 집 근처에서도 길을 잃었고, 열쇠로 문을 여는 것조차 하지 못했다(열쇠가 무엇인지도 몰랐고, 또 알려고도 하지 않았다). 오른쪽과 왼쪽도 구별하지 못했고, 옷의 겉과 안, 앞과 뒤도 구별할 줄 몰라 거꾸로 입고도 그것을 깨닫지 못했다. 설령 깨닫는다고 하더라도 스스로 바르게 고쳐 입을 수는 없었다. 장갑이나 신발의 오른쪽과 왼쪽을 바꾸려면 몇 시간이나 걸렸다. 할머니의 말을 들으니 리베카에게는 '공간감각이 없는 듯' 했다. 모든 동작이 서투르고 어색하기 짝이 없었다. 그래서 보고서에는 '서투름' 혹은 '둔함'이라고 기록되어 있었다(그러나 춤출 때만은 전혀 서툴지 않았다).

리베카는 약간의 구순구개열로 인해 말할 때마다 휴휴 하는 소리가 났다. 손가락은 짧고 통통했으며, 손톱은 둥글게 변형되어 있었다. 그녀는 심한 퇴행성 근시여서 도수 높은 안경을 썼다. 이러한 모든 현상의 원인은 뇌와 지능에 결함을 주는 원인과 동일했다. 그녀는 애처로울 정도로 수줍음을 타는 내성적인 성격이었다. 언제나 조롱을 당하며 살아온 삶이 그녀를 그렇게 만든 것이다.

그러나 그녀는 깊고 따뜻하며 정열적인 사랑을 할 줄 알았다. 그녀는 할머니를 끔찍하게 사랑했다. 부모님이 돌아가시고 고아가 된 그녀는 3세 때부터 할머니 손에서 자랐다. 자연을 무척이나 좋아해서, 공원이나 식물원에 데리고 가면 몇 시간 동안이나 즐겁게 놀곤 했다. 옛날이야기를 좋아해서 글을 배우려고 온갖 노력을 해봤지만 끝내 읽기를 배우지 못했다. 그녀는 곧잘 할머니나 다른 사람에게 글을 읽어 달라고 졸랐다. "옛날이야기에 굶주린 아이 같아요" 하고 할머니는 말했다. 다행히도 할머니는 글읽기를 좋아했기 때문에 다정한 목소리로 책을 읽어주었고, 리베카는 이야기에 푹 빠져들곤 했다. 할머니는 옛날이야기뿐 아니라 시도 읽어주었다. 리베카는 이야기에 굶주려 있었고, 또 이야기를 필요로 했다. 이야기야말로 그녀에게 필요한 영양분이었고, 현실을 알려주는 유일한 길이었다. 자연은 아름답지만 말이 없다. 그래서 리베카는 자연만으로는 마음을 채울 수 없었다. 그녀에게 필요한 것은 말을 통한 이미지로 표현된 세계였다. 리베카는 일상생활 속의 간단한 설명이나 가르침도 제대로 이해하지 못했지만, 심오한 의미를 지닌 시 속의 비유와 상징을 이해하는 데는 거의 아무런 어려움을 느끼지 않았다. 그녀에게 감정을 나타내는 말, 이미지나 상징을 나타내는 말은 하나의 세계였다. 그녀는 그 세계를 사랑했고, 그 속으로 놀랍도록 깊게 파고들었다. 그녀는 개념적인 이해력이 없는데도 시적인 언어는 잘 알아들었다. 말하는 것이 서툴긴 해도 일종의 시인, 천부적인 시인이라고 불릴 만했다. 깜짝 놀랄 만한 비유와 은유가 뜻하지 않은 순간에 시적 탄식이나 암시처럼 자연스럽게 떠오르는 듯했다.

시인 리베카

할머니는 조용하면서도 경건한 신자였고 리베카도 그랬다. 그녀는 안식일에 켜는 촛불과 유대교의 축일에 부르는 축가나 기도를 좋아했다. 그녀는 유대교 성당에 가는 것도 좋아했다. 그곳에서는 그녀도 때 묻지 않은 양, 성스러운 어린 백성으로 사랑받았다. 리베카는 정통 유대교의 예배, 전례典禮, 성가, 상징 등을 모두 이해했다. 그녀는 이 모든 것을 몸으로 느끼고 사랑했다. 그러나 지각이나 시공의 파악, 체계적 이해력면에서는 심각한 결함을 보였다. 예를 들어 거스름돈을 계산하지 못한다든지 읽거나 쓸 줄을 몰랐다. 평균 지능지수는 60 이하였다(그녀의 경우는 행동 테스트보다 언어 테스트의 결과가 훨씬 나았다).

그녀는 그때까지 사람들의 눈에 '우둔한 여자애' '바보' '굼벵이'로 비쳤고, 사람들은 실제로 그녀를 그렇게 불렀다. 그러나 리베카는 뜻밖의 불가사의한 힘, 멋진 시적인 재능을 갖춘 사람이었다. 겉보기에는 결점투성이에 무능해 보였고, 그로 인해 강한 욕구불만이나 불안에 떨고 있는 것처럼 보였다. 사실 지능이 뒤떨어졌고 그 점에 대해서는 그녀 자신도 알았다. 보통 사람이라면 누구나 가지고 있는 간단한 기술이나 능력도 없었다. 그러나 그녀 자신의 마음속에는 자신이 결점투성이에 무능하다는 의식이 전혀 없었다. 그녀의 마음속에 있는 것은 온화하고 성숙한 감정을 지니고 충실히 살아가는 인간, 보통 사람들에 못지않은 깊고 고상한 정신을 지닌 인간이었다. 리베카는 자신이 지적으로는 불완전하다고 느꼈지만, 정신적으로는 충실하고 완전한 인간이라고 생각했다.

정말 어색하고 꼴사나운 모습의 그녀를 처음 만났을 때, 나는 그녀가 정말 불행한 희생자, 결함으로 가득 찬 인간이라고 생각했다. 나는 그녀의 신경학적인 결함을 손쉽게 찾아내 정확하게 분석할 수 있었다. 행위상실증, 인식불능증, 감각 및 운동의 결손과 쇠약 등이 인정되었고, 지적 도식과 개념들은 피아제의 기준에 따르면 8세짜리 꼬마 수준이었다. "아마 단편적으로 우연히 남은 능력이겠지만, 말하는 것만이 가능한 가여운 아이다" 하고 나는 혼자 중얼거렸다. 거의 모든 기능이 못 쓰게 되었지만 피아제의 도식 가운데 좀더 높은 대뇌피질의 감각기능만이 단편적으로 남아 있다고 생각했던 것이다.

두 번째로 그녀를 만났을 때, 나는 그녀에게서 뜻밖의 모습을 발견했다. 그렇다고 해서 내가 그녀를 진찰하거나 진료소에서 '평가'한 것은 아니었다. 그녀의 놀라운 모습을 발견한 것은 어느 상쾌한 봄날, 업무가 시작되기까지 시간이 조금 남아서 마당을 거닐 때였다. 리베카는 벤치에 앉아서 움트는 4월의 신록을 조용한 시선으로 즐거운 듯이 바라보고 있었다. 신록을 바라보는 그녀에게서 처음 만났을 때의 어색하고 꼴사나운 모습은 찾아볼 수 없었다. 얇은 옷을 입고 앉아 있는 그녀의 얼굴은 부드러웠고 잔잔한 미소까지 머금고 있었다. 이리나, 아냐, 소냐 혹은 니나와 같은 체호프의 소설에 나오는 소녀가 연상되었다. 그녀는 벚꽃이 흐드러지게 핀 정원을 배경으로 아름다운 봄날을 즐기는 소녀의 모습 그 자체였다. 신경학자로서 내 견해가 무엇이든, 적어도 평범한 인간으로서 나는 그렇게 느꼈다.

가까이 다가가자 그녀는 발자국 소리를 듣고 뒤돌아보았다. 그녀는 만면에 웃음을 띠며 말이 아닌 몸짓으로 이렇게 말했다.

"보세요, 너무나 아름답지요?"

그러더니 그녀는 갑자기 잭슨 증후군의 특징인 폭발적인 기세로 신기한 시적 언어를 중얼거렸다.

"봄, 탄생, 성장, 깨어남, 계절, 만물이 때를 만났다…"

나는 《구약성서》의 〈전도서〉를 생각했다. '천하에 범사가 기한이 있고 모든 목적이 이룰 때가 있나니 날 때가 있고 죽을 때가 있으며

심을 때가….'

비록 더듬거리기는 했지만 리베카가 외치고자 했던 내용은 바로 이것이었다. 그것은 계절의 비전이자 시간의 비전이었고, 〈전도서〉에서 말하고자 했던 내용과 하나도 다를 바가 없었다. "저 소녀는 백치 전도사이다" 하고 나는 남몰래 중얼거렸다. 내 눈으로 본 그녀의 두 가지 모습, 백치인 그녀와 상징주의자인 그녀가 이 문장 속에서 서로 만나고 충돌하고 하나로 뒤섞였다. 지난번에 진찰했을 때의 그녀는 절망적이었다. 그때 한 테스트는 모든 신경학과 심리학의 테스트가 그렇듯이 결함을 밝혀내기 위해서뿐만 아니라 그녀를 분해해서 결함과 능력의 양 측면으로 나누기 위한 것이었다. 테스트 결과 그녀에게 남은 것은 절망뿐이었다. 그러나 정원에서 본 그녀는 신기하리만치 통일되고 침착한 모습이었다.

전에는 그토록 통일이 결여된 존재였는데, 정원에 있는 그녀는 어째서 이토록 통일되고 침착한 존재로 변했을까? 그녀의 사고, 조직, 존재에는 전혀 다른 두 개의 측면이 존재하는 것이 틀림없었다. 하나는 체계적인 측면으로, 도형을 이해하거나 문제를 풀 때 필요한 것이다. 지금까지 한 검사는 모두 이 측면을 확인하기 위한 검사였고, 그녀는 이 점에서 대단히 뒤떨어져 있다는 사실이 밝혀진 바 있었다. 그러나 그러한 검사를 통해서는 결함 외에 아무것도 알 수 없다. 결함 저편에 있는 것을 볼 수 없었던 것이다.

결국 그 테스트를 통해서는 그녀가 그토록 뛰어난 능력을 가지고 있다는 사실을 전혀 감지할 수 없었다. 다시 말해서 그녀가 현실세계(자연계와 상상의 세계)를 일관성 있는, 명료하고 시적인 존재로 느끼는 능력과 그런 세계를 보고 생각하며 가능하다면 그것과 더불어 살아가고자 하는 능력을 가지고 있음을 조금도 예상할 수 없었다. 그녀에게도 평화롭고 조화로우며 일관성이 갖춰진 내면세계가 있다는 사실을 알아낼 수 없었다. 그것을 발견하기 위해서는 문제나 과제와는 전혀 다른 방법이 필요했던 것이다.

그녀를 이토록 차분히 가라앉게 만든 것은 과연 무엇일까? 그것이 체계적인 것이 아님은 분명했다. 나는 그녀가 이야기를 좋아하고 이야기의 구성과 조화를 좋아한다는 사실을 떠올렸다. 혹시 눈앞에 있는 이 소녀, 인식장애를 가졌지만 매력적인 이 소녀는 일관된 세계를 만들어내기 위해 이야기적·연극적인 방법을 활용할 줄 아는 게 아닐까? 대단히 발달이 늦고 그 때문에 그녀에게 전혀 도움이 안 되는 체계적인 방법 대신에 이야기적·연극적 방법을 활용하고 있는 건 아닐까? 그렇게 생각하면서 나는 그녀의 춤추는 모습을 머릿속에 그렸다. 보통 때의 그녀는 보기 흉할 정도로 어색하지만, 어디 한 군데 흠잡을 데 없이 완벽하리라.

의자에 앉아서 가식 없고 숭고한 자연의 경치를 즐기는 그녀를 바라보면서, 나는 우리가 그녀에게 접근한 방법이나 평가가 아주 터무니없었다는 사실을 깨달았다. 그 방법이나 평가는 결함을 발견할 수 있을 뿐, 결코 능력을 찾아낼 수는 없기 때문이다. 음악, 이야기, 연극처럼 그 자체에 내재한 힘으로 자연스럽게 진행하는 것이 필요했음에도, 우리가 한 테스트는 단순히 퍼즐과 도표를 보여줄 뿐이었던 것이다.

자기 자신을 이야기적인 방법으로 통합할 수 있는 상태에 있다면, '이야기적인 존재'로서 그녀는 전혀 손상되지 않은 완벽한 존재이다. 이 점은 너무나도 중요했기 때문에 꼭 알아내야 했다. 이 점만 알아낸다면, 체계적인 방법과는 전혀 다른 방법으로 그녀의 잠재 능력을 알 수 있기 때문이다.

처음에 왔던 그녀와는 전혀 다른 모습의 그녀를 우연히 발견한 것은 대단한 행운이었다. 어떻게 손써볼 도리가 없을 정도로 결함투성이인 그녀. 그러나 한편으로는 너무나 믿음직스러울 정도로 능력이 뛰어난 또 하나의 그녀. 내가 우리 진료소에서 만난 최초의 환자가 그녀였던 것도 내겐 행운이었다. 왜냐하면 그녀를 통해서 알게 된 사실을 다른 모든 환자에게도 적용할 수 있었기 때문이다.

몇 번에 걸쳐 그녀를 진찰하면서 그녀의 인간성은 깊이를 더해가는 것 같았다. 그것은 그녀가 자신의 깊은 내면을 드러내 보여주었기 때문이기도 했고, 내가 그녀의 내면에 경의를 표했기 때문이기도 했다. 그녀는 그해에 완벽한 행복은 아니었지만 그래도 나름대로의 행복감을 느끼며 지냈다.

그러나 11월에 리베카의 할머니가 돌아가셨다. 4월에 그녀가 보여주었던 밝고 기쁨에 찬 모습은 깊고 어두운 슬픔으로 바뀌었다. 그녀는 슬픔에 발버둥치면서도 위엄을 잃지 않았다. 이전에 그토록 인상적이었던 밝고 서정적인 자아에 기품과 인간적인 깊이가 더해졌다.

나는 그녀의 할머니가 돌아가셨다는 기별을 듣고 그녀를 찾아갔다. 그녀는 사람의 훈기가 없는 썰렁한 집의 작은 방에서 나를 맞이했다. 위엄을 잃지는 않았지만 슬픔에 젖은 얼굴이었다. 그녀는 잭슨 증후군의 특징인 더듬거리는 말투로 중얼중얼 호소하듯이 말하기 시작했다.

"할머니는 왜 돌아가셨을까요?"

그녀는 눈물을 흘렸다. 그러고는 이렇게 덧붙였다.

"내가 우는 건 할머니 때문이 아니라 나 때문이에요."

잠시 후에 그녀는 또 이렇게 말했다.

"할머니는 이제 잘되셨어요. 영원의 집을 향해 여행을 떠나셨으니까요."

'영원의 집'이란 그녀 자신이 생각한 상징적인 표현일까, 아니면 〈전도서〉를 무의식중에 떠올려서 한 말일까? 몸을 움츠리며 그녀는 울었다.

"너무나 추워. 밖이 추워서가 아니에요. 집 안이 겨울인걸요. 죽음처럼 차가워요."

그러더니 이렇게 덧붙였다.

"할머니는 나의 일부였어요. 이제 나의 일부도 할머니와 함께 죽고 만 거예요."

탄식하는 그녀는 완전한 존재였다. 슬픔에 젖은 완전한 인간이었다. 지능이 낮다는 느낌도 전혀 들지 않았다. 30분이 지났다. 슬픔이 누그러지고 생기가 약간 돌았다. 그녀는 이렇게 말했다.

"지금은 겨울이라 내가 죽을 것 같은 기분이 들지만 분명히 봄이 다시 돌아올 거예요."

그녀의 슬픔은 물론 금방 가시지는 않았다. 그래도 조금씩 좋아졌다. 리베카가 예상했던 대로였다. 슬픔이 짓누를 때도 그녀는 그것을 알았던 것이다. 할머니의 동생인 이모할머니가 그녀의 집으로 이사를 왔는데, 그 이모할머니의 동정과 도움이 큰 힘이 되었다. 그리고 유대 성당과 유대교 신자들의 도움도 컸다. 그들은 특히 일주일간의 '상중'에 큰 도움을 주었다. 그녀에게는 유족, 나아가 상주라는 특별한 지위가 주어졌기 때문이었다. 나와 터놓고 대화를 나눈 것도 도움이 되었을지 모른다. 흥미롭게도 그녀의 꿈 또한 도움이 되었다. 꿈 이야기를 할 때면 그녀는 언제나 생기발랄했다. 그녀가 꾼 꿈에는 상을 당한 동안 그녀의 마음이 보인 변화가 분명하게 드러나 있었다(피터스, 1983년 참조).

나는 4월의 밝은 햇살 아래 체호프의 소설에 나오는 니나처럼 앉아 있던 그녀를 기억한다. 또한 어두운 11월의 어느 날, 퀸스 지구의 쓸쓸한 공동묘지에 있는 할머니의 묘지 앞에서 기도를 올리며 슬픔에 젖어 울던 그녀의 모습도 분명하게 기억한다. 기도와 성경 말씀은 할머니가 돌아가시기 전에는 행복하고 서정적이고 축복받은 생활에 깊은 영향을 미쳤으며, 그녀에게는 늘 기쁨이었다. 그리고 할머니가 돌아가신 후 그녀는 〈시편〉 103편의 기도문 속에서 자신에게 가장 적합한 위로의 말, 탄식의 말을 찾아냈다.

4월에 처음 만났을 때부터 11월에 할머니가 돌아가실 때까지 그녀는 다른 '고객'(조금 어색한 호칭이지만 '환자'보다는 듣기가 좋았기 때문에 당시에는 이 말을 사용했다)과 똑같이 우리의 '발달 및 인지능력 촉진 계획'(이 말도 당시의 유행어였다)의 일환인 갖가지 워크숍과 수업에 배치되었다.

그러나 리베카에게는 효과가 없었다. 다른 환자들도 마찬가지였다. 결함이 있다고 여긴 부분의 교정에 있는 힘을 모두 쏟아붓고 때로는 잔혹할 정도의 작업을 부과했지만, 결과는 허사였다. 나는 이런 방법이 적절한 치료법이 되지 못한다는 생각을 하게 되었다.

우리는 환자의 결함에 너무 많은 주의를 기울였던 것이다. 그래서 변화하지 않는, 상실되지 않고 남아 있는 능력을 거의 간과했다. 내게 이 점을 처음으로 깨닫게 해준 사람이 리베카였다. 우리는 소위 '결함 연구'에 지나치게 관심을 기울여서 '내러톨로지'(서사학) 쪽에는 거의 주의를 기울이지 않았던 것이다. '내러톨로지'야말로 지금까지 무시되었지만 반드시 필요한 '구체성의 과학'인 것이다.

리베카는 전혀 다른 두 개의 사고 및 정신형태 즉 '패러다임적인(범례적인) 것'과 '이야기적인 것'(브루너의 용어)을 구체적인 형태로 체현했다. 두 가지 모두 성장하는 인간의 정신에 생래적으로 갖춰진 자연적인 요소이지만, 두 가지 가운데 '이야기적인 것'이 선행하며 정신적으로도 중요하다.

어린아이들은 이야기를 좋아하고 그것을 듣고 싶어한다. 아직 일반적인 개념이나 범례를 이해하는 힘이 없는 동안에도 이야기의 형태로 나타난 복잡한 내용은 잘 이해한다. 세계가 어떤 것인가를 아이들에게 가르쳐주는 것은 '이야기적인' 혹은 '상징적인' 힘이다. 상징이나 이야기를 통해서 구체적인 현실이 표현되기 때문이다. 추상적인 사고 따위가 아직 아무런 도움도 되지 않는 무렵부터 '이야기적인' 힘은 위력을 발휘한다. 아이들은 유클리드를 이해하기에 앞서 성경을 먼저 이해한다. 그 까닭은 성경이 좀더 단순하기 때문이 아니라(아마 그 반대일 것이다) 성경이 상징으로 표현되는 이야기의 형태를 취하고 있기 때문이다.

이렇게 생각하면, 19세인 리베카는 할머니가 말한 대로 완전히 아이 같았다고 말할 수 있다. 그러나 '아이 같다'고는 하지만 아이는 아니었다. 왜냐하면 연령적으로는 성인이기 때문이다('정신 지체'라는 말은 아이 상태가 지속되고 있다는 것을 의미하며, '정신적 결함'이라는 말은 결함이 있는 성인을 의미한다. 두 개념 모두 심오한 진실과 거짓이 한데 섞여 있다).

리베카에 한정되지 않고, 내면적인 성장이 가능한 '정신적 결함'의 경우 감정적·이야기적·상징적 능력은 현저하게 발달할 가능성이 있다. 그래서 리베카가 그랬듯이 시인으로서의 재능을 키우거나 호세처럼 그림 그리는 재능을 기를 수 있다. 반면에 패러다임적인 능력, 개념적인 능력 등 처음부터 분명히 뒤떨어지는 능력은 아무리 학습을 열심히 지속한다고 해도 키워지지 않으며 설령 발달한다고 해도 한계가 있다.

리베카는 이 점을 잘 알았다. 내가 그녀를 처음 만난 날부터 그녀는 그 점을 분명히 가르쳐주었다. 그녀는 자신의 서투름에 대해서 말했고, 그러한 서투른 동작이 음악에만 맞추면 얼마나 정리되고 차분해지는지, 얼마나 유연하게 움직일 수 있는지를 말해주었다. 그리고 정원에서 만났을 때는 이야기적인 통일과 의미를 지닌 아름다운 자연 광경을 보면서 어떻게 침착을 되찾을 수 있는지를 보여주었다.

할머니가 돌아가신 뒤. 그녀는 돌연 단호한 태도를 취했다.

"수업 따위는 이제 받고 싶지 않아요. 워크숍도 싫어요. 아무런 도움도 되지 않아요. 그런 것을 한다고 해서 인간으로서의 통일이 생기지는 않아요."

그리고 그녀는 지능이 낮은데도 아주 적절한 예를 들어(이는 항상 감탄하는 바이지만) 진료소의 양탄자를 내려다보면서 말했다.

"나는 살아 있는 양탄자와 같아요. 양탄자에 있는 것과 같은 무늬와 디자인이 필요해요. 디자인이 없으면 뿔뿔이 조각나고, 그것으로 끝이에요."

리베카가 하는 말을 들으면서 나는 양탄자를 내려다보았다. 그리고 셔링턴의 유명한 비유를 생각했다. 셔링턴은 '두뇌와 마음'을 '신기한 직물기'에 비유했다. 언제나 의미 있는 무늬를 짜내는 직물기이다. 나는 '디자인이 전혀 없는 양탄자가 있을 수 있을까?' 하고 생각했다. 양탄자 그 자체는 없이 디자인만 있는 것은 가능할까? 그렇게 된다면 이상한 나라에서 앨리스가 보았듯이 체셔고양이의 얼굴은 사라지고 웃음만 남는 꼴이 될 것이다. 리베카가 말한 대로 살아 있는 양탄자에는 디자인과 천, 두 가지가 모두 필요하다. 그녀에게는 체계적인 구조가 결여되어 있기 때문에(양탄자에 비유하자면 날실과 씨실) 이야기적·정서적 요소에 해당하는 무늬가 없으면 산산조각이 나고 마는 것이다. 그녀는 계속해서 말했다.

"의미 있는 것이 필요해요. 수업을 받거나 워크숍을 하는 것은 의미가 없어요. 내가 정말로 좋아하는 것은…." 잠시 말을 멈춘 그녀는 더이상 참을 수 없다는 듯이 "연극이에요" 하고 말했다.

우리는 리베카를 워크숍에서 제외했고 어렵사리 특별 연극클럽에 가입하도록 해주었다. 그녀는 연극을 정말 좋아했다. 연극을 통해서 그녀는 통일된 인간이 될 수 있었다. 그녀는 놀라울 정도로 연극을 잘 소화했다. 맡은 역을 연기할 때는 완전한 인간이 되었다. 대사에도 막힘이 없었고 침착했으며 자신만의 스타일도 갖게 되었다. 이윽고 연극과 극단은 그녀의 인생이 되었다. 무대에서 활약하는 리베카를 보고, 그녀가 지적장애를 가졌다는 사실을 상상이라도 하는 사람이 누가 있겠는가?

뒷이야기

음악, 이야기, 극에는 실천적으로나 이론적으로나 대단히 중요한 힘이 있다. 지능지수가 20 이하이고 운동능력이 지극히 떨어지는 사람의 경우에도 이 말은 그대로 적용된다. 그들의 어색하기 짝이 없는 동작도 그들이 음악에 맞춰 춤을 추면 돌연히 사라진다. 그들은 음악이 나오면 어떻게 움직이면 좋은지를 알고 있는 것이다. 네댓 가지 동작과 순서로 이루어진 단순한 과제조차 제대로 해내지 못하는 지적장애아들도 음악에 맞추기만 하면 그것을 완전하게 해낸다. 그들은 스키마, 즉 도식으로써 파악할 수 없는 그러한 작업을 음악으로써 완벽하게, 다시 말해서 음악에 파묻힘으로써 해낸다. 중증의 이마엽 손상 환자와 행위상실증 환자에게서도 같은 사실이 관찰된다. 대단히 극적이라고 말해도 좋을 정도이다. 이러한 환자들은 지능이 전혀 손상되지 않았는데도 간단한 동작 하나 제대로 해내지 못한다. 걷지도 못하는 환자도 있다. 이러한 절차백치증이나 운동백치증의 경우, 일반적인 재활치료는 효과가 없다. 그러나 이러한 결함도 음악에 맞추기만 하면 언제 그랬느냐는 듯이 사라진다. 바로 이 점이 노동요가 생긴 까닭 가운데 하나임이 틀림없을 것이다.

추상적이고 체계적인 방법이 아무런 도움이 되지 않을 때도 음악이 조직하고 통합하는 힘, 즐겁고도 효과적으로 통합하는 힘을 지녔다는 점은 기본적으로 인정된다. 다른 방법으로는 도저히 통합할 수 없을 때, 음악만이 그것을 해낼 수 있다는 것은 특히 극적이지 않을까? 따라서 지적장애인들과 행위상실증 환자의 작업시에는 음악과 '이야기적인' 요소가 불가결하다. 훈련과 요법은 음악이나 음악과 동등한 효과가 있는 것을 중심으로 실시되어야 한다. 연극은 좀더 효과적이다. 연극에서 맡는 배역에는 조직하고 통합하는 힘이 있다. 연극이 계속되는 한 '배역'은 통합된 인격을 계속해서 지니기 때문이다. 맡은 배역을 연기하거나 무언가가 '되는' 능력은 인간의 특권이다. 여기에서 지능의 격차 따위는 전혀 관계가 없다. 이 점은 어린이들을 보면 알 수 있다. 노인들을 봐도 알 수 있다. 그리고 리베카와 같은 사람들을 볼 때면, 가슴 아플 정도로 더할 나위 없이 잘 이해할 수 있다.

살아 있는 사전

    61세의 마틴 A.가 우리 의료원에 들어온 것은 1983년이 저물어 가던 무렵이었다. 그는 파킨슨병에 걸려 이미 혼자서는 자신을 돌볼 수 도 없는 지경이었다. 그는 어렸을 때 수막염에 걸려 사경을 헤맸고 그 로 인해 지적장애인이 되고 말았다. 게다가 충동적이고, 발작을 쉽게 일으켰으며, 반신이 다소 경련을 일으키는 상태였다. 그가 학교에 다닌 기간은 아주 짧았지만 그래도 음악에 대해서는 훌륭한 교육을 받았 다. 아버지가 메트로폴리탄 가극장의 유명한 가수였기 때문이었다.

    그는 부모님이 돌아가시기 전까지는 그들과 함께 살았지만, 그 후에는 사환, 종업원, 접시닦이 등을 하면서 어렵게 살았다. 할 수 있는 일이라면 뭐든지 했지만 동작이 굼뜨고 멍청해서 도움이 안 된다는 이유로 해고당하기 일쑤였다. 만일 음악적인 재능과 감수성이 없었다 면 그리고 음악이 주는 기쁨이 없었다면, 그의 인생은 우울하고 참을 수 없을 만큼 비참했을 것이다.

    그는 음악에 대해서는 놀라운 기억력을 자랑했다. 오페라만 해도 2,000곡 이상을 알고 있다고 말한 적도 있었다. 그러나 음악을 배운 적도 없고 악보를 볼 줄도 몰랐다. 그런데도 어떻게 그렇게 많은 오페라를 익힐 수 있었는가 하는 의문은 일단 접어두자. 어쨌든 그의 뛰어난 음악적 재능은 그의 탁월한 귀 덕분이었다. 그는 오페라든 오라토리오든 한 번만 들으면 잊지 않고 기억했다. 그러나 유감스럽게도 그의 목소리는 귀를 따라가지 못했다. 음치는 아니었지만 쉰 목소리였고, 경련성 음성장애가 있었다. 그가 아버지에게 물려받은 타고난 음악적 재능은 수막염과 뇌장애에도 불구하고 상실되지 않았다.

만일 장애가 없었다면 그는 카루소와 같은 대가수가 되었을까? 아니면 음악적 재능의 발달은 어느 면에서는 뇌장애와 지능장애에 대한 보상이었을까? 답은 아직도 수수께끼로 남아 있다. 다만 분명한 것은 그의 아버지가 친밀한 부자관계 또는 지적장애인 아들에 대한 헌신적인 애정을 통해서 음악적인 소질뿐 아니라 음악에 대한 정열까지 그에게 전달했다는 사실이다. 아버지는 아둔하고 덜떨어진 마틴을 사랑했고, 그도 아버지를 열렬히 사랑했다. 그리고 부자간의 애정은 음악에 대한 사랑을 공유함으로써 더욱 끈끈하게 맺어졌다.

마틴이 가장 유감스럽게 생각하는 것은 자신이 아버지처럼 유명한 오페라나 오라토리오 가수가 되지 못했다는 사실이었다. 그러나 그 생각에 사로잡혀 고뇌하지는 않았다. 나름대로 자신이 할 수 있는 일에서 즐거움을 찾았고, 그래서 사람들을 즐겁게 했던 것이다. 그의 기억력이 워낙 뛰어났기 때문에 유명인사까지도 그를 만나러 왔다. 그의 기억력은 음악 그 자체뿐 아니라 연주에까지 미쳤다. 그는 살아 있는 사전으로서 다소간의 명성을 얻었다. 그는 2,000곡의 오페라뿐 아니라 헤아릴 수 없을 만큼 많은 공연에서 배역을 맡았던 가수들을 몽땅 기억했다. 나아가 배경과 연출, 의상, 무대장치 등을 세세한 부분까지 기억했다(그는 뉴욕의 모든 거리, 건물 그리고 전철과 버스노선을 모조리 기억하는 것도 자랑으로 삼았다). 요컨대 그는 열광적인 오페라 박사였고, '백치천재idiot savant'였다. 그는 자신이 이처럼 뛰어난 기억력을 지니고 있다는 사실에 어린애 같은 기쁨을 느꼈다. 그러나 그가 진심으로 기쁨을 느낄 때는 교회에서 성가대의 일원으로 노래를 부를 때였다. 그것은 그의 인생에서 유일한 버팀목이었다(애석하게도 음감경련 때문에 솔로를 맡을 수는 없었다). 특히 부활절이나 크리스마스와 같은 큰 행사에서 〈요한 수난곡〉 〈마태 수난곡〉 〈크리스마스 오라토리오〉 〈메시아〉 등을 노래할 때 더 큰 기쁨을 느꼈다. 그는 지난 50년간, 그러니까 꼬마 때부터 어른이 된 지금까지 뉴욕의 커다란 교회와 성당에서 이런 노래들을 불러왔다. 메트로폴리탄 가극장에서도 불렀고, 극장이 철거된 후에는 링컨 센터에서 바그너와 베르디가 연주될 때마다 대합창단에서 노래를 불렀다.

오라토리오나 수난곡과 같은 대곡을 부를 때뿐 아니라 작은 교회의 성가대와 합창단에서 노래를 부를 때도 그는 음악에 몰두하는 순간 자신이 지적장애인이라는 것과 슬프고 비참한 존재라는 것 따위를 모두 잊었다. 그럴 때면 자신도 중요한 일에 참여한다는 느낌을 받았다. 그뿐 아니라 자신도 어엿한 한 사람의 인간이자 신의 아들이라는 느낌까지 받았다.

마틴의 세계, 내면세계는 어떻게 된 걸까? 대체로 그는 세상물정을 몰랐다. 적어도 실제적으로 도움이 되는 살아 있는 지식은 빈약했고, 그런 지식에 대한 흥미도 전혀 없었다. 백과사전의 한 쪽을 읽어준다든지 아시아의 강 지도나 뉴욕의 지하철 노선도를 보여주면, 그는 그것을 즉시 직관적으로 기억했다. 그러나 그러한 직관적 기억은 그와 아무런 관련도 없는 것이었다. 리처드 월하임의 말을 빌리면, 그것은 실존적인 자아와는 관계가 없는 단순한 '비중추성' 기억에 불과했다. 뉴욕의 지도에 감정이 없듯이 그러한 기억에는 거의 아니 전혀 아무런 감정도 존재하지 않는다. 맥락이 없고 발전성도 없으며 응용될 수도 없다. 따라서 상궤를 벗어난 그의 직관적 기억은 어떠한 의미에서도 그 자체로는 완결된 세계가 될 수 없었다. 통일되지도 않고 감정도 들어 있지 않으며 그 자신과도 아무런 관련이 없기 때문이다. 그것은 생리학적인 것이라고 말해도 좋았다. 즉 기억의 핵 혹은 기억의 은행과도 같은 것이지, 살아 있는 인격의 일부는 아니었다.

그러나 단 하나의 예외가 있었다. 지극히 개인적이고 경건한 동기에 기초해 이루어진 기억이 있었던 것이다. 그는 1954년에 출판된, 전 9권으로 이루어진 방대한《그로브 음악, 음악가 사전》을 암기했다. 그야말로 살아 있는 그로브 사전이었던 셈이다. 그의 아버지는 나이가 들어 병이 들자 가수로서 이렇다 할 활동을 하지 못하고 집에 있는 날이 많았다. 그는 30세가 된 아들을 곁에 두고, 수많은 음악 레코드를 틀거나 악보를 있는 대로 꺼내놓고 차례차례 노래를 불렀다. 그들이 가장 깊은 친밀감을 느끼는 때도 바로 이런 순간이었다. 아버지는 그로브 사전을 아들에게 읽어주었다. 6,000쪽을 모조리 읽어주었다. 마틴은 읽고 쓸 줄은 몰랐지만 아버지가 읽는 내용을 모두 기억용량이 무한한 대뇌피질에 기억했다. 그후 그는 그로브 사전을 생각할 때마다 아버지의 목소리가 들려오는 듯해서 가슴이 터질 듯한 그리움에 젖곤했다.

우리의 상상을 뛰어넘는 그의 직관적 기억은 전문적으로 사용되거나 이용될 경우, 자아와 대립하면서 자아를 배제하거나 자아의 발전을 방해하는 일이 있다(그리고 직관적 기억에 깊이도 감정도 없다고 한다면 그러한 기억에는 아픔도 느낌도 없기 때문에 현실에서 도피하기 위한 수단이 될 수 있다). 루리야의 기억항진 환자의 경우에는 분명히 그랬다. 그의 책 마지막 장에는 그 점이 가슴 절절하게 서술되어 있다. 마틴, 호세, 쌍둥이형제의 경우에도 어느 정도까지는 직관적 기억을 현실도피 수단으로 활용했다. 그러나 그들의 직관적 기억은 실용수단으로서 현실을 위해, 나아가 현실을 뛰어넘기 위해서도 사용되었다. 세계를 느끼기 위한 탁월하고 신비로운 감각으로 활용된 것이다.

직관능력이 없었다면 마틴의 세계는 어떻게 되었을까? 결국 그것은 작고, 답답하고, 더럽고, 어두운 세계였을 것이다. 마틴은 어렸을 때 아이들의 놀림감이었고 친구를 사귈 수도 없었다. 어른이 되어서도 닥치는 대로 궂은일을 했지만 그나마 늘 해고당하기 일쑤인 처참한 삶을 살았다. 어린 시절에도, 어른이 되어서도 하나의 인간으로서 대접받지 못했던 것이다.

그는 가끔 철없는 짓을 했고, 때로는 심술을 부리며 떼를 쓰기도 했다. 그럴 때마다 그는 어린애 같은 말을 하곤 했다. "진흙을 얼굴에 던져버릴 거야!" 하고 부르짖을 때도 있었고, 사람에게 침을 뱉거나 때리거나 덤벼드는 일도 있었다. 코를 킁킁거리기도 했고, 더러운 콧물을 소맷자락으로 닦기도 했다. 그럴 때의 그는 행동이나 감정이 코흘리개와 별로 다르지 않았다. 그는 어린애처럼 굴었고 그의 행동에는 인간적인 따스함이나 친절함이 없었다. 게다가 뛰어난 기억력을 이것 보라는 듯이 자랑했기 때문에 아무도 그를 좋아하지 않았다. 결국 그는 의료원에서 소외당했다. 많은 사람들이 그를 피했다. 사태는 더욱 악화되었다. 마틴의 상태는 날이 갈수록 나빠졌고, 어떻게 대처해야 좋을지 아는 사람이 아무도 없었다. 처음에는 밖에서 독립된 생활을 하던 사람이 의료원에 들어왔을 때 누구나 겪기 마련인 적응장애라고 생각했다. 그러나 그를 담당한 간호사는 다른 특별한 원인이 있다는 사실을 눈치챘다. 그녀는 말했다.

"무언가가 그를 괴롭히고 있어요. 갈망 같은 것요. 우리가 그의 갈망을 풀어줄 방법은 없어요. 하지만 어떻게든 손을 써야 해요."

1월에 다시 진찰하러 갔을 때, 그는 마치 딴 사람 같았다. 예전과 같은 자부심이나 자만심도 없었다. 그는 분명히 정신과 육체 모두 고통받았고, 그로 인해 초조해하고 있었다.

"도대체 어떻게 된 일입니까?"

"노래를 하지 않고는 살 수가 없습니다."

쉰 목소리로 그가 대답했다.

"노래 없이는 살 수가 없어요. 게다가 일반 음악은 아무런 소용이 없어요. 기도를 할 수 없으니까요."

그는 갑자기 옛일을 떠올리며 말했다.

"바흐에게 음악은 기도의 도구였습니다. 그로브 사전의 바흐에 관한 항목에 그렇게 적혀 있어요. 304쪽에 있습니다. 일요일에는…."

그는 추억에 잠긴 듯이 훨씬 부드럽게 말을 이어나갔다.

"반드시 교회에 나가 성가대에서 노래를 불렀어요. 걸음마를 배우자마자 아버지가 데리고 다녔지요. 그리고 1955년에 아버지가 돌아가신 후에도 교회를 계속 다녔습니다. 안 가고는 배길 수가 없어요."

이어서 그는 한마디로 잘라서 이렇게 말했다.

"교회에 가지 못하면 나는 죽고 말 거예요."

"보내드리고말고요. 우리는 단지 당신이 무얼 그리워하는지 몰랐습니다."

교회는 의료원에서 그리 멀지 않았다. 마틴은 교회에서 크게 환영받았다. 신도 및 성가대의 대원으로 환영받은 것은 물론, 그의 아버지가 그랬듯이 성가대의 간부, 고문으로서 환영받았던 것이다.

그후 그의 생활은 완전히 변했다. 그는 자기가 있어야 할 자리로 되돌아간 듯했다. 그는 일요일마다 바흐를 노래하며 기도할 수 있었다. 성가대 간부로서 누리는 작은 권위도 자랑스러워했다.

얼마 후 내가 찾아가자, 그는 자부심에 들뜬 모습이 아니라 담담한 말투로 말했다.

"저, 선생님. 제가 바흐의 예배음악과 합창곡을 모두 알고 있다는 사실을 교회 사람들이 알게 되었어요. 사실 저는 그로브 사전에 실려 있는 202곡의 교회 칸타타를 전부 알고 있어요. 이곳 교구에서 본격적인 오케스트라와 성가대를 갖춘 곳은 우리 교회뿐입니다. 게다가 바흐의 성악곡 전부를 정기적으로 부르는 곳도 이곳뿐입니다. 일요일마다 칸타타를 부르고 있고, 이번 부활절에는 〈마태 수난곡〉을 부를 생각입니다."

지적장애인인 마틴이 이렇듯 정열적으로 바흐에 몰두하는 것은 신기한 일인 동시에 감동적이기도 했다. 바흐는 대단히 지적인 반면 마틴은 모자란 사람이었기 때문이었다. 나는 한번은 '칸타타' 카세트를, 또 한번은 〈마그니피카트〉 카세트를 가지고 그를 방문했다. 그때 처음으로 나는 마틴이 비록 지능은 낮지만 바흐의 복잡한 기교를 거의 완벽하게 이해하는 음악적 지성을 갖고 있음을 깨달았다. 지능 따위는 문제가 아니었다. 바흐는 그를 위해서 존재했고, 바흐야말로 그의 생명이었다.

마틴은 특이하게 뛰어난 음악적 능력을 갖춘 인물이었다. 그러나 그것은 적절한 장면에서 자연스러운 형태로 활용되지 않으면 단순히 상궤를 벗어난 행동에 불과했다.

아버지에게 소중했던 것, 그것은 마틴에게도 소중했다. 두 사람은 음악, 특히 종교음악의 혼과 목소리의 혼을 공유했던 것이다. 목소리야말로 기쁨과 신의 찬미에 사용할 수 있도록 신이 만들어주신 악기였던 셈이다.

마틴은 전혀 다른 사람으로 변했다. 교회로 돌아가 노래를 부른 다음부터 그는 자신감을 되찾고 우뚝 일어나 다시 한번 진실한 존재가 되었다. 반토막에 불과한 인간, 의사擬似 인간이 아니었다. 더러운 코흘리개의 모습은 사라졌다. 그는 이제 감정도 없이 비인간적이고 직관에 의존하는 사람이 아니었다. 인격을 갖춘 인간이었다. 그는 존엄을 갖춘 예의 바른 사람으로서, 지금은 의료원 동료들로부터 존경과 부러움을 한 몸에 받고 있다.

마틴이 실제로 노래 부르는 모습, 음악과 한 몸을 이루고 황홀경 속에서 온 정신을 집중해서 듣는 모습은 참으로 경이로웠다. 그때의 그는 '변신하고' 있었던 것이다. 춤출 때의 리베카, 그림을 그릴 때의 호세, 오직 수의 세계로 몰입할 때의 쌍둥이 형제의 모습과 똑같았다. 결함이나 생리학적인 문제는 모두 사라지고 조화를 이룬 쾌활함, 통일을 이룬 건전함을 갖춘 인간으로 '변신했던' 것이다.

뒷이야기

이 장과 다음에 나오는 두 장에서는 내가 직접 경험한 사례만을 서술했다. 당시에는 이런 문제를 다룬 책들이 실제로 그렇게 많이 나와 있다는 사실을 몰랐다(예를 들면 루이스 힐이 보고한 52가지 병례, 1974년). 〈쌍둥이 형제〉를 발표한 뒤에 비로소 나는 어렴풋하게나마 그 사실을 깨닫고 놀라움과 흥미를 동시에 느꼈다. 그러는 사이에 편지와 원고들이 쇄도하기 시작했다.

나는 특히 데이비드 비스콧이 쓴 훌륭하고 상세한 병례보고(1970년)에 큰 관심을 가졌다. 그의 환자 해리엇 G.와 내 환자 마틴 사이에는 많은 공통점이 있었다. 두 사람 다 뛰어난 능력을 갖고 있었지만 그것이 비중심적으로, 다시 말해서 인생을 부정하는 데 쓰이기도 했고, 반면에 때로는 인생을 긍정하도록 창조적으로 쓰이기도 했던 것이다. 해리엇은 아버지가 읽어주는 것을 듣고는 보스턴 전화번호부의 3쪽 분량을 기억했고, 그후 몇 년 동안 거기 나와 있던 번호는 묻는 대로 대답할 수 있었다. 그러나 또 한편으로는 그것과 전혀 다른, 놀랄 만한 창조력을 지니고 있었다. 그녀는 어떤 작곡가의 스타일을 사용해서라도 작곡을 할 수 있었던 것이다.

쌍둥이 형제의 경우와 마찬가지로(《쌍둥이 형제》 참조), 마틴이나 해리엇의 경우에도 그들의 능력이 '백치천재' 특유의 기계적인 재주, 범상하기는 하지만 무의미한 재주로 타락할 위험이 있었다. 그러나 그런 위험을 피하는 한, 그들은 쌍둥이 형제처럼 끊임없이 미와 질서를 추구할 수 있었다. 마틴은 그다지 중요하지도 않은 것에 대해 놀랄 만한 기억력을 발휘했지만, 그가 진정한 기쁨을 얻는 것은 질서와 조화로부터였다. 칸타타의 음악적·정신적 질서든, 그로브 사전의 백과사전적 질서든 그런 것은 상관없었다. 중요한 것은 바흐나 그로브 사전이 그에게 하나의 세계를 전달해주었다는 점이다. 비스콧의 병례와 마찬가지로 마틴에게는 음악이 세계의 전부였다. 그것이야말로 진실한 세계였다. 그는 음악 속에서 살며 변신했다. 이것이 마틴에게 일어난 기적이었다. 이 점은 해리엇의 경우에도 동일하다.

이 볼품없고 어색하고 촌스러운 소녀. 5세라고 하기에는 너무나 덩치가 큰 이 소녀는 보스턴 주립병원에서 열린 세미나에서 연주를 시작하자 전혀 다른 사람으로 변신했다. 그녀는 얌전하게 의자에 앉아 조용한 눈빛으로 건반을 바라보며 청중이 조용해지기를 기다렸다. 이윽고 그녀는 건반 위에 천천히 손을 올려놓고 잠시 가만히 있었다. 그리고 머리를 한 번 끄덕이더니 피아니스트와 같은 동작으로 감정을 담아 연주를 시작했다. 그 순간부터 그녀는 전혀 다른 사람이 되었다.

'백치천재'라고 하면, 진정한 지성과 이해력을 갖추지 못한 채 기묘한 재주라든가 기계적인 재능만을 갖춘 사람으로 여겨진다. 나도 마틴을 처음 만났을 때 그렇게 생각했다. 바흐의 〈마그니피카트〉를 놓고 그와 논의를 할 때까지는 그렇게 생각했다. 그러나 그와 함께 〈마그니피카트〉를 듣고 난 후, 그가 그 복잡한 곡을 완벽하게 이해하고 있음을 깨달았다. 그가 단순한 재주나 놀랍지만 기계적인 기억력이 아니라 진정으로 뛰어난 음악적 지성을 가지고 있음을 깨달았다. 그래서 이 책의 초판을 발표한 후에 시카고의 L. K. 미러가 내게 보내온 뛰어난 논문에 특히 흥미를 느꼈다. '발달 장애가 있는 어떤 음악적 천재의 음감구조에 대한 감수성'이라는 제목이 붙은 논문은, 어머니의 배 속에서 풍진에 감염되어 지능이나 그 밖의 면에서 심각한 장애를 안게 된 다섯 살배기 신동에 관한 상세한 연구였다(보스턴 심리작용협회 출판, 1985년). 이 논문에 따르면 그녀는 단순히 기계적인 기억력을 지니고 있을 뿐 아니라 "작품을 지배하는 법칙에 대한 뛰어난 감수성, 특히 주제의 전음계구조를 결정하는 법칙에 대한 감수성을 갖고 있다는 사실이 밝혀졌다. 그녀가 작곡을 위한 구조법칙에 대해 절대적 지식을 지니고 있음이 드러난 것이다. 다시 말해서 그녀의 지식은 특정한 경험에서 얻어진 것이 아니"었다. 나는 이것이 마틴에게도 그대로 적용된다고 확신했다. 그렇다면 '백치천재'들 모두가 그렇지 않을까? 음악, 숫자, 시각 등 뛰어난 영역에서 그들은 진정한 창조적 지성을 지니고 있는 것이다. 따라서 그들이 단지 기계적인 재주를 지니고 있다고 단언하는 것은 옳지 않다. 설령 특수하고 좁은 영역일지라도 마틴이나 호세 그리고 쌍둥이 형제와 같이 지능이 낮은 사람들이 능력을 발휘할 수 있는 까닭은 그들에게 '창조적인 지성'이 있기 때문이다. 우리가 이해하고 소중하게 키워주어야 하는 것은 바로 이러한 지성이다.

쌍둥이 형제

1966년 내가 주립병원에서 쌍둥이 형제 존과 마이클을 처음 만났을 때 그들은 이미 널리 알려져 있었다. 두 사람은 라디오나 텔레비전에도 출연했고, 학계의 과학적인 연구대상뿐 아니라 대중적인 관심의 대상으로 떠올라 있었기 때문이다.♦

심지어는 두 사람을 대상으로 한 공상과학소설이 발표되었을 정도이다. 그 소설에는 어느 정도 '가상의 내용'이 가미되기는 했지만 대체로 실제 보고된 내용에 근거한 것이었다.♦♦

이 쌍둥이는 당시 26세였으며 7세 때부터 병원에 수용되어 있었다. 그들에 관한 진단은 자폐증, 정신병, 중증의 지적장애 등 가지각색이었다. 이 두 사람에 대해 지금까지 언급되어온 내용을 한마디로 요약한다면 아무것도 잘하는 게 없지만 어떤 한 가지만큼은 뛰어난 이

♦　　W. A. 호위츠 외(1965년)에 햄블린(1966년) 참조.
♦♦　　로버트 실버버그의 소설 《가시Thorns》(1967년), 특히 11~17쪽 참조.

른바 '백치천재'라는 것이다. 이 쌍둥이는 기억력이 비상해서 그들이 경험한 것은 아주 사소한 내용까지도 정말 훌륭하게 기억한다. 나아가 역법상의 계산방법이 그들의 머릿속에 무의식적인 알고리즘으로 자리 잡고 있기라도 한 듯, 과거나 미래의 어느 날이 무슨 요일인지 물어보면 그 자리에서 대답해준다. "무의식적인 알고리즘이 내재한다"라는 생각은 스티븐 스미스가 그의 상상력 넘치는 대작《위대한 두뇌계산기》(1983년)에서 주장한 바 있다. 이 쌍둥이에 대한 연구는 1960년대 중반에 절정을 이루었다가 그 이후로는 연구가 이루어지지 않고 있다. 한때 큰 관심을 끌었지만, 일단 어느 정도 설명이 되어 수수께끼가 풀렸다고 여겨지자 그후로 열의를 갖고 연구에 임하는 사람이 없는 상태이다.

그러나 나는 이 같은 생각이 오해라고 본다. 일이 그렇게 된 건 사정이 있었다. 쌍둥이 형제 연구자들은 판에 박힌 접근방식을 취하고 상투적인 질문형태 및 특정한 결론에 집착함으로써 쌍둥이 형제의 심리와 방법, 그들의 삶을 아주 시시한 수준으로 끌어내리고 말았던 것이다.

하지만 이러한 연구야 어찌되었든 간에, 현실은 그보다 훨씬 불가사의하고 복잡하며 그렇게 간단히 설명할 수가 없다. 어느 한쪽으로 몰아가는 형식적인 테스트나 흔히 보는 〈심층취재 60분〉 따위의 인터뷰 프로그램으로는 진실의 일단을 엿보는 것조차 불가능하다.

물론 이러한 연구나 텔레비전 방송이 '틀렸다'는 건 아니다. 그것들은 그런대로 조리가 서 있고 때로는 많은 내용을 가르쳐주기 때문에 참고가 되기도 한다. 다만 그러한 노력들은 밖에서도 잘 보이므로 접근이 손쉬운 '표면'만을 다루고 있을 뿐 심층에까지 도달하지는 못하고 있다. 심층 아래의 좀더 깊은 곳에 대해서는 언급은커녕 생각조차 한 적이 없다는 결점이 있는 것이다.

쌍둥이 형제를 테스트한다는 생각과 연구를 위한 '대상'으로 삼는다는 생각을 버리지 않는 한, 그들의 깊숙한 내면 속에 무엇이 자리 잡고 있는지에 대해 생각할 수 없다. 우리는 그들을 어떤 틀에 끼워 맞춘다든지 시험하려는 시도를 버려야 한다. 그 대신 있는 그대로의 모습을 알려고 해야 한다. 마음을 열고 조용히 관찰해야 한다. 일체의 선입견을 버리고 겉으로 드러난 현상을 있는 그대로 받아들이는 태도로 대해야 한다. 그들이 어떻게 생활하고 생각하며 둘이서 조용히 무얼 하고 있는지를, 설령 그 모든 것이 기묘하게 여겨질지라도 오히려 공감하는 마음의 자세로 지켜보아야 할 따름이다. 그렇게 할 때 비로소 알게 되는 것이겠지만, 거기에는 무엇에도 비길 수 없을 신기한 것이 숨겨져 있다. 그것은 필시 근원적이라 해도 좋을 만한 어떤 힘이요, 심연이다. 그들을 안 지도 벌써 18년이 되었지만 내겐 여전히 '풀지 못한' 수수께끼로 남아 있다.

쌍둥이 형제를 처음 만나보면 그들에게서 사람을 끌어들이는 따위의 매력은 좀처럼 발견할 수 없다. 마치 《이상한 나라의 앨리스》에 나오는 괴이쩍은 트위들덤과 트위들디와 같으며 서로 모습이 빼다박은 것처럼 닮았다. 꼭 거울을 보고 있는 것처럼 얼굴의 생김생김이나 몸놀림은 물론 성격과 두뇌작용, 나아가 뇌조직의 결함상태까지 완전히 빼닮았다. 두 사람 다 키가 정상인보다 작았으며, 머리와 손은 어울리지 않게 크고, 위턱과 다리는 활처럼 휜 모양이었다. 목소리는 아주 단조롭고 날카로웠다. 그들은 때때로 안면근육의 경련이나 기묘한 행동을 보였으며, 둘 다 심한 근시라 아주 두꺼운 렌즈의 안경을 끼고 있었고 그 때문에 눈이 대단히 일그러져 보였다. 쏘는 듯한 시선으로 상대를 주목하여 바라보고 엉뚱한 다른 것을 생각하며 거기에 마음을 빼앗기고 있다는 인상과 함께 마치 익살맞은 꼬마 교수 같은 느낌을 준다. 이런 느낌은 간단한 검사가 시작되자 더욱더 짙어졌다. 아니, 테스트라기보다는 오히려 인형을 앞에 두고 "이제 늘 하던 대로 팬터마임을 시작할까요?" 하고 묻는 것이나 마찬가지였다.

그 뒤에 일어난 일은 지금까지의 논문 등에 쓰여 있는 내용과 일치했다. 무대에 섰을 때도 똑같았다(두 사람은 내가 근무하는 병원에서 매년 벌어지는 '잔치마당'에 자주 등장했다). 그들은 때때로 텔레비전에 출연한 적이 있는데 그때도 마찬가지였다.

그들이 이러한 장소에 나와서 하는 행동은 언제나 정해져 있었다. 쌍둥이는 말한다.

"어떤 날이든 말해보세요. 언제라도 괜찮아요. 4만 년 전이든 후이든 상관없어요."

그러면 누군가가 몇 년 몇 월 며칠이 무슨 요일이냐고 묻는다. 그러면 거의 순간적으로 그날이 무슨 요일인지 답이 나온다.

"또 물어보세요." 두 사람은 큰 소리로 말한다. 이렇게 해서 두 사람의 재주자랑이 되풀이된다.

두 사람은 또 현재를 기준으로 전후 4만 년씩 8만 년 동안 부활절이 몇 월 며칠인가를 대답해준다. 연구보고서에서 빠뜨린 사실이지만, 그들의 눈은 이러한 대답을 하는 동안에 묘하게 움직이다가 딱 멈춘다. 마치 머릿속에 풍경이나 달력이 들어 있고, 그걸 차례차례 넘겨가며 조사하는 듯하다. 어쨌든 무언가를 '보고 있는' 듯하다. 이런 답을 끄집어내는 것은 순수하게 '계산' 문제가 될 터인데도 그들은 매우 긴장되는 시각적 작업을 하고 있는 모습이다.

숫자에 관한 그들의 기억력은 확실히 뛰어나다. 한계가 없다고 말해도 좋을 정도다. 3자리 숫자건 30자리 숫자건 아니 300자리 숫자

건 간에 그들은 막힘없이 척척 기억해낸다. 이 또한 눈에 띄지 않는 어떤 '방법'이 있음에 틀림없다.

그러나 그들의 계산 능력을 테스트해보면 놀랄 정도로 형편없다. 계산 능력이야말로 셈의 천재 혹은 인간계산기가 가장 자랑할 만한 능력임에도 어쩐 일인지 의외의 결과가 나왔다. 그들의 지능지수는 60이었고, 거의 60에 어울리는 정도의 계산 능력밖에 없었다. 간단한 덧셈이나 뺄셈도 정확하게 해내지 못했다. 곱셈과 나눗셈에 관해서는 대체 그게 뭔지 의미조차 알지 못했다. 이게 대체 어찌 된 일인가. 그들은 '인간계산기'이지만 계산을 전혀 모르고 계산상의 아주 초보적인 능력조차도 결여되어 있지 않은가?

그런데도 그들은 '캘린더 계산기'라고 불린다. 아마도 그들은 달력 계산에 적합한 무의식, 무자각의 알고리즘을 사용하고 있는 듯하다(물론 확실한 증거는 거의 없다고 해도 좋을 정도이지만). 카를 프리드리히 가우스는 당대 최고의 수학자요 뛰어난 계산가였지만, 부활절 날을 셈하기 위한 알고리즘은 그의 능력으로도 쉽게 만들어낼 수 없었다. 그렇게 생각할 때 이들 형제가 극히 간단한 셈조차 하지 못하면서 그런 알고리즘을 찾아내 쓰고 있다는 사실은 도저히 믿기지 않는 일이었다. 계산에 뛰어난 사람들은 모두 자신에게 적합한 방법이나 알고리즘을 스스로 만들어내고, 그것을 여러 가지의 레퍼토리로 지니고 있다. 그래서 W. A. 호위츠나 다른 사람들은 이 쌍둥이의 경우도 당연히 그러하리라고 생각했던 것이다. 스티븐 스미스는 이러한 초기의 연구보고를 액면 그대로 받아들여 다음과 같이 썼다.

혼히 있는 일이지만, 우리들의 이해를 뛰어넘는 신기한 무언가가 여기에 작용하고 있다. 많은 구체적인 예를 경험한 뒤에 무의식적으로 알고리즘을 만들어내는 인간의 신비로운 능력이.

만일 이런 말로 모든 게 설명된다면 이 두 사람은 그야말로 평범한 존재에 불과하며 하등 관심을 끌 요인이 없다. 왜냐하면 알고리즘을 써서 계산하는 것은 본질적으로는 기계적인 행위이기 때문이다 (현재 기계는 그러한 행위를 효율적으로 처리한다). 그렇다면 이건 '어려운 문제'일 따름이지 적어도 '신비의 세계'와는 관계가 멀어진다.

그러나 그들이 행동으로 보여주는 재주 또는 '연기' 속에는 정말 놀랄 만한 내용이 있었다. 그들은 그들이 살았던 생애의 어느 날이든 그날의 날씨나 그날 일어났던 사건에 대해 대답할 수 있었다. 대체로 만 4세 이후에 대해서는 어떤 날을 묻든 곧바로 대답할 수 있었다. 그런데 이때의 두 사람이 말하는 걸 보면, 마치 로버트 실버버그가 그의 소설 속 주인공인 멜란지오에 대해 묘사한 것처럼, 정말 어린애 같고 자세하게 기억하고 있었으며 전혀 감정이 없었다. 누군가가 어떤 날을 이야기한다. 그 말을 들으면 두 사람의 눈은 한순간 바삐 움직이지만 곧 한곳에 멈춘다. 그리고 잠시 후 단조로운 목소리로 그날의 일기와 그날 보도된 정치적 사건 및 두 사람에게 일어난 사건을 줄줄이 들려준다. 마지막에 들려주는 두 사람 신상에 일어났던 사건 속에는 그들이 어린 시절에 겪은 쓰라린 기억 혹은 남에게 받은 모욕이나 비웃음, 굴욕 따위가 포함되어 있는데도, 마치 남의 이야기를 하듯이 무표정하다. 억양도 없고 감정이 개입된 기색이 전혀 보이지 않는다. 분명히 그들의 기억은 단지 사실의 기록에 불과하며 개인적으로 무슨 관계가 있다는 낌새는 조금도 드러나지 않아, 그들의 이야기 속에 살아 있는 인간이 들어 있다는 사실을 전혀 느끼지 못하게 만든다.

개인적인 요소나 감정이 그들의 이러한 기억 속에서 완전히 배제되어 있는 점은, 강박관념이 강하거나 분열증세를 보이는 유형의 인간에 나타나는 일종의 방어행위라고 말할 수 있다(사실 이 쌍둥이는 강박관념이 강한 데다 분열증세를 보였다). 그러나 그와 동시에 이런 류의 기억은 본래 개인적인 성격을 지니지 않는다고 말할 수 있다. 바로 이런 점이 그들이 보여주는 직관적 기억의 큰 특징이다.

그러나 여기서 특별히 강조하고 싶은 것은 이 쌍둥이의 기억량이 매우 방대하다는 점이다. 그들의 기억량이 얼마나 방대한가는 보통의 소박한 사람의 눈으로 볼 때도 명백하고 놀랍다. 그러나 연구자들이 이에 관해 자세하게 기록했다고 말할 수 없다. 그들의 기억은 정말이지 한이 없다는 생각이 든다(유치하고 진부한 것이긴 해도). 그뿐 아니라 그들이 기억을 되살리는 양상에 대해서도 주목할 필요가 있다. 300자리 숫자 혹은 과거 40년간에 일어난 수천억이 넘는 엄청난 양의 사건을 어떻게 머릿속에 담고 있는지를 물으면 그들은 아무렇지 않게 대답한다. "그냥 볼 뿐입니다" 하고. 어쩌면 '본다'는 말이 이 쌍둥이가 보여주는 신비로움을 풀 열쇠가 아닌가 하는 생각이 든다. 문제는 '시각화'에 있는 것 같다. 그것도 비상한 집중력을 통해 광대한 범위에 걸쳐 한 치의 오차가 없는 엄밀함을 요하는 '시각화'에 있는 것 같다. 그것이 그들 두뇌의 타고난 생리적 능력이라는 생각이 든다. 이는 루리야가《모든 것을 기억하는 남자》에 쓴 유명한 환자의 사례와 비슷하다. 다만 다른 점은 루리야의 환자가 보여주는 기억력이 풍부한 공감각과 통합 능력을 지니고 있었음에 비해, 이 쌍둥이의 기억에는 그러한 측면이 없다는 점이다. 그러나 내가 보기에 이 쌍둥이의 눈앞에는 비할 데 없이 커다란 파노라마가 펼쳐져 있는 게 분명하다. 그것은 일종의 풍경으로서, 그 속에는 이제까지 듣고 보고 생각하고 행한 모든 것이 전부 들어 있다. 그리고 눈이 빙글 움직였다가 멈추어 무언가를 응시하는 듯이 보이는 한순간에, 그들은 마음의 눈으로 이 거대한 '풍경' 속의 어떤 것이든 골라내어서 볼 수 있다.

이러한 기억력은 극히 이례적이고 진기하다. 그렇다고 이런 예가 이 쌍둥이 외에 전혀 없다는 말은 아니다. 그러나 우리는 이 쌍둥이가(설혹 쌍둥이의 예가 아닐지라도) 어떻게 그런 놀라운 기억력을 가질 수 있는지 거의 아무것도, 아니 전혀 알 수가 없다. 그렇다면 이 쌍둥이의 사례에는 내가 이제까지 암시해온 것과 같이 더욱더 흥미로운 무언가가 있다는 말인가? 나는 분명히 있다고 생각한다.

19세기 에든버러 대학의 음악 교수였던 허버트 오클레이 경에 대해 이런 이야기가 전해오고 있다. 언젠가 농장에 가서 돼지가 우는 소리를 듣는 순간, 그는 "지G 샤프!"라고 소리쳤다. 누군가가 곧바로 피아노가 있는 곳으로 달려갔다. 오클레이가 말한 대로 분명히 지 샤프였다. 이 쌍둥이가 지닌 '자연의' 힘과 '자연스러운' 태도를 처음으로 접했을 때 내가 받은 인상도 비슷했다. 너무나 자연스러워서 오히려 웃으며 볼 수 있을 정도였다.

탁자에 있던 성냥갑이 바닥에 떨어지면서 그 안의 성냥이 쏟아졌을 때였다. 두 사람은 동시에 "111" 하고 외쳤다. 그러고 나서 존이 "37" 하고 중얼거렸다. 마이클도 마찬가지 말을 했다. 존이 다시 한번 같은 말을 했다. 그리고 끝났다. 내가 직접 그 성냥개비들을 일일이 세어보니 정말 111개였다. "어떻게 그렇게 빨리 셀 수가 있지?" 하고 묻자 그들은 "세는 게 아녜요. 111이 보였어요" 하고 대답했다.

이와 유사한 이야기가 수의 천재로 일컬어지는 차하리아스 다제의 일화로 전해지고 있다. 그는 자기 앞에 콩을 흩뿌려놓으면 그 즉시 '183' 혹은 '79'라고 대답했다고 한다. 그도 지능이 모자랐기 때문에 잘 설명하지 못했지만, 자신은 콩을 센 것이 아니라 한순간에 전체개수가 '보일' 뿐이라고 대답했다고 한다.

"왜 37이라고 중얼거렸지? 그리고 왜 세 번을 반복했니?"

내가 묻자 두 사람이 동시에 대답했다.

"37, 37, 37하면 111."

이 말을 듣고 나는 그 어느 때보다도 놀랐다. 그들이 111을 한순간에 본다는 말에도 놀라기는 했다. 그러나 이때 내가 느낀 놀라움은 오클레이가 돼지의 울음소리를 듣고 '지 샤프'라고 정확하게 맞췄다는 이야기를 듣고 놀란 것과 비슷한 수준이었다. 말하자면 오클레이의 절대음감에 해당하는 것을 숫자라는 측면에서 지니고 있다고 생각하면 납득이 갔다. 그러나 그들은 111의 인수분해까지 손쉽게 해냈다. 아무런 방법도 모르고 인수가 뭔지도 모르는데 인수분해를 한 것이다. 앞에서도 말한 것처럼 그들은 지극히 간단한 계산조차 하지 못했으며 곱셈, 나눗셈이 어떤 것인지도 몰랐다(적어도 그런 것 같았다). 그런데 이번에는 100이 넘는 큰 숫자를 삼등분해놓고 천연덕스럽게 앉아있었다. 극히 당연하다는 표정을 짓고서 말이다. 나는 흥분해서 물어보았다.

"어떻게 그걸 알아냈니?"

그들은 더듬더듬하면서도 온 힘을 다해 설명하려고 했다(원래 이 같은 일은 설명하려 해도 적당한 말이 없는 법이다). 요컨대 그들은 '행한' 것이 아니고 한순간에 '보았을' 뿐이라는 설명이었다. 존은 두 개의 손가락과 엄지손가락을 펼쳐 무슨 시늉인가를 했다. 그건 자기도 모르게 수를 3개로 나누었음을 표현했거나 숫자가 저절로 똑같은 분량씩 3개로 나뉘었다는 의미였는지도 모르겠다. 내가 놀라는 것을 보고 그들 역시 놀란 것 같았다. 마치 내가 맹인 비슷하게 여겨졌던 모양이다. 존의 몸짓을 보고 있자니, 그는 틀림없이 어떤 실체를 파악하고 있는 모습이었다. 나는 무심결에 마음속으로 중얼거렸다. '이런 일이 있을 수 있는가?' 하고. 그들에게는 수가 보인다. 개념을 통해 추상적으로 이해되는 게 아니고 훨씬 구체적·직접적·감각적으로 그리고 어떤 사물로 파악된다. 게다가 111이 한덩어리로 보일 뿐만 아니라 그 수를 구성하고 있는 부분들 상호간의 관계까지도 마치 어떤 사물이 보이듯이 보인다. 어떻게 해서 그 같은 일이 가능할까? 이것을 오클레이 경과 비교해본다면 '3도음'이나 '5도음'에 해당될 것이다.

그들이 사건이나 날짜를 '보고 있음'을 알았기 때문에 나는 이런 생각을 갖게 되었다. 즉 그들은 머릿속에 벽걸이용 융단 같은 기억의 직물을 갖고 있다. 그것은 거대한(어쩌면 끝이 없는) 풍경화와 같은 것으로, 모든 내용이 그 안에 다 들어 있어서 무엇이든 보기만 하면 된다. 하나하나가 개별적으로 고립되어 보임과 동시에 다른 것과의 관계속에 어우러져 보이기도 한다. 그들이 기억의 직물을 펼치면, 먼저 하나하나 고립되어 존재하는 모습이 눈에 들어온다. 그러나 그들의 시력에는 비상한 능력이 있으므로 마음먹고 주시하면 관념이나 개념 따위가 전혀 개입되지 않아도 거기에서 어떤 것의 상호관계까지 보이는 건 아닐까? 첫눈에 111이라는 숫자 전체가 마치 한 덩어리의 별자리처럼 눈에 확 들어오고, 그 수의 별자리를 만들어주는 복잡하기 짝이 없는 내부의 구성요소나 부분 상호간의 관계까지도 일별하기만 하면 다 보이게 되는 건 아닐까? 이런 능력을 가리켜 원래 혼란스럽기 짝이 없는 불구의 능력이라고 설명하는 것만으로는 뭔가 부족하다. 나는 보르헤스가 쓴 〈기억의 왕 푸네스〉를 생각해냈다.

우리들은 한눈에 탁자 위 3개의 포도주 잔을 지각한다. 푸네스는 포도나무의 줄기, 송이, 알을 남김없이 본다. (…) 칠판에 써 있는 원주나 직각삼각형이나 마름모꼴 따위의 형태는 우리들도 완전히 직관할 수 있다. 그러나 이레네오는 이와 똑같이 조랑말의 거친 갈기나 산길의 소 떼들 (…) 따위를 직관할 수 있었다. 그가 얼마나 많은 별을 인식할 수 있었는지, 그건 헤아릴 길이 없다.

이 쌍둥이 형제도 분명 수에 대해 비상한 정열과 재능을 갖고 있었기에 '111'을 한눈에 읽을 수 있었다. 그렇지만 가령 '111'개의 포도나무라고 할 경우 그 나무를 봄과 동시에 잎도 보고 줄기도 보고 열매도 보는 것이 과연 가능할까? 그런 생각은 기묘하고 불합리하며 불가능하다고 말할 수도 있다. 그러나 그때까지 내가 보았던 것들은 전부 이상한 것 투성이여서, 내가 이해할 수 있는 한계를 넘어섰다. 내가 보기엔 이런 정도의 일은 그들이 할 수 있는 전체적인 능력에서 볼 때 실로 새 발의 피에 불과할지도 모른다.

나는 이 문제를 여러 각도에서 생각해보았지만 생각한다고 어찌 될 일은 아니었다. 그러다가 잊어버리고 말았는데 아주 우연히 또 다른 광경에 맞닥뜨리고 말았다. 그건 마술이라도 보는 듯 신기하고 놀랄 만한 광경이었다.

쌍둥이 형제를 두 번째로 보았을 때는 그들 모두 방의 한쪽 구석에 앉아 있었다. 두 사람의 얼굴에는 수수께끼 같은 미소가 어려 있었다. 그때까지 본 적이 없는 미소로 어쩌면 두 사람만의 기묘한 기쁨과 평화를 맛보고 있는 듯했다. 두 사람에게 방해가 되지 않도록 나는 조심스럽게 다가갔다. 그들은 둘이서만 숫자와 관련된 기묘한 대화를 나누고 있는 것 같았다. 존이 어떤 숫자를 말한다. 6자리 숫자였다. 마이클은 그 숫자를 듣고 고개를 끄덕인다. 생긋이 웃음 짓고 마치 문제를 풀며 즐기고 있는 것 같았다. 이번엔 마이클이 6자리의 다른 숫자를 이야기한다. 다시 존이 받을 차례인데 그는 그 숫자를 천천히 반추한다. 그날 그들의 모습은 마치 포도주 애호가가 진귀한 포도주를 한 모금 머금고 그 맛과 향에 도취되어 있는 듯했다. 그들은 아직 내가 들어온 것을 눈치채지 못했으며, 최면술에라도 걸려 있는 것처럼 그저 멍한 모습으로 앉아 있었다.

그들은 무얼 하고 있었던 걸까? 도대체 그들 사이에 무슨 일이 일어난 것일까? 나는 전혀 알 수가 없었다. 일종의 게임을 하고 있는 듯했다. 하지만 보통의 게임에서는 전혀 볼 수 없는 신중함과 긴장감이 팽팽하게 감돌았다. 두 사람 다 깊은 생각에 잠겨서 범하기 어려운 신성한 분위기를 풍겼다. 늘 흥분하여 떠드는 모습만 보아왔는데 그때는 여태껏 본 적이 없는 엄숙한 태도를 보이고 있었다. 할 수 없이 나는 두 사람이 이야기하는 숫자를 메모나 하기로 작정했다. 그들에게 큰 기쁨의 샘 역할을 하는 숫자, 깊이 생각하고 느긋하게 맛을 보고 두 사람 사이에서만 비밀스럽게 오가는 그 숫자를 받아 적었다.

나는 집으로 돌아오면서 그 숫자들이 과연 무슨 의미를 띠고 있을까를 줄곧 생각했다. 확실한 의미, 모든 사람이 이해할 수 있는 뚜렷한 의미가 있을까, 아니면 형제끼리만 통하는 터무니없는 말로서 그저 일시적인 특수한 의미밖에 없는 것일까? 나는 집으로 돌아오는 길에 운전을 하면서 루리야가 쓴 쌍둥이 표샤와 유라를 생각했다. 그들은 뇌와 언어기관에 장애가 있는 일란성쌍둥이였는데 자기들만 아는 독특한 원시적인 말투로 같이 놀며 이야기했다(루리야와 유도비치의 공저, 1959년). 존과 마이클은 단 한 마디의 말도 사용하지 않았다. 다만 상대방에게 숫자를 들려줄 뿐이었다. 이들 보르헤스적인 즉 푸네스적인 숫자는 이 쌍둥이만이 아는 포도나무인가, 조랑말의 거친 갈기인가, 하늘의 별인가? 아니면 두 사람 사이에서만 통하는 일종의 부호로서 숫자에 지나지 않는가?

집에 돌아오자마자 나는 제곱, 약수, 함수, 소수 등이 실려 있는 숫자표를 찾았다. 아득히 먼 어린 시절의 기념품으로 간직하고 있던 것이었다. 어렸을 적에 나 또한 숫자에 유달리 능해 '숫자가 보이는 사람'이라고 불린 적도 있고, 사실 숫자에 남다른 정열을 쏟기도 했었다. 숫자표를 보기 전에 예감하고 있기는 했지만, 역시 생각한 대로였다. 쌍둥이 형제가 주고받았던 6자리 숫자는 모두 소수였다. 소수란 1과 그 자신의 수 이외에는 약수가 없는 양의 정수를 말한다. 두 사람은 내가 간직한 숫자표와 같은 걸 본 것일까, 아니면 갖고 있는 것일까? 그렇지 않으면 상상조차 할 수 없는 일이긴 하지만, 그들은 111이라는 수가 (또는 37이 3번 있든지) 보였던 것과 마찬가지로 소수가 보였던 것일까? 그것이 계산 결과 얻어낸 숫자일 리는 없다. 왜냐하면 그들은 계산을 전혀 하지 못하기 때문이다.

이튿날 나는 소수가 적힌 표를 소중하게 끼고서 병동에 들어섰다. 두 사람은 역시 방의 한쪽 구석에 앉아 숫자 대화를 나누고 있었다. 나는 아무 말도 하지 않고 이번에는 두 사람이 있는 곳으로 가까이 가 앉았다. 그들은 처음에는 흠칫했지만 내가 방해되지 않음을 깨닫고는 6자리 소수 게임을 계속했다. 잠시 시간이 지나고 나서, 나도 그들의 놀이에 끼어들기로 하고 어떤 숫자 즉 8자리 소수를 말했다. 두 사람은 나를 돌아보았다. 그러고는 꼼짝도 하지 않았다. 그 얼굴에는 긴장과 놀라움이 어려 있었다. 침묵 속에 오랜 시간이 흘렀다. 이처럼 오랫동안 그들이 아무 말 없이 계속 지낸 적은 없었다. 30초나 그 이상이 지났을까, 갑자기 두 사람은 동시에 생긋이 웃었다.

그들은 내가 상상할 수도 없는 어떤 방법인가를 동원해 내가 말한 숫자가 소수임을 알아차렸던 것이다. 이것은 두 사람에게 정말 더할 나위 없는 큰 기쁨, 이중의 기쁨이었다. 하나는 내가 그들에게 새롭게 즐거운 놀이 한 가지를 안겨주었기 때문이다. 그때까지 그들은 8자리 소수는 대해본 적이 없었다. 또 하나는 그들이 즐기고 있는 놀이를 내가 이해하고 있음이 분명했기 때문이다. 나 역시 숫자놀이를 좋아하고, 그저 보고 관심을 보이는 정도에 그치는 것이 아니라 그들 사이에 함께 끼어 앉아 친구가 되어주었다는 사실을 그들이 알았기 때문이다.

그들은 의자를 조금씩 밀어서 나에게 자리를 만들어주었다. 이제야 비로소 나는 그들의 세 번째 놀이친구로서 받아들여진 것이다. 그러더니 언제나 먼저 문제를 내던 존이 이상하게 오랫동안 생각을 했다. 적어도 5분간은 그러고 있었다. 그사이 나는 꼼짝도 할 수 없었다. 숨조차 크게 쉴 수 없을 정도였다. 드디어 9자리 숫자가 나왔다. 역시 5분 정도의 시간이 흐르고 나서 마이클이 똑같이 9자리 숫자로 되받았다. 이번에는 내 차례였다. 나는 숫자표 책을 몰래 들여다보고 꾀를 써서 책에 써 있는 10자리의 소수를 말했다.

다시 침묵이 감돌았다. 이상하게 전보다 훨씬 오랜 침묵이 계속되었다. 드디어 존이 경이로운 정신집중을 거듭한 끝에 12자리 숫자를 말했다. 나는 더이상 확인할 방법이 없어 아무런 대답도 할 수 없었다. 나의 책에는 10자리 이상의 소수는 실려 있지 않았기 때문이다. 당시에 그 이상의 책은 없었을 것이다. 그러나 마이클은 도전에 응해, 시간이 비록 5분 정도 걸리긴 했지만 대답을 찾아냈다. 한 시간쯤 지나고 나자 이 두 사람은 20자리 소수까지 주고받았다. 나는 비록 확인할 방법이 없었지만 그것들이 소수였으리라고 생각한다. 1966년 당시에는 컴퓨터를 사용하지 않는 한 20자리 소수를 알아낼 수 있는 방법이 전혀 없었다. 아니, 컴퓨터를 사용한다 해도 어려웠을 것이다. 이른바 '에

라토스테네스의 체' 방식으로 꾸준히 풀어가든, 그 이외의 어떤 '알고리즘'을 이용하든 소수를 발견하는 것이 그리 간단치 않기 때문이었다. 이렇게까지 큰 소수가 되면 간단한 방법이 있을 수 없다. 그럼에도 이 두 사람은 그걸 하나의 놀이로 즐겼다(뒷이야기 참조).

나는 다시금 다제에 관해 떠올렸다. 아주 오래전에 읽은 F. W. H. 마이어스의 매력 넘치는 《성격에 대해서》(1903년)에 이런 구절이 있었다.

다제는(이 방면의 초능력자로서는 아마도 고금을 통틀어 최고라 해도 과언이 아니겠지만) 수학적인 이해에 관한 한 이상할 정도로 모자랐다. 그런데도 그는 12년 동안 800만은 물론 900만에 가까운 수를 대상으로 약수와 소수의 표를 만들었다. 이것은 기계의 도움을 받지 않는 한 범인들이 일생을 걸려서도 할 수 없을 정도의 양이었다.

이로써 다제는 초등학교 수학도 모르면서 수학에 귀중한 공헌을 한 유일한 사람이 되었다고 마이어스는 결론짓고 있다.

과연 다제는 숫자표를 만들어내는 어떤 방법론을 가지고 있던 걸까? 아니면 콩을 보는 순간 '몇 개인지 보일' 정도였기에, 쌍둥이 형제가 그랬듯이 단위가 큰 소수도 보였던 것일까? 이에 관해서는 마이어스의 저서에 쓰여 있지 않지만 아마 마이어스도 명백히 알 수 없었을 것이다.

사무실이 같은 병동에 있어서 나는 이 두 사람을 면밀히 관찰하기가 쉬웠다. 그들을 관찰해보고 알게 된 사실이지만, 그들은 앞에서 말한 것 외에도 여러 가지 숫자 놀이나 숫자 주고받기를 즐겼다. 그게 뭔지는 알지 못했고 짐작조차 가지 않았지만.

그러나 살펴본 바에 따르면, 아니 이건 분명하다고 해도 좋지만, 그들은 뚜렷한 특성을 지닌 숫자만을 대상으로 삼아서 놀이를 즐겼다. 즉 별 의미가 없는 임의의 숫자에는 기쁨을 얻을 수 없었으므로, 숫자 속에 '의미'가 있어야 했다. 음악가들에게 하모니가 있어야 하는 것과 마찬가지였다. 때때로 나는 그들을 보고 음악가를 연상했는데 나는 그들이 음악가와 닮았다는 생각을 떨칠 수 없었다. 예를 들면 〈살아 있는 사전〉의 마틴도 그랬다. 마틴 또한 지능이 떨어지고 지적인 이해력이 뒤져서 바흐의 세계를 머리로 이해할 수는 없었다. 그러나 그는 순수하고 장엄하며 대건축물과 같은 바흐의 음악 속에서 우주의 궁극적인 하모니와 넘치는 질서를 느꼈던 것이다.

　　토머스 브라운 경은 이렇게 썼다.

　　조화롭게 창조된 사람은 조화에서 기쁨을 느끼고 (…) 우주(의 묘한 음악)를 만드신 '제1작(곡)자'를 깊고 조용히 생각한다. 명상하는 그의 마음에는 귀로 듣고 느끼는 것 이상으로 거룩함이 전달되어 온다. 그것은 전 세계에 대해 마치 상형문자와도 같이 상징적이면서 은밀하게 숨어 있는 가르침이다. 신의 귀에는 지적으로 울려퍼지며 들리는 조화의 음악이라 할 수 있다 (…) 인간의 영혼은 조화롭게 이루어져 있어서 음악에 가장 공감하기 쉬운 특성이 있다.

　　리차드 월하임은 《인생의 실》(1984년)에서 계산과 '도상圖像적 정신'을 확실하게 구별했다. 도상적 정신은 그가 만들어낸 말이다. 그는 이러한 구별에 대한 반대론이 나올 것임을 예견하고, 한발 앞서 다음과 같은 말을 남겼다.

계산은 '도상적'이 아니라는 사실에 이의를 달 사람이 있을지도 모른다. 아마도 그 이유로 계산할 때 종이 위에 쓰니까 결국 계산도 시각화 속에서 진행된다는 논거를 들 것이다. 그러나 이것은 이유가 되지 않는다. 왜냐하면 종이 위에 적히는 것은 계산 그 자체가 아니라 계산 결과의 표현이기 때문이다. 계산에서 다루는 대상은 어디까지나 수이며, 글로 쓴 숫자는 시각화된 것이다. 즉 숫자는 수를 표기한 것에 지나지 않는다.

한편 라이프니츠는 숫자와 음악의 유사점을 논했다. 흥미로운 지적이다.

"우리들이 음악에서 얻는 기쁨은 무의식적이지만 수를 헤아리는 데서 온다. 음악은 무의식적인 산술이나 다름없다."

우리가 알 수 있는 범위 안에서 추측해볼 때 이 쌍둥이는 어떤 상태에 있는 것일까? 그리고 다른 사람들의 경우는? 작곡가 에른스트 토흐의 손자인 로런스 웨슐러가 내게 이야기해준 바에 따르면 토흐는 엄청나게 긴 숫자라도 단 한 번만 들으면 곧바로 외울 수 있었다고 한다. 그는 숫자의 나열을 선율로 바꿈으로써 쉽게 기억했던 것이다. 즉 어떤 숫자를 들으면 그것을 토대로 멜로디를 구성해냈다는 뜻이다. 제데디아 벅스턴은 역사상 가장 끈질기고 기억력이 좋은 계산가였다. 숫자에 관해서는 계산이든 금전출납이든 가리지 않고 병적일 정도의 정열을 보였다. 벅스턴 자신은 '계산에 취해버린다'는 말로 표현하곤 했다. 그는 음악이나 연극을 관람할 때도 쉬지 않고 숫자로 바꾸어나갔다. 1754년에 쓰인 기록에는 이런 구절이 있다.

춤을 추는 동안에 그는 줄곧 스텝 수에 주의를 집중했다. 어떤 멋진 음악을 들은 뒤 그는 '엄청나게 많은 음이 나왔기 때문에 너무나 곤혹스러웠다'고 말했다. 유명한 배우 개릭이 출연하는 연극을 보러 갔을 때는, 그가 뱉는 말을 헤아리려고 오직 개릭 한 사람에게만 주의를 집중했고 마침내 소망대로 해냈다.

이상은 극단적이긴 해도 모두 대단한 이야기들이다. 하나는 숫자를 음악으로 바꾸는 작곡가 이야기이고, 또 하나는 음악을 숫자로 바꾸는 계산가 이야기이다. 이토록 극단적으로 다른 두뇌(적어도 대극적 유형의 심리상태)는 많지 않으리라고 생각한다.♦

그런데 헤아리는 능력은 전혀 없지만 숫자에 대해 비상한 감각을 지닌 이 쌍둥이 형제는 벅스턴보다는 오히려 토흐에 가깝다는 생각이 든다. 다만 토흐와 달리 이 두 사람은 숫자를 음악으로 바꾸는 것이 아니라 숫자를 '형태를 가진 것' 혹은 '상태tone'로써 직관적으로 파악한다. 그들은 계산을 하는 것이 아니다. 그들이 지닌 수리 능력은 도상적인 것이다. 그들은 숫자들로 이루어진 이상한 풍경을 불러들여 그 안에서 살아간다. 그들은 숫자로 이루어진 놀라운 풍경 속을 자유롭게 거닌다. 마치 연극 연출가처럼, 온통 숫자로만 이루어진 놀라운 세계를 창조해낸 것이다. 나는 그들이야말로 비범한 상상력을 지닌 사람들이라고 믿는다(그러나 그러한 비범함은 오직 숫자를 상상할 때만 드러난다). 그들은 숫자에 대해 도상적인 접근 이외에는, 계산가라면 가능할 다른 아무것도 할 수 없었다. 그들은 커다란 풍경 속에서 사물의 형상을 보

♦ 벅스턴과 유사한 예로서(그것보다 훨씬 이상하다고 생각할 수도 있지만) 내 환자 미리엄 H.를 들 수 있다. 그녀가 발작을 일으켰을 때가 그러하며, 이 점에 대해서는《깨어남》에 서술한 바 있다.

는 것과 똑같이 숫자를 형태로써 직접 보았던 것이다.

이같은 '도상성'과 관련하여 과학적 정신을 지닌 사람들 가운데 유사한 사례가 있다. 멘델레예프라는 사람은 원소의 성질을 주기율순으로 카드에 써서 언제나 지니고 다녔다. 그리고 그 내용에 익숙해지자 원소들의 성질이 낯익은 얼굴처럼 보였다. 모든 원소의 성질을 도상적으로 관상적으로 파악할 수 있게 된 것이다. 따라서 주기율순으로 늘어놓은 모든 원소표를 앞에 두고 우주의 얼굴을 보는 듯한 기분을 느꼈다고 한다. 이 같은 과학자의 마음은 본질적으로 '도상적'이며, 자연의 삼라만상이 인간의 얼굴 또는 하나의 광경으로 보이게 된다. 물론 음악으로 보이는 경우도 있다. 이러한 광경 및 마음속의 환영은 '현상적'인 것으로 충만해 있다. 그런데도 '물리'와 밀접하게 관련이 있다. 즉 심령의 세계로부터 물리적인 세계로의 환원이 가능하며, 거기서 이러한 과학의 이차적 외면적인 작용이 성립된다. 이에 대해 니체는 "철학자는 우주에 내재한 교향곡의 메아리를 자기 내부에서 들은 뒤, 이를 관념의 모습으로 뒤바꾸어 다시금 외부세계로 투사하려는 사람이다"라는 글을 남겼다. 쌍둥이 형제는 지능은 떨어졌지만 우주의 교향곡이 들렸으리라는 생각이 든다. 그 교향곡은 숫자의 형태를 취하고 있었을 것이다.

인간의 영혼은 그 사람의 지능이 높고 낮음에 관계없이 조화를 이루고 있다. 물리학자나 수학자 같은 사람들에게는 여기서 말하는 조화의 감각이 주로 지적인 것일 수 있다. 그러나 지적이라고 해서 감각적이 아니라는 이야기는 아니다. 아니 감각이 전혀 뒤섞이지 않는 경우란 있을 수 없다고 생각한다. 그러므로 여기서 감각sense이란 단어는 항상 이중적인 의미를 내포하게 된다. '감각적sensible'이란 단어에는 '개인적personal'이란 뜻도 있다. 왜냐하면 우리들이 어떤 것을 '느낄 수 있다'고 받아들이는 것은 그것이 자기 자신과 어떤 점에서든 관계가 있기 때문이다. 여기서 마틴의 예를 다시 살펴보자. 바흐의 음악이라는 으리으리한 대건축물은 틀림없이 마틴에게 '전 세계에 마치 상형문자와도 같이 상징적이면서 은밀하게 숨어 있는 가르침'을 안겨주었다. 그렇지만 그 건축물은 또한 언제 들어도 확인가능하고 비할 데 없이 훌륭하고 그립기 짝이 없는 바흐임이 분명했다. 마틴은 이것을 가슴이 저리도록 잘 느꼈으며, 아버지에 대해 품고 있던 애정과 연결시켰다.

쌍둥이 형제는 앞에서 말한 비상한 능력뿐만 아니라 뛰어난 감수성(그것도 조화로움을 갖추고 있는)을 갖고 있음에 틀림없다. 나는 아마도 그것이 음악에 대한 감수성과 통하는 것이 아닐까 한다. 그렇다면 당연히 그것은 우주에 내재하는 음악을 본 피타고라스의 감수성과 일맥상통한다. 그런데 내가 기묘하다고 생각하는 점은 그런 감수성이 존재한다는 사실이 아니라, 어째서 그런 사람들이 이렇게 적은가 하는 것이다. 인간의 영혼은 그 사람의 지능지수에 관계없이 '조화'를 이루고 있다. 무언가 궁극적인 조화 또는 질서를 찾아내고 싶어 하거나 느껴보고자 하는 욕구는 모든 사람의 마음에 보편적으로 존재한다. 그것은 그 사람의 능력과도 관계가 없고 나타나는 형태도 가지각색이다. 옛날부터 수학은 과학의 여왕으로 대접받아왔다. 그리고 수학자는 항상 '수'를 대단히 신비하게 여기고, 이 세계는 수가 지닌 신비한 능력에 의해 유기적으로 구성되어 있다고 느껴왔다. 이런 심정은 러셀의《자서전》서문에 아름답게 표현되어 있다.

한결같은 정열을 가슴에 안고 나는 지식을 추구했다. 사람들의 마음을 이해하고자 했다. 왜 별이 반짝이는지를 알고 싶어했다. 그리고 또한 '수'야말로 유전流轉하는 만물을 지배한다고 역설한 피타고라스의 능력을 깨닫고자 노력해왔다.

지능이 모자란 쌍둥이 형제를 뛰어난 지성과 고귀한 정신을 가진 러셀과 비교하면 사람들은 의외라고 생각할지도 모르지만 나는 사실 그다지 지나치지 않다고 생각한다. 쌍둥이 형제는 숫자로 이루어진 세계 속에서만 살고 있다. 그들은 별이 빛난다는 사실에도, 인간의 마음에도 전혀 흥미를 느끼지 못한다. 그러나 그들에게 '수'는 그저 숫자에 지나지 않는 게 아니라 어떤 의미를 지닌 실체이다.

그들은 숫자에 대해 가벼운 마음으로 다가서지 않는다. 바로 이 점이 계산기들과 다르다. 그들은 계산에 흥미를 느끼지 않았다. 그럴 능력도 없고, 계산이란 걸 이해하지도 못한다. 그들은 오히려 숫자 그 자체를 묵묵히 들여다보고 생각한다. 옷깃을 세우고 일종의 경외심을 지닌 채로 숫자에 다가선다. 그들에게 숫자는 의미가 부여되어 있는 신성한 대상이었다. '제1작(곡)자'에게 다가서기 위해 마틴은 음악을 통해 접근했지만, 쌍둥이 형제는 숫자를 통해 이를 추구했다. 다른 점은 그뿐이다.

그러나 숫자가 그들에게 단지 경외의 대상이었던 것만은 아니다. 그들의 친구이기도 했다. 자폐증의 고립된 생활 속에서 그들이 아는 유일한 친구라 해도 좋을 것이다. 이러한 경향은 숫자에 특수재능을 지닌 사람들 사이에서는 상당히 공통적으로 나타난다. 스티븐 스미스는 방법론을 무엇보다도 소중하게 생각했지만 개개의 구체적인 것에도 흥미를 느껴 재미있는 예를 많이 적어놓았다. 조지 파커 비더는 숫자를 좋아한 어린 시절을 이야기하며 "나는 100까지의 숫자와는 정말 좋은 사이가 되었다. 그 숫자들은 말하자면 나의 친구들이 되었다. 그 숫자들의 친척이나 친구마저 전부 알게 되었다"라고 썼다. 나아가 인도 태생의 동시대인 샤이암 마라드는 이렇게 말했다.

"'숫자는 내 친구'라는 말은 이런 뜻입니다. 어떤 특정한 숫자를 여러 가지 형태로 다루다가 그때까지 알지 못했던 재미있는 성질이 그 숫자 속에 숨겨져 있음을 다양한 기회를 통해 발견하게 됩니다. (…) 그리고 그후 계산 따위를 하다가 그 숫자를 만나면 갑자기 친구라는 생각이 들게 되는 것입니다."

헤르만 폰 헬름홀츠는 음악적 지각에 대해 "복합음의 분석이 가능하고 그것을 구성하고 있는 음을 하나하나 나누는 게 가능하다 할지라도, 보통 인간의 귀는 그것을 독특한 음색으로 된 나뉠 수 없는 전체로서 듣게 된다"는 말을 했다. 이는 분석보다 한 단계 위의 종합적 지각에 대해 말하는 것이며, 음악적 감각의 본질이라 할 수 있겠다. 헬름홀츠는 이러한 음을 사람의 얼굴과 비교했다. 즉 우리가 사람을 분간할 때 그의 얼굴을 보고 그 사람 전체를 깨닫는 것과 마찬가지로, 각자 고유한 방법으로 음을 인식한다는 설명이다. 요컨대 그가 하고자 하는 말은 음악에서의 음과 장단은 사실 귀에 대해서는 마치 '얼굴'과 같은 것으로 음과 장단을 듣는 순간 전체적인 모습의 '사람'(혹은 '개성')으로 인식하게 된다는 이야기이다. 그 사람에 대해 따스함과 감정과 개인적인 관계 등이 전부 포함된 상태에서 인지가 이루어진다는 말이다.

숫자를 사랑하는 사람의 경우도 이와 마찬가지로, 숫자라는 대상을 그런 식으로 인지하는 것 같다. 한눈에 직관적으로 "난 널 알아!" 하는 식으로 알게 되는 것이다.◆ 수학자 웝 클라인은 이에 대해 다음과 같이 잘 표현했다.

"숫자란 내게 친구나 마찬가지지. 누구에게나 그런 건 아니겠지만 예를 들어 3,844가 어떻게 보이지? 너한테는 단지 3과 8과 4와 4에 불과할지 모르지만 내게는 '안녕! 62의 제곱'이 되지."

쌍둥이 형제

이 쌍둥이는 겉으로는 아주 고독해 보이지만 실제로는 친구들이 가득 차 있는 세계에서 살고 있다는 생각이 들었다. 친구들이 몇천, 몇 백만이나 되므로, 때로는 그들이 숫자에게 "어이!" 하고 말을 걸기도 하고, 때로는 숫자가 그들에게 "어이!" 하고 말을 걸어올 것임에 틀림없다. 그러나 아무 숫자나 친구가 되는 건 아니다. 이렇게 말하면 설명하기 어려운 수수께끼 같은 말이 되고 말 수도 있지만, '62의 제곱'과 같이 각각 무언가 이유나 근거를 지닌 숫자만이 그 대상이 된다. 특히 보통 방법으로는 접근조차 하기 어려운 숫자가 그들의 친구가 되는 셈이다. 쌍둥이 형제는 천사와 같은 직접적 인식능력을 지니고 있는 것 같았다. 별 노력 없이도 그들은 숫자로 가득 찬 우주나 하늘을 볼 수 있었다. 그리고 그 때문인지 두 사람의 주위에는 신비로움으로 가득 찬 분위기와 일종의 고요한 평온함이 깃들어 있었다. 그 평온함을 방해하거나 깨뜨리면 비극이 초래되지 않을까 하는 생각이 들 정도였다. 아무리 기묘하고 이상하게 여겨질지라도 이를 '병적'이라고 불러서는 안 된다. 우리들에게는 그렇게 부를 권리가 없기 때문이다.

그러나 이러한 평화는 그로부터 10년 뒤에 산산이 부서지고 말

♦ 특히 흥미로운 것은 사람의 얼굴을 지각 또는 인식할 때의 방식이다. 우리가 사람의 얼굴을, 적어도 본 적이 있는 얼굴을 알아볼 때는 그 자리에서 직접적으로 알아본다. 세부사항을 보고 그것을 분석함으로써 판단하는 것이 아니다. 이 점과 관련해서는 많은 증거가 있다. 그러나 이미 보았듯이 얼굴인식불능증인 경우에는 전혀 그렇지 못하다. 환자는 우후두피질에 손상을 입었기 때문에 사람의 얼굴을 얼굴로 인식하지 못한다. 그래서 답답할 정도로 에돌아가는 간접적인 길에 의존해야 한다. 의미도 없는 개개의 특징점을 하나하나 분석하는 것이다(《아내를 모자로 착각한 남자》 참조).

았다. 두 사람은 떨어져 있어야만 했다. 그것이 '그들 자신을 위해서 좋다'는 주장이 등장했기 때문이다. '두 사람만의 불건전한 관계'를 중지시켜야 하며, '지금처럼 바깥 세상과 격리시켜 놓으면 그들은 영원히 사회성이 결여될 것'이라는 게 그러한 주장의 논거였다. 이런 식의 주장은 당시의 의학이나 사회학에서 판에 박은 듯이 써먹던 논리였다. 이리하여 쌍둥이 형제는 1977년에 헤어졌다. 그 결과가 좋았는지 비참했는지는 생각하기에 따라 다를 것이다. 두 사람은 '중간시설'에 따로따로 수용되어 심한 감시 속에서 용돈벌이 정도의 시시한 일을 하게 되었다. 단단히 주의를 주고 승차권 대용의 금속제 토큰을 주어 외출시키면 버스에 탈 수 있을 정도는 되었다. 우둔하고 정신적으로 이상하다는 것은 척 보아 알 수 있었지만 사람들 앞에서도 별 이상 없이 혼자서 처신할 수 있게 되었다.

이런 점들이 긍정적인 면이라면, 부정적인 면도 있었다. 그러나 이 점에 대해서는 기록카드에 전혀 기록되지 않았다. 처음부터 주의 깊게 살피는 사람이 없었기 때문이다. 둘만이 나누던 숫자로 된 대화는 금지되고 명상이나 교감의 기회 혹은 시간조차 모두 빼앗겨버렸기 때문에 그들은 끊임없이 일에 시달리는 존재가 되고 말았다. 결국 그들은 숫자에 대한 지난날의 신비한 능력을 잃어버리고, 그와 함께 삶의 기쁨이나 살아 있다는 감각조차 빼앗기고 말았다. 이렇게 된 까닭은, 쌍둥이를 떼어놓은 사람들이 그들을 어느 정도 독립 가능한 정상적인 사회인으로 만들기 위해 신비한 능력의 손실 따위는 어쩔 수 없이 겪게 되는 사소한 희생이라고 치부했기 때문이다.

나는 이러한 조치가 이루어졌다는 소식을 듣고 나디아에게 가한 조치를 떠올렸다(나디아는 스케치에 뛰어난 재능을 지닌 자폐증 소녀이다. '자폐증을 가진 예술가' 참조). 나디아 또한 '스케치 이외의 분야에서 능력을 최대한 발휘할 수 있는 길을 찾기 위해서' 가차없이 치료체제에 따르도록 하는 조치를 받았다. 그 결과 어떻게 되었는가? 사물에 대해 몇 마디 정도는 말할 수 있게 되었지만 스케치는 완전히 그만두고 말았다. 나이젤 데니스는 이렇게 썼다.

> 이리하여 천재소녀에게서 천재성을 빼앗아버리고 말았다. 그다음엔 아무것도 남지 않았다. 단 하나의 뛰어난 재능이 사라지고 어디를 보아도 보통 사람 이하인 결함투성이의 소녀가 되었다. 이런 기묘한 치료법이나 고안해내다니, 도대체 우리는 무얼 하는 인간이란 말인가?

또 한 가지 덧붙여 적어두어야 할 점이 있다(이것은 마이어스도 깨닫고 있는 점이다. 그는 수에 관해 경이로운 능력을 지닌 사람들을 깊이 고찰하여, 그 결과를 '천재'라는 제목의 장 앞머리에 실었다). 무슨 말인가 하면 천재성으로 가득 찬 경이로운 능력이란 기묘하기 짝이 없고 불가사의한 것으로, 평생 계속될 수도 있지만 저절로 사라져버리고 마는 경우도 있다는 사실이다. 그러나 쌍둥이 형제의 경우 그들의 천재성은 단지 '능력'이라는 말로는 설명이 부족하며, 인격적으로든 감정적으로든 그들의 삶의 중심에 있는 그 무엇이었다. 그렇지만 두 사람이 헤어지고 나서부터 그들은 그 능력을 잃어버리고 말았다. 그리하여 그들의 인생에는 아무런 의미도 남지 않았고 중심 또한 사라지고 말았다.♦

♦ 이러한 논의가 너무 기이하거나 도착적이라는 생각이 든다면, 루리야가 관찰한 쌍둥이의 사례를 생각해 보기 바란다. 두 사람을 떼어놓는 것은 그들 자신의 발달을 위해 반드시 필요한 일이었다. 그래야만 아무런 의미도 내용도 없는 허튼소리와 속박에서 그들을 '풀어놓아 줌으로써' 건전하고 창조적인 인간으로 발달할 수 있게 해줄 수 있는 것이다.

　　필자가 이 원고를 이즈리얼 로젠필드에게 보여주자, 그는 산술 속에는 보통의 4칙연산이 아니라 더욱 고차적이고 간단한 방법이 여러 가지 있다는 사실을 지적해주었다. 그리고 이 쌍둥이의 비상한 능력(과 한계)을 볼 때 어쩌면 그들은 모듈러 연산에 의한 시계산을 수행한 것 같다는 말도 했다. 그가 내게 보낸 편지 속에는, 이언 스튜어트가 《현대수학의 개념》(1975년)에서 설명한 알고리즘에 입각해 생각하면 이 쌍둥이가 요일을 알아맞힌 수수께끼를 설명할 수 있을지도 모른다고 쓰여 있었다.

　　8만 년이나 되는 범위 안에 있는 어떤 특정한 날의 요일을 알아낼 수 있는 능력은 사실 의외로 간단한 알고리즘에 토대를 두고 있답니다. '오늘'부터 '그날'까지의 일수를 7로 나누었을 때, 나누어 떨어지면 '그날'은 오늘과 같은 요일이 되고, 만약 나머지가 1이면 그날의 요일은 오늘 하루 뒤의 요일이 되는 것입니다. 이른바 '주기'의 개념을 사용한 모듈러 연산이라 할 수 있는데, 이 연산은 순환적이며 반복적으로 같은 패턴이 계속됩니다. 아마 이들 쌍둥이들도 그러한 패턴을 머릿속에서 시각화했을 것입니다. 단순한 구성도의 형태로 보였거나 아니면 스튜어트의 책 30쪽에 나오는 정수의 나선형과 같은 풍경으로 나타났을지도 모릅니다.

　　그러나 이것만으로는 이 쌍둥이 형제가 어떻게 소수를 주고받는 놀이를 할 수 있었는지에 관한 대답은 얻지 못합니다. 그런데 요일을 맞추기 위한 계산에서는 7이라는 소수가 나옵니다. 즉 소수가 필요합니다. 소수일 경우에는 순환적 패턴이 생겨나며, 그것을 근거로 요일도 알아낼 수 있고 그에 따라 과거의 특정한 날에 일어난 사건 또한 기억해낼 수 있습니다. 한편 그들은 7이 아닌 소수일 경우에는 또다른 패턴이 생겨나 그들의 회상행위에 중요한 도움이 된다는 사실을 알고 있었을지도 모릅니다. 성냥개비를 보고 "111은 37의 3배"라고 말했던 사실에 주목해보세요. 그들은 37이라는 소수를 짚어내 그걸 3배한 것입니다. 실제로는 소수만 '보였던' 것입니다. 소수가 달라지게 되면 패턴도 달라지게 됩니다. 상대방이 말한 소수를 반복할 때 그들 사이에 시각적인 정보가 전달되고 있다고 생각해보면, 패턴이 정보의 단편이었을지도 모릅니다. 요컨대 모듈러 연산은 그들이 과거를 찾는 데 도움을 준 것입니다. 그리고 소수일 때만 나타나게 되는 패턴은 두 사람에게 특별한 의미를 지니고 있음이 분명합니다.

이처럼 모듈러 연산을 이용하면, 매우 큰 수의 소수에서 생겨나는 패턴에 손쉽게 끼워맞춤으로써 보통의 4칙연산으로는 잘 들어맞지 않는 경우에도 재빨리 답을 찾아낼 수 있다. 이것이 바로 스튜어트가 지적한 것이다.

만약 이 쌍둥이의 방법, 즉 시각화가 이러한 알고리즘으로 간주된다고 한다면 정말 진귀한 부류에 속하게 될 것이다. 그건 대수학적인 것이 아니라 공간적 확대를 지니는 것이기 때문이다. 아울러 나무, 나선형, 건조물 등과 동류를 이루기 때문이다. 다른 점이 있다면 단지 보이는 것이 '지상의 풍경'이 아니라 '사유의 풍경'이라고 말하고 싶다. 로젠필드의 지적과 스튜어트의 모듈러 연산의 해설은 솔직히 나를 흥분시켰다. 왜냐하면 그들의 설명은 이 쌍둥이의 능력처럼 다른 방법으로는 설명하기 어려운 능력을 해명하는(해결까지는 아니라 하더라도) 계기가 된다고 여겼기 때문이다.

이러한 고등산술은 이론으로서는 이미 가우스의《정수론 연구》(1801년)에 설명된 바 있다. 그러나 그것이 실용화된 것은 최근의 일이다. 앞으로는 어떻게 될 것인가? 때때로 교사나 학생들에게 머리 아프고 부자연스러우며 습득하기 어렵게 받아들여졌던 이제까지의 산술은 어떻게 될 것인가? 가우스가 서술한 심원한 산술이, 촘스키의 '심층' 통사론이나 생성문법과 마찬가지로 인간에게 천부적·내재적인 산술로 병존해나갈 수 있을 것인가? 적어도 이러한 산술은 쌍둥이 형제와 같은 정신을 지닌 사람들 속에서는 생생하고 힘차게 살아 움직이고 있었을 것이다. 우주의 별에 비유한다면 그것은 끊임없이 확장을 거듭하는 정신 속에 있는, 말하자면 수의 구상성단球狀星團 같은 것이었다. 나선형으로 돌아가면서 밖으로 끊임없이 뻗어나가는 수의 성운 같은 것이었다.

　　앞에서도 언급했듯이 〈쌍둥이 형제〉가 발표되자 글을 읽은 많은 사람들이 편지를 보내주었다. 개인적인 내용을 담은 편지가 있는가 하면 과학적인 내용을 담은 것도 있었다. 수를 본다거나 직관적으로 파악하는 이야기를 쓴 편지도 있었고, 이런 현상이 무얼 의미하는지를 논한 글도 있었다. 자폐증의 일반적 특질이나 그 감수성에 대해 적은 편지도 있었고, 그러한 감수성이 어떻게 해서 육성되는지 그리고 어떤 억압이 작용하고 있는지를 서술한 것도 있었다. 또 일란성쌍둥이의 문제를 적은 편지도 왔다. 특히 흥미로웠던 것은 이러한 아이를 키우는 부모들이 보내준 편지였는데 부모의 입장에서 연구하고 고찰하면서 자식에 대한 헌신과 깊은 애정과 놀라운 객관성이 한데 어우러져 있었다. 파크 부부의 편지는 그중 하나였다. 파크 부부는 탁월한 지성을 갖춘 사람들이었고, 그들의 딸 엘라는 비상한 재주를 타고났지만 자폐증이었다.[*] 엘라는 스케치를 잘했지만 수에 대해서도 특수한 재능을 지니고 있었는데, 특히 어렸을 적에 더욱 뛰어났다. 엘라는 수의 세계가 지닌 매력에 이끌렸고 소수를 유난히 좋아했다. 소수에 특별한 감정을 느낀다는 사실은 이제 그다지 진귀한 것이 못 된다. C. C. 파크는 편지에서 그녀가 아는 또다른 자폐증 아이에 대해서도 썼는데, 그 아이는 종이란 종이에는 모두 숫자를 한가득 써넣는다고 한다. 스스로도 억제할 수 없는 어떤 충동에 이끌려 그렇게 쓰는 것 같았다.

"놀라운 건 그 숫자들이 모두 소수였다는 사실입니다."

그 말 뒤에 그녀는 이런 말을 덧붙였다.

"소수야말로 또다른 세계를 향해 열려 있는 창문인 것입니다."

그후에 다시 받은 편지에는 최근의 경험으로 약수와 소수에 특히 민감한 젊은 자폐증 사내에 관해 언급하면서 그가 약수와 소수를 어떻게 '특별한' 수로 인식하는지를 적고 있었다. 그에 관해 다음과 같은 예가 소개되었다(상대방으로부터 반응을 끌어내기 위해서는 '특별한'이라는 말을 써야만 했다).

"조, 그 숫자(4,875)는 어디가 특별하지?"

"13으로도 나누어지고 25로도 나누어지는 점요."

"7,241은 어디가 특별하지?"

"13과 557로 나누어지는 점요."

"그럼 8,741은?"

"그건 소수예요."

---

[*]   C. C. 파크, 1967년, D. 파크, 1974년, 313~323쪽 참조.

파크는 이렇게 덧붙였다. "가족 가운데 누구 한 사람도 소수에 관한 한 그의 상대가 될 사람이 없습니다. 그건 조 혼자만의 즐거움이지요."

알 수 없는 점은 어떻게 답이 거의 반사적으로 나오는가 하는 점이다. 답이 뭔가 머리를 써서 나오는 것인지, 전부터 알고 있던(그래서 기억해내는) 것인지, 그렇지 않으면 한순간에 '보이는' 것인지 그건 지금까지도 수수께끼로 남아 있다. 다만 확실한 것은 소수에서 특별한 즐거움이나 의미를 느끼는(혹은 느끼는 것 같다는) 점이다. 형식적인 아름다움이나 균형미 같은 것을 느끼는지도 모른다. 엘라의 경우에는 때때로 '환상적인'이란 단어를 쓰곤 했다. 수, 특히 소수는 특별한 생각, 이미지, 감정, 관계를 환기시켜준다. 그중 어떤 것은 '특별하고' '환상적인' 느낌이 지나쳐 입 밖에 낼 수 없을 정도였다. 이상의 내용은 D. 파크의 보고(앞의 책) 속에 상세하게 나와 있다.

쿠르트 괴델은 극히 일반적인 형태이긴 했지만 수 특히 소수가 많은 관념, 인간, 장소 등을 가리키는 '표식'이 되는 것 같다는 설을 제기했다. 만약 그렇다면 괴델이 말하는 '표식'설은 이 세상의 '산술화' 또는 '숫자화'를 향해 길을 열어가는 셈이 된다고 할 수 있다(E. 네이젤과 J. R. 뉴먼의 1958년 논문 참조). 만약 괴델의 말대로라면, 쌍둥이 형제나 그와 동류의 사람들은 수의 세계에 살고 있을 뿐만 아니라 세계 속에서 수를 통해 존재한다는 생각을 해볼 수 있다.

그들이 수와 놀고 수를 끄집어내려는 것은 인생 그 자체를 살아보려는 몸짓이 아닐까. 그리고 우리가 그들을 잘 이해하지 못해 열쇠를 찾아내지 못했을 뿐, 그들의 그러한 행동거지는 기이하지만 정확한 의사소통 방식일지 모른다.

자폐증을 가진 예술가

"이걸 그려보게."

나는 호세에게 회중시계를 건네며 말했다.

호세는 21세이지만 지능이 극도로 낮았다. 얼마 전에는 지병으로 인한 극심한 발작을 일으켰다. 그는 야위어 아주 허약한 모습이었다.

회중시계를 건네받자 주의가 산만하고 안정되지 못한 그의 모습이 갑자기 바뀌었다. 그는 마치 귀신을 쫓는 부적이나 보석이라도 되는 듯이 시계를 조심스럽게 받아들고는 자기 앞에 놓고 꼼짝도 하지 않은 채 줄곧 시계만 바라보았다. 이때 간호사가 끼어들었다.

"그 사람은 백치랍니다. 말을 걸어봤자 소용없어요. 무슨 말을 하는지 모른답니다. 시간도 몰라요. 말조차 못해요. 사람들은 자폐증이라고 합니다만, 백치에 불과해요."

그 말을 듣고 호세의 얼굴이 창백해졌다. 간호사가 하는 말의 내용이 아니라 말투 때문이었다(호세가 말을 못 알아듣는다는 것은 전에 간호사로부터 들은 적이 있었다).

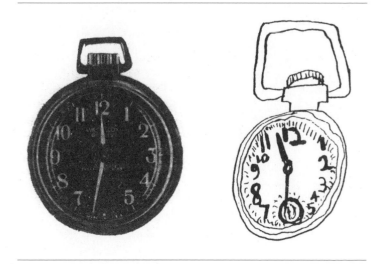

"자, 자넨 그릴 수 있네."

호세는 눈앞에 있는 작은 시계에 한참 주의를 기울이더니 묵묵히 그려나가기 시작했다. 시계 이외에는 그 어떤 것에도 시선을 주지 않았다. 그 순간 그는 처음으로 용기를 얻은 것처럼 보였다. 망설임이 없고 침착했으며, 주의가 산만해 보이지도 않았다. 그는 뚜렷한 선으로 재빠르면서도 섬세하게 그려나갔다. 그리다가 지우고 다시 그리는 일도 전혀 없었다.

나는 할 수만 있다면 거의 언제나 내 환자에게 글자를 쓰거나 그림을 그리게 한다. 그렇게 함으로써 환자의 능력을 어림짐작하고, 아울러 표현된 내용을 보고 환자의 성격이나 스타일을 잘 파악할 수 있기 때문이다.

호세는 그 시계를 놀라울 정도로 정확하게 그렸다. 모든 특징을 옮겨 그리고 있었다(적어도 본질적인 특징은 모두 그려 넣었지만 '웨스트클락사, 내충격성, 메이드 인 USA'와 같은 문자는 없어졌다). 시간도 정확하게 11시

31분으로 그려져 있을 뿐만 아니라 분을 나타내는 눈금이나 초침용으로 끼워 넣은 다이얼은 말할 것도 없고, 오돌토돌한 태엽꼭지와 시계줄을 거는 데 쓰는 네모꼴의 걸쇠도 그려져 있었다. 각 부분이 차지하는 크기도 균형 있게 잘 그려졌지만 네모꼴의 걸쇠만은 아주 크게 그려 있었다. 잘 살펴보면 문자판의 숫자는 하나하나의 크기, 모습, 형태가 서로 달랐다. 굵었다 가늘었다 하고, 가지런한가 하면 다닥다닥 붙어 있기도 하고, 모양도 단순한 게 있는가 하면 정성들여 굵게 그린 것도 있었다. 실물 시계에서는 그다지 잘 보이지 않는 조그마한 다이얼 속의 초침도 천체관측기의 침과 같이 눈에 잘 띄게 그려놓았다.

전체적으로 보아 시계의 느낌이 놀라울 정도로 잘 표현되었다. 간호사가 말한 것처럼 호세에게 시간의 개념이 전혀 없다면 더욱 놀라운 그림 솜씨인 셈이다. 그 밖에 그가 그린 그림에는 대단히 치밀한 곳과 묘하게도 공을 들여 모습이 변해버린 부분이 뒤섞여 있다는 점이 눈에 띄었다.

그것은 정말 이상한 일이었다. 그날 운전을 하며 돌아올 때도 그 점이 계속 머릿속에서 떠나지 않았다. 백치라고? 자폐증이라고? 아니야. 뭔가 이상한 일이 벌어지고 있는 거야.

또다시 호세를 진찰해달라는 호출을 받지는 않았다. 그러다 어느 일요일 저녁 다급한 상황에서 첫 호출을 받았다.

그는 주말 내내 발작을 일으키고 있다고 했다. 나는 전화로 항경련제 처방을 지시했다. 발작이 진정되자 그 이상의 신경학적 조언을 요청해오는 일은 없었다. 그러나 나는 그 시계와 관련된 사항들이 여전히 해결되지 않은 문제로 마음에 남아 있었다. 다시 한번 만나볼 필요가 있다는 생각이 들어 그를 만나기 위한 절차를 밟는 한편 그의 기록카드 전체를 보기로 했다. 그 전에 그를 진찰했을 때는 대체적인 소견이 기입되어 있는 종이 한 장을 봤을 뿐이기 때문이다.

호세는 태평스러운 표정으로 진찰실로 들어왔다. 왜 불렀는지 모르는 것 같았고, 그런 것은 염두에 두지도 않는 것이 분명했다. 나를 보자 그는 반가운 듯이 웃음을 지었다. 지난번 보았을 때 마음이 내키지 않는다는 듯이 무관심하고 무표정했던 모습은 사라지고 수줍은 듯한 미소를 살짝 지을 뿐이었다.

"자네를 계속 생각하고 있었네."

그는 비록 말을 이해할 수는 없을지도 모르지만 말투는 판단할 수 있었다. 나는 그에게 펜을 건네주며 말했다.

"자네 그림을 또 보고 싶네."

이번에는 무얼 그리도록 해줄까? 나는 언제나처럼 〈애리조나 하이웨이〉라는 잡지를 가지고 있었다. 사진이나 그림이 많이 실려 있어서 특별히 마음에 드는 잡지이다. 나는 그것을 환자 테스트용으로 언제나 갖고 다닌다. 표지에 늘 소박하고 아름다운 풍경이 담겨 있었다. 산을 배경으로 저녁노을이 비껴가는 호수에서 카누를 타는 사람들 사진이었다. 호세는 우선 하늘과는 대조적으로 뚜렷한 그림자를 드리우고 있는 앞쪽 부분을 그려나갔다. 매우 정확하게 윤곽을 그리고 나서 그 안을 덧칠하기 시작했다. 그러나 이 작업은 뾰족한 펜이 아니라 회화용 붓이 필요한 작업이었다.

"그건 건너뛰어도 괜찮네."

그렇게 말해주고 이번에는 카누를 가리키며 그려보라고 말했다. 호세는 아무런 주저함도 없이 즉시 인물과 카누의 윤곽을 그려나갔다. 그는 인물과 카누를 처음에만 자세히 보았을 뿐 그 뒤로는 눈길도 보내지 않았다. 그것들의 형태가 머릿속에 각인된 것이다. 그는 펜을 기울여 윤곽선 안을 검게 칠했다.

이번에는 풍경 전체가 담긴 그림이었기 때문에 더 인상적이었다. 나는 호세의 재빠른 속도와 정확한 재현 능력에 감탄했다. 그러나 더욱 감탄스러운 것은 그가 카누를 한 번 보고 난 다음에는 전혀 쳐다보지 않고 그렸다는 점이다. 이전에 간호사가 "그는 복사기 같은 친구입니다"라는 말을 한 적이 있긴 하지만 그건 틀린 말이었다. 단지 복사에 불과한 그림이 아니었다. 그는 대상을 이미지로 삼아 파악한 뒤 단순히 옮기는 게 아니라 대상을 이해하는 뛰어난 능력을 지니고 있었던 것이다. 왜냐하면 그의 그림에는 원래의 표지에는 없는 극적인 요소가 나타나 있었기 때문이다. 확대된 조그마한 인물은 더욱 힘차고 생생해 보였으며 무언가에 열중하는 느낌을 잘 드러내고 있었다. 그것은 원래의 표지에서는 느낄 수 없던 점이었다. 리처드 월하임이 말하는 '도상성'의 특징(주관성, 표현성, 각색성)이 호세의 그림에는 모두 나타나 있었다. 분명히 그에게는 복사 능력뿐만 아니라(그것만으로도 놀랄 만하지만) 그 이상의 것인 상상력과 창조성이 있는 것 같았다. 그림에 보이는 것은 단순한 카누가 아니라 그의 카누였던 것이다.

나는 잡지를 한 장씩 넘기며 송어낚시가 나와 있는 곳을 펼쳤다. 흐르는 강물은 연한 물빛이었고, 뒤쪽에는 바위와 나무가, 앞쪽에는 지금이라도 튀어오를 듯한 무지개송어가 찍혀 있었다.

"이걸 그려보게나."

무지개송어를 가리키며 내가 말했다. 그는 무지개송어를 자세히 살펴보고 생긋 웃는 것 같았다. 잠시 후 그는 잡지에서 눈을 떼더니 즐거움이 온 얼굴에 배어난 모습으로 자신만의 무지개송어를 그려나갔다.

그가 그리는 것을 보면서 어느 틈엔가 나도 미소 짓고 있었다. 내가 곁에 있어 안심이 되는지 그는 망설이는 기색도 없이 자유로이 그

림을 그려나갔다. 드디어 모습을 드러낸 그림은 그냥 물고기가 아니라 아주 개성이 두드러진 물고기였다.

원래의 사진에서는 개성을 느낄 수 없었다. 생기가 없고 평면적이었으며 마치 박제 같은 느낌을 주는 사진이었다. 그런 반면에 호세가 그린 물고기는 몸뚱이를 퉁겨 하늘로 도약하고 있었다. 입체적이며 원래의 그림보다 훨씬 더 생생한 느낌을 주었다. 살아 있는 물고기 그 자체라고 할 수는 없었지만, 생생한 움직임이 포착될 뿐만 아니라 풍부한 표정이 느껴졌다. 마치 고래가 입을 쫙 벌린 것처럼 보이는 입, 어딘가 악어를 연상시키는 콧잔등 그리고 극히 인간적인 눈을 지니고 있었다. 그것은 매우 익살맞은 표정이었다. 정말 우스꽝스런 물고기였다. 그가 웃었던 것도 무리가 아니었다. 옛날이야기에 물고기 역으로 나오는 인물이나 《이상한 나라의 앨리스》에 나오는 개구리 같다는 생각이 들었다.

이리하여 나에게는 여러 가지로 생각해보아야 할 과제가 주어졌다. 처음에 언급한 시계 그림은 놀라워서 내 흥미를 이끌어냈다. 그러나 그것만으로는 어떤 결론도 도출할 수 없었다. 카누를 그린 그림에서는 호세가 매우 뛰어난 시각적 기억력을 지니고 있음을 알게 되었다. 그리고 물고기 그림에서는 생생하고 두드러지게 나타나는 상상력과 유머감각, 옛날이야기에 걸맞은 재능을 지니고 있음을 파악했다. 그 그림은 위대한 예술이라고 말하기는 어려운, 원시적이고 아이들 수준의 예술이긴 했지만 예술임에는 틀림없었다. 그러나 세상 사람들은 백치, 바보천치, 자폐증이 있는 사람은 상상력이나 여유 있는 마음 혹은 예술과는 거리가 멀다는 선입견을 가지고 있다.

내 친구이며 동료인 이사벨 래핀은 나보다 몇 년이나 앞서 호세를 진찰한 적이 있다. 호세가 대단한 발작을 일으켜 소아신경과에 입원하고 있을 때였다. 풍부한 경험에 기초하여 그녀는 호세가 '자폐증'임에 틀림없다고 생각했다. 일반적인 자폐증에 대해 그녀는 다음과 같이 썼다.

> 자폐증 아이들 가운데 소수는 문자언어의 해독에 아주 뛰어나며 숫자에 관한 기억이 두드러지거나 숫자에 푹 빠져드는 상태를 보인다. (…) 어떤 자폐증 아이들은 퍼즐 조립이나 장난감 분해 혹은 암호 해독 따위에 비상하게 뛰어나기도 한데, 그것은 언어학습을 하지 않아서 나타났거나 언어학습을 할 필요가 없었기 때문에 그들의 주의나 학습이 비언어적인 시각적·공간적 작업에만 편중된 결과라고 생각한다.(1982년, 146~150쪽)

로나 셀프도 뛰어난 저서 《나디아》(1978년)에서 마찬가지의 내용을 특히 그림에 관한 관찰을 통해서 전개시켰다. 셀프 박사가 많은 문헌 및 데이터로부터 결론을 내린 바에 따르면, 백치천재나 자폐증

천재가 재능을 발휘하는 것은 분명히 계산이나 기억면에서였지 상상적·정신적 면에서가 아니었다. 자폐증 어린이가 설령 그림을 그릴 수 있다고 해도(이건 극히 드물게 나타나는 사례이지만), 그들이 그리는 그림이란 판에 박힌 기계적인 것에 지나지 않았다. 여러 문헌에서는 '외로운 섬처럼 단 하나 남아 있는 능력'이라든가 '조각조각 난 단편적인 기술'로밖에 인정하지 않고 있다. 창조적인 인격은 물론이거니와 개인으로서의 인격조차 고려하지 않고 있다.

그러면 호세의 경우는 어떠한가? 나는 스스로 묻지 않을 수 없었다. 도대체 그는 어떤 존재란 말인가? 그의 내면에서는 무슨 일이 일어나고 있을까? 어떻게 그런 상태에 이르렀는가? 그것은 도대체 어떤 상태인가? 거기에 대처하는 방법은 있는가?

내가 손쉽게 구할 수 있는 정보 즉 이 기묘한 질병이 발병했던 때부터 모인 산더미 같은 기록이나 데이터는 도움이 되기도 했지만 도저히 나의 의문을 풀어줄 수 없었다. 나는 발병 초기의 기록을 입수했다. 그 기록에는 다음과 같은 내용이 담겨 있었다. 그는 8세 때 고열에 시달리면서 끊임없이 발작을 일으켰다. 그리하여 급성 뇌손상 및 자폐 상태에 빠졌던 것이다(그 원인이 무엇인지는 처음부터 정확하지 않았다).

이 초기단계에서 그의 척수액에 이상이 있다는 사실이 발견되었다. 대체적으로 뇌염의 일종이라는 데에 의견이 모아졌다. 그의 경우 발작의 종류는 실로 다양했다. '간질'에 의한 소발작과 대발작, 무동불능증 발작과 정신운동 발작을 꼽을 수 있었다. 그중에서도 정신운동 발작은 극히 복잡하고 빈번하게 나타났다. 정신운동 발작의 경우 갑자기 격정에 못 이겨서 날뛰는 경우도 있었고, 발작하는 틈틈이 이상한 행동을 보이기도 했다(이른바 정신운동성 인격이다). 그러한 발작의 원인은 대개 정해져 있어서 관자엽의 장애와 그 손상에 의해 일어난다. 수없이 많이 실시한 뇌파검사 결과 호세도 양 관자엽에 심한 질환이 있다는 것을 알게 되었다.

관자엽은 청력과도 관계가 있는 부위이다. 특히 다른 사람이 하는 말을 알아듣는다든지 스스로 말하는 능력과 관계가 있다. 래핀 박사는 호세가 자폐증이라고 생각했을 뿐만 아니라 그의 '언어청각인식불능증'이 관자엽 질환에 의한 것이 아닌가 하고 생각했다. '언어청각인식불능증'에 걸리게 되면 자기가 발성하는 음성 자체를 인식할 수 없게 된다. 그가 말을 이해하지 못하고 실제로 이야기를 하지 못하는 까닭은 음성의 인식이해를 할 수 없기 때문이라는 의견도 있었다. 원인을 어떻게 보든(이외에 정신의학적·신경의학적 설명도 이루어졌지만), 그가 전혀 말할 수 없다는 사실은 놀랄 만한 일이었다. 그 이전에는 '정상'이었음에도(양친은 분명히 그렇게 말했다) 질병에 걸린 순간 호세는 침묵하고 타인에게 다시는 말을 걸지 않게 되었다.

그러나 하나의 능력만은 사라지지 않고 남았다. 더구나 그 능력은 그에게 불행의 보상으로 자리 잡아 더더욱 발달했다. 바로 그림 그리기에 대한 그의 비상한 정열과 능력이다. 그는 아주 어릴 적부터 그림 그리기를 좋아했고 또 잘 그렸다. 이것은 어느 정도 유전이나 혈통에 기인하는지도 모른다. 그의 아버지는 항상 스케치하기를 좋아했고 호세보다 훨씬 나이가 많은 형은 성공한 화가였다. 발병 후 호세는 어떻게 손써볼 도리가 없을 정도로 발작을 계속했다(하루에 20회에서 30회나 되는 대발작이 일어났으며, 소발작은 셀 수 없을 정도였다. 졸도하거나 의식을 잃어버리고 몽환 상태에 빠지거나 했던 듯하다). 말을 잃고 지능과 감정이 퇴행함에 따라 그는 아주 비극적인 상태로 빠져들어갔다. 얼마 동안은 가정교사가 보살피기도 했지만 학교를 계속 다닐 수는 없었다. 그는 늘상 가족과 함께 생활하게 되었다. 그리하여 하루종일 간질성 발작을 일으켜 자폐증에 실어증까지 겹친 지적장애아가 되어갔다. 이윽고 교육이나 치료도 쓸모가 없어지고 거의 절망적인 상태라고 여겨졌다. 그는 9세 때 천덕꾸러기가 되고 말았다. 학교를 자퇴하고 사회로부터 격리되었으며 건강한 아이들이 현실적으로 경험하는 거의 대부분의 생활로부터 배제되고 말았다.

그후 호세는 15년간을 거의 집에서 나오지 않고 지냈다. '속수무책의 발작' 때문이었다. 어머니는 그를 밖으로 데리고 나가려 하지 않았다. 데리고 나갔다가는 길에서 수십 차례의 발작을 일으키곤 했기 때문이다. 갖가지 종류의 항경련제를 투여했지만, 간질은 도저히 고칠 수 없어 보였다. 적어도 진료 기록카드에는 그렇게 적혀 있었다. 막내인 호세에게는 형과 누나가 있었지만 나이차가 컸다. 쉰이 다 된 어머니에게 그는 그야말로 '큰 아기'였다.

이 기간의 호세에 관한 기록은 극히 적다. 사실 호세는 세상에서 모습을 감추었다. 최근에 극심한 발작을 일으켰고 그 때문에 처음으로 병원에 데리고 왔는데, 그렇지 않았더라면 의학적인 경과에 대한 관찰은커녕 살아 있다는 사실조차 알려지지 않고 지하실에서 갇혀 살면서 발작을 일으키며 영원히 잊혀지고 말았을 것이다. 그러나 그는 지하실에서 살면서도 내면세계를 완전히 잃지는 않았다. 그는 사진잡지, 특히 〈내셔널 지오그래픽〉처럼 박물지 성격의 잡지에 흥미를 보였다. 그리고 발작을 일으키고 호되게 꾸지람을 받는 생활의 반복 속에서도 연필을 발견하고 그림을 그렸다.

어쩌면 그 그림들은 호세를 외부세계, 특히 동식물 등의 자연계와 연결시켜주는 유일한 통로였을 것이다. 어렸을 적에 아버지와 스케치하러 다닐 때도 그는 자연을 대단히 좋아했다. 이와 같은 자연과의 관계가 그에게 남아 있는 유일한 현실과의 실마리였다.

이것이 호세에 대해 내가 알게 된 사항들이다. 진료 카드나 보고서를 수집하여 앞뒤를 이어놓은 것이다. 그리고 그러한 사항들은 호세의 집을 방문하여, 그에게 관심을 가지긴 했지만 어떻게 해야 할지를 몰랐던 생활환경 조사원과 이제는 연로하여 허약해진 호세의 부모에게서 얻은 것들이다. 그러한 기록의 내용도 내용이지만 15년이라는 긴 세월 동안 실질적인 내용이 너무 없었다는 점도 놀라웠다. 그러나 그조차도 호세의 갑작스럽고 심한 발작이 없었더라면 바깥 세상에 나오지 못했을 것이다. 그날의 발작은 그때까지 본 적이 없을 정도로 격렬했다. 그는 물건을 내던질 정도로 난폭하게 행동했고, 결국 주립병원에 오게 된 것이다.

무엇이 그를 난폭하게 만들었는지는 미지수였다. 간질의 발작에 의한 폭력이었을까(이와 비슷한 증세는 극히 중증의 관자엽 발작의 경우에도 일어나는 수가 있다). 아니면 입원 당시의 보고서에 성의 없이 기록된 '정신병'이었던 것일까? 그렇지 않으면 괴로운 심정이나 내심의 욕구를 직접 표현할 수 없어 고민하던 영혼이 구원을 청하기 위해 내지른 단말마적인 절규였을까?

분명하게 말할 수 있는 사실은, 입원 후 새로 개발된 강력한 약을 투여받아 발작이 진정되자 8세에 발병한 이래 처음으로 호세는 생리학적으로나 심리학적으로나 안정을 찾고 자유로이 해방된 기분을 느끼게 되었다는 것이다.

어빙 고프먼은 병원, 특히 주립병원은 때때로 환자의 인간적 존엄성을 무시하도록 이루어진 '종합시설'이라고 하였다. 그러한 일이 실제로, 그것도 대대적으로 벌어지고 있다는 것은 부정할 수 없는 사실이다. 그러나 고프먼은 인정하려 들지 않겠지만 주립병원은 좋은 의미의 '보호시설'이기도 하다. 고뇌와 태풍 따위에 휩쓸려 피폐해진 영혼에게는 피난처 구실을 하기도 한다.

그곳에서는 그 같은 상태의 환자가 필요로 하는 질서와 자유가 같이 제공된다. 호세는 혼란스럽고 아주 심각한 상태였다. 간질병이라는 기질적인 원인에 의한 것이었지만, 어느 정도는 무질서한 생활 탓이기도 했다. 간질 때문에 그는 육체적으로나 정신적으로나 갇힌 몸이 되어 두루 고생을 겪어왔다. 병원은 호세를 따뜻하게 맞아주었다. 아마도 그 시점에서는 생명의 은인이었다. 호세도 그것을 충분히 느끼고 있었음에 틀림없다.

정신적으로 가족과 깊이 연계를 맺고 살아온 호세는 갑자기 다른 사람들, 집 이외의 세계, '전문적으로' 그를 보살펴주는 세계를 접하게 되었다. 병원 사람들은 비판하거나 도덕 따위를 운운하지도 않는다. 비난도 하지 않고 공평하다. 그러나 동시에 그 자신과 그가 관련된 문제에 대해 진지하게 생각해준다. 그런 까닭에 여기에 와서야 그는 비로소 희망을 갖기 시작했다(입원 후 4주가 지났다). 더욱 생기 있게 생활했고, 이전에는 전혀 없었던 일이지만 다른 사람들에게 마음을 열어놓기 시작했다. 적어도 그것은 8세에 자폐증에 빠져든 이래 처음 있는 일이었다.

다른 사람들과 교류를 갖고자 하는 호세의 희망은 '허락받지 못한' 바람에 불과했다. 그 희망은 대단히 복잡한 양상으로 자리 잡았고 또 '위험한' 것이기도 했다. 호세는 15년 동안 보호받고 닫힌 세계(베텔하임이 말하는 '공허한 성채')에서 살았기 때문이다. 그러나 호세에게는 그러한 생활이 공허하지만은 않았다. 그는 언제나 자연을, 동물이나 식물을 사랑했다. 마음속에는 자연을 향하는 문이 언제든 열려 있었다. 그러나 이제 호세는 '교류하고 싶다'는 유혹과 '교류해서는 안 된다'는 압박을 느끼게 되었다. 그것은 아주 강하게 그리고 너무 빠르게

다가왔다. 그런 것을 느끼게 되자 질병이 재발되었고, 그는 위안과 안전을 얻기 위해 애초의 고독한 상태, 원시적인 흥분 상태(몸을 앞뒤로 흔드는 버릇)로 되돌아가려 했다.

세 번째로 호세를 만났을 때는 그를 진료실로 불러내지 않고 내 쪽에서 아무런 예고 없이 면회실로 찾아갔다. 그는 어수선하기 짝이 없는 면회실에 앉아서 몸을 앞뒤로 흔들고 있었다. 눈이 감겨 있었고 우울한 표정이었다. 원래의 질병으로 돌아가려는 듯한 조짐이 보였다. 나는 두려운 마음이 들었다. '순조로운 회복'을 예상하면서 혼자 기분 좋게 공상했기 때문이다. 퇴행하여 원래의 모습으로 돌아가고 만 호세를 보고(이후에도 때때로 보게 되었지만) 처음으로 깨달았다. 그가 그렇게 단순하게 깨어나지는 않으리라는 사실을. 호세의 앞길에는 가슴 설레는 일만 기다리고 있지 않았다. 그 길은 가슴 조이도록 두려운 일들로 가득 차 있었다.

내가 그에게 말을 건네자 그는 의자에서 벌떡 일어나더니 마치 굶주린 것처럼 나의 뒤를 따라 화실로 들어왔다. 나는 이번에도 지난번과 같이 끝이 뾰족한 펜을 주머니에서 꺼냈다. 그는 병동에서 주는 크레용을 싫어하는 것 같았기 때문이다.

"일전에 그린 물고기 말이야."

그가 어느 정도 말을 이해할 수 있을지 몰라서 나는 공중에다 손을 놀려 물고기를 그려 보이면서 말했다.

"그 물고기 기억나니? 다시 그릴 수 있을까?"

그는 열심히 끄덕거리더니 내 손에서 펜을 잡아들었다. 벌써 3주나 지났다. 그는 무얼 그릴까?

그는 잠시 눈을 감았다. 이미지를 불러내려는 것이겠지? 그리고 그리기 시작했다. 틀림없이 붉은 반점이 있는 무지개송어였다. 뚜렷

한 몸의 윤곽에다가 꼬리 끝이 둘로 나뉘어 있었다. 그러나 이번에 그린 물고기는 아주 인간적이었다. 기묘한 콧구멍이 붙어 있었고(도대체 물고기에 콧구멍 따위가 있겠는가), 마치 인간처럼 두터운 입술이 있었다. 난 그림을 다 그렸다고 생각하고 다시 받으려 했다. 그러나 잠깐, 그는 아직 그림을 끝마치지 않았다. 도대체 무얼 생각하고 있을까? 물고기는 다 그렸다. 그러나 그림 전체는 아직 완성되지 않았다. 예전에 그린 그림에서 물고기는 단 한 마리만 있는 고립된 존재였다. 이번에 그린 물고기는 어떤 하나의 세계, 즉 하나의 장면을 구성하는 부분에 해당했다. 그는 재빨리 조그마한 친구 물고기를 그려 넣었다. 물속으로 들어와 뛰어놀고 있는 모습이었다. 그러더니 이번에는 수면에 크게 파도가 일렁이는 듯한 모습을 그렸다. 파도를 그리면서 그는 흥분을 일으켜 기묘하면서도 아주 이상한 괴성을 질러댔다.

　　나는 이 그림이 상징적인 것이라고(너무 너그러운 생각인지도 모르겠지만) 생각하지 않을 수 없었다. 조그마한 물고기와 커다란 물고기, 호세와 나를 그린 것인가? 그러나 매우 중요하면서도 감동적이었던 것은, 그 그림에는 내 지시가 아니라 호세 자신의 내면에서 생겨난 충동이 나타나 있다는 사실이었다. 새로운 요소, 살아 있는 상호작용을 집어넣고자 하는 충동이었다. 지금까지 그의 그림에는(그의 인생에도) 항상 상호작용이 결여되어 있었다. 그러나 상징적인 형태를 취하기는 했지만 오늘에야 간신히 놀이 속에서 상호작용을 되찾은 것이다. 이러한 해석이 잘못된 것일까? 그렇다면 저 분노로 가득 찬 거친 파도는 무엇이었을까?

안전한 장소로 되돌아오는 것이 상책이라고 나는 느꼈다. 제멋대로 하는 연상은 이제 그만두도록 하자. 나는 장래를 향한 가능성을 발견했지만, 그 위험도 알아차렸다. 안전한 장소, 에덴의 동산, 타락하기 전의 모체였던 자연으로 빨리 돌아가자. 탁자 위의 크리스마스 카드가 눈에 띄었다. 거기에는 나뭇가지에 앉아 있는 붉은 가슴새가 그려져 있었다. 주위는 흰 눈으로 뒤덮이고, 앙상한 가지의 겨울나무가 서 있었다. 나는 붉은 가슴새를 가리키면서 호세에게 펜을 건네주었다. 그는 새를 멋지게 그렸다. 가슴을 그릴 때는 붉은 펜을 썼다. 발은 낚시 발들을 하고서 나뭇가지를 꽉 부여잡고 있었다(이번만이 아니라 나중에도 알게 되었지만 호세는 접촉을 확실하게 하고 싶어서인지 늘 손이나 발의 쥐는 힘을 강조했다). 그리고 도대체 어찌 된 영문인지 모르겠지만, 호세의 그림에서는 나무 줄기 곁의 마른 가지가 확대되어 아름다운 꽃이 붙어 있었다. 확실하게는 모르겠지만 이 밖에도 상징적으로 말할 수 있을 만한 것이 여러 가지 있었다. 그러나 가장 중요하고 두드러진 점은 호세가 계절을 겨울에서 봄으로 바꾸었다는 사실이다.

드디어 호세는 말을 하기 시작했다. 그것을 '말한다'고 해도 괜찮을지는 모르겠다. 그는 실제로 기묘하게 데데거리는 소리, 거의 알아들을 수 없는 소리밖에 내지 못했기 때문이다. 그러나 우리들 모두 그리고 호세 자신도 놀랐다. 능력이 없기 때문인지, 하고자 하는 의욕이 없기 때문인지, 아니면 그 두 가지가 겹쳐서인지 몰라도 호세는 전혀 말하지 않았고 우리는 그걸 고칠 수 없으리라고 생각했기 때문이다(말하지 않는다는 것은 사실일 뿐 아니라 정신적인 자세를 보여주는 것이기도 하다). 그러나 이 점에 대해서도 어디까지가 기질적인 원인에 의한 것이고, 동기의 문제가 어느 정도 관련되어 있는지를 살펴본다는 것은 불가능했다. 그의 관자엽의 부조를 완전하게 제거하기란 불가능했지만, 우리는 이를 감소시켜 나갔다. 그러나 뇌파는 결코 정상으로 되돌아오지 않았다. 뇌파는 관자엽에 아직 가벼운 굴곡이 있음을 나타내고 있었다. 가끔 날카로운 파가 서서히 나타나기도 했다. 그러나 입원 초기에 비해서는 훨씬 좋아져 있었다. 설령 경련을 완전히 없앨 수 있었다고 해도 관자엽의 손상을 원래대로 돌려놓지는 못했을 것이다.

우리가 그의 신체적인 발화능력發話能力을 향상시킨 것은 분명했다. 그렇지만 그는 발화하는 능력과 상대의 이야기를 이해하고 인식하는 능력에 결함이 있으며, 따라서 앞으로도 이런 과제와 끊임없이 싸워나가야만 할 것이다. 그러나 중요한 점은 그가 남의 말을 이해하려 하고 자신도 이야기하려고 노력하기 시작했다는 사실이다(우리들 전원이 그 과정을 응원했고 언어요법 치료사에 의한 지도도 진행했다). 예전의 호세는 말할 수 없는 상태를 희망도 없이 자학적으로 받아들일 따름이었다. 그러므로 말이나 그 밖의 수단에 의한 타인과의 모든 의사소통을 외면했다. 말할 수 없다는 것과 말하기를 거부해온 그의 행위가 이중으로 그의 질병을 악화시켰다. 이제는 발화능력도 회복하였고, 스스로 이야기하려고도 했다. 이러한 노력이 다행히 이중의 힘이 되어 회복을 도와주었다. 그러나 어떤 수단을 사용해도 호세는 결코 보통 사람 수준의 이야기가 가능

자폐증을 가진 예술가

하지는 못할 것이다. 이러한 사실은 아무리 낙천적인 사람의 눈으로 보더라도 분명했다. 호세 자신도 말을 참된 자기표현의 수단이라기보다는 간단한 요구를 표현하는 정도로밖에 인식하지 않았다는 느낌이 든다. 그리하여 말을 잘하려는 노력은 계속하면서도 자기표현의 수단으로서 그림을 그리는 쪽에 더 공을 들였다.

마지막으로 에피소드 하나를 이야기하자. 호세는 소란스러운 입원병동에서 좀더 평온하고 조용한 특별병동으로 옮겨졌다. 그곳은 병원 내 어느 곳보다도 가족적이고, 감옥 같다는 느낌도 주지 않았다. 직원 수가 많고 직원들의 자질도 우수했다. 이곳은 애정과 헌신적인 배려를 필요로 하는 자폐증 환자들에게 베텔하임이 말하는 '마음의 집'이 되도록 설계되어 있었다. 그렇게 할 수 있는 병원은 거의 없었다. 내가 이곳을 방문했을 때의 일인데, 그는 나를 발견하자마자 건강하게 손을 흔들었다. 정말 환하게 밝아져가는 모습이었다. 예전에는 상상조차 할 수 없던 일이었다. 그는 자물쇠가 잠긴 문을 가리켰다. 밖으로 나가고 싶다는 의사표시였다.

그는 앞장서서 계단을 내려서더니 밖으로 나갔다. 그곳엔 따사로운 햇살이 넘치고 풀이나 꽃이 무성하게 자라고 있었다. 내가 아는 한 그는 8세 때 발병하여 집에 틀어박힌 후 스스로 밖으로 나간 적이 한 번도 없었다. 이날은 펜을 꺼내 그려보도록 권할 필요가 없었다. 이미 자신의 펜을 가지고 있었기 때문이다. 우리들은 정원 산책길을 나섰다. 호세는 때때로 하늘을 올려다보거나 나무를 보기도 했지만 대개는 발밑에 펼쳐진 연자주와 노란빛의 융단 같은 클로버나 민들레를 바라보았다. 그는 재빨리 풀꽃의 모습이나 색을 분간했고, 드물게 보이는 흰빛의 클로버와 네잎 클로버를 찾아냈다. 찾아낸 꽃은 일곱 종류나 되었다. 그리고 그 꽃 하나하나에 대해 마치 친구를 대하는 듯이 인사를 했다. 그 중

에서도 커다란 노란색 민들레, 태양을 향해 꽃
잎을 활짝 펴고 있는 민들레를 마음에 들어 했
다. '내 꽃은 이것이다.' 그는 그렇게 느끼는 듯
했다. 그리고 그 기분을 나타내기 위해 그림을
그리려 했다. 그린다는 것, 그림을 통해 생각을
나타내고자 하는 욕구는 직접적이고 강렬했
다. 그는 무릎을 꿇고 화판을 지면에 깐 뒤, 민
들레를 한 손으로 꼭 쥐고서는 그림을 그렸다.

　　건강했던 어린 시절 아버지의 손을 잡
고 스케치를 하러 다니던 이후, 호세가 살아
있는 것을 그린 것은 이때가 처음이었다. 그것
은 멋진 그림이었다. 묘사가 정확했고 생생했
다. 그 그림에는 그의 현실에 대한 애정, 또다른 형태의 생명에 대한 애
정이 나타나 있었다. 그가 그린 그림은 중세의 식물학이나 약초학 책
에 실려 있는 유명한 사생화에 결코 뒤지지 않았다. 호세는 식물학에
대한 본격적인 지식이 없었다. 설령 식물학을 배웠다 하더라도 이해하
지 못했을 것이다. 그러나 그가 그린 꽃은 묘사가 세밀했고 식물학적
으로도 정확했다. 그의 마음은 관념적·추상적인 것을 이해하기에는
벅찼다. 추상적인 것을 통해서는 진실을 발견할 수 없었던 것이다. 그
러나 구체적이고 개별적인 것에 열중하고 그것을 표현하는 능력은 뛰
어났다. 그는 구체적인 것들을 사랑하고 직관적으로 이해하며 재창조
했다. 그에게는 구체적인 것이야말로 진실과 현실로 통하는 길이었다.

　　자폐증 환자는 추상적이고 범주적인 것에 흥미를 느끼지 못한
다. 구체적인 것, 개별적인 것 하나하나가 소중할 뿐이다. 그것은 능력
의 문제일지도 모르고 기질의 문제일지도 모르지만, 어떻든 자폐증 환

자에게는 그런 현상이 두드러진다. 자폐증 환자들은 사물을 일반화하는 능력이 결여되어 있거나 혹은 일반화에 그다지 관심이 없다. 그들의 세계는 구체적이고 개별적인 사물들로만 구성되어 있다. 그들은 하나의 우주에 사는 것이 아니라 윌리엄 제임스가 말한 '다중 우주' 즉 수를 헤아릴 수 없을 정도로 많고, 정확하고, 엄청나게 열정적인 개체들로 이루어진 우주에 살고 있다. 그것은 '일반화' 혹은 과학적인 사고방식과는 완전히 정반대에 있는 마음의 상태이다. 존재 형태가 다르기는 하지만, 이것 또한 하나의 리얼한 현실적 태도이다. 보르헤스가 〈기억의 왕 푸네스〉에서 묘사한 것이 바로 그러한 마음이다(이 점에서는 루리야의 기억항진 환자도 동일하다).

> 푸네스가 보편적이고 플라톤적인 관념을 지니는 것은 거의 불가능했다. 이것을 잊어서는 안 되었다. (…) 그의 세계에는 단지 구체적이고 직접적인 것, 개별적인 세부사항이 있을 뿐이었다. (…) 이 가엾은 이레네오에게 밤낮을 가리지 않고 줄기차게 밀어닥친 현실의 열과 압력을 그 이상으로 느낀 사람은 아직 아무도 없을 것이다.

보르헤스의 이레네오가 현실의 압력을 느꼈듯이 호세도 그것을 느꼈다. 그러나 이것은 반드시 불행한 상황만은 아니었다. 개별적이고 구체적인 것에서 깊은 만족을 느낄 수 있었기 때문이다. 특히 호세의 경우처럼 구체적인 개체들이 멋진 상징적인 의미를 지니는 경우에는 더더욱 그렇다.

자폐증 환자이자 지능도 뒤떨어진 그가 구체적인 것 그리고 '형태'에 대해서 뛰어난 재능을 발휘했다. 그는 독자적인 스타일의 자연주의자, 자연파 화가였다. 그는 세계를 '형태'로 파악했다. 다시 말해서 사물을 보는 순간 강렬한 느낌을 받아 그것을 그대로 표현했다. 그는 사물을 사실적으로 생생하게 그릴 수 있는 힘과 함께 우화적인 표현력도 지니고 있었다. 꽃과 물고기를 매우 정확하게 그릴 수 있었지만 동시에 그것을 의인화, 상징화할 수 있었다. 나아가 그것을 꿈으로 뒤바꾸거나 익살스럽게 표현하기도 했다. 그런데도 세상사람들은 보통 자폐증 환자들이 상상이나 풍자 혹은 예술과 관계가 없는 존재라고 생각한다.

　　세상 사람들은 호세와 같은 사람이 존재할 리 없다고 생각한다. 나디아 같은 자폐증 예술가도 존재할 수 없다고 생각한다. 그들은 정말 그렇게 희귀한 존재일까? 아니면 우리가 단지 무심하게 지나쳤을 뿐일까? 나이젤 데니스는 나디아에 대한 논문에서 "이 세상에서 얼마나 많은 나디아와 같은 인물이 무관심 속에서 스쳐 지나갔을까" 하고 말했다.◆ 그들의 멋진 작품이 꾸깃꾸깃하게 구겨져서 휴지통에 버려졌을지도 모른다. 그리고 호세처럼 뛰어난 재능을 지닌 사람이 고립된 존재로 살면서 무관심 속에서 서러움을 당하며 살았을지도 모른다. 그러나 자폐증을 가진 예술가(예술가까지는 못 되더라도 뛰어난 상상력의 소유자)는 결코 드문 존재가 아니다. 나는 특별히 의식하고 찾지 않았는데도, 그와 같은 예를 과거 12년 동안 12명이나 발견했다.

　　자폐증 환자는 원래 좀처럼 외부 세계의 영향을 받지 않는다. 그렇기 때문에 고립적으로 살아갈 '운명'에 놓인다. 그러나 바로 이 점 때문에 그들에게는 독창성이 있다. 우리가 만일 그들의 내면풍경을 들여다볼 수 있다면 그들의 독창성은 내부에서 생긴 것, 그들이 원래 지

◆ 〈뉴욕 리뷰 오브 북스〉, 1978년 5월 4일 자.

니고 있는 것임을 알 수 있다. 그들을 알면 알수록, 그들은 다른 사람과는 달리 완전히 내부로 향하는 존재, 독창성이 있는 불가사의한 존재라는 생각이 강하게 든다.

일찍이 자폐증은 유아의 정신분열증으로 간주되어왔다. 그러나 증후학적으로 볼 때 완전히 정반대이다. 정신분열증 환자는 항상 외부 세계에서 오는 영향을 호소한다. 소극적이고 타인의 영향을 받기 쉬우며 자기 자신의 존재를 지속적으로 유지하지 못한다. 반면에 자폐증 환자에게 불만을 토로하게 한다면(그러한 일은 있을 수 없지만) 그들은 다른 사람의 영향을 전혀 받을 수 없으며 따라서 완전히 고립된 존재라고 호소할 것이다.

"그 누구라도 섬처럼 고립적으로 존재할 수는 없다"라고 존 던은 말했다. 그러나 자폐증 환자들은 바로 그러한 존재이다. 본토에서 떨어져 나와 고립된 섬과 같은 존재이다. '정통적인' 자폐증이라면, 그 증상이 3세가 되기 전에 반드시 나타난다. 따라서 이 경우에는 '본토'의 기억이 전혀 없다. 반면에 호세처럼 나중에 뇌장애로 인해 야기된 '2차적인' 자폐증의 경우에는 기억이 어느 정도 남는다. 그 옛날에 관계를 맺었던 본토에 대한 향수가 남아 있을 수도 있다. 그래서 호세는 다른 자폐증 환자보다 영향을 받기 쉬웠고, 적어도 그의 그림에는 자신과 외부 세계와의 상호교류가 나타나 있다.

본토에서 떨어져 나와 '섬'과 같은 존재가 되는 것은 필연적으로 '죽음'을 의미할까? 그것은 '하나의' 죽음일지도 모르지만, 완전한 죽음일 수는 없다. 왜냐하면 타인들이나 사회 및 문화와의 '수평적인' 연관성은 잃더라도 생생하고 강력한 '수직적인' 관계는 존재할 수 있기 때문이다. 다시 말해서 다른 사람과의 접촉이나 영향이 없더라도, 현실이나 자연과 직접적인 관계를 맺을 수는 있다. 호세는 바로 그것을 갖고 있었다. 그의 지각은 놀랍도록 날카로웠고, 그의 그림은 직접적이고도 명석했다. 에둘러 가거나 애매한 구석은 어디에도 없었다. 그의 그림에 있는 것은 외부 세계의 영향을 받지 않는 바위 같은 힘이었다.

이런 식으로 생각을 풀어가다 보면, 마지막 문제에 부딪힌다. 섬과 같은 존재인 인간, 기존 문화에 동화될 수 없는 인간, 본토의 일부가 될 수 없는 인간이 이 세상에서 발붙일 곳이 있을까? 과연 '본토'가 그들을 특수한 존재로 받아들여줄까? 현실 사회나 문화는 천재에 대해서도 이와 비슷한 반응을 보인다(물론 자폐증 환자가 모두 천재라고 말할 생각은 없지만, 그들이 특이하다는 점에서는 천재와 공통된다). 좀더 구체적으로 말해, 호세에게는 어떠한 미래가 기다리고 있을까? 본래의 자기 자신을 그대로 유지하고, 나아가 그것을 살려나갈 수 있는 무대가 이 사회에 있을까?

호세는 식물을 대단히 좋아하고 식물에 대해 빼어난 안목을 지니고 있다. 그러니 식물이나 약초의 연구용 삽화를 그리는 일을 맡을 수는 없을까? 동물학과 해부학 책의 삽화를 그리는 화가가 될 수는 없을까? (다음 쪽에 이어지는 그림은, 내가 유모상피有毛上皮라고 불리는 층상조직의 그림을 보여주자 그가 그것을 보고 그린 것이다.) 혹은 과학탐험대와 동행해서 진기한 표본의 그림을 그릴 수는 없을까? (그는 그림을 잘 그리듯이 모형도 훌륭하게 만들 수 있다.) 눈앞의 사물에 대해 그가 보이는 그 순수한 집중력이 그런 일에 이상적이지 않을까?

조금 비약하면—반드시 터무니없는 소리라고도 할 수 없지만—다음과 같은 것도 생각할 수 있을 것이다. 개성적이고 특이한 재능을 살려서 성경의 삽화를 그리는 것이다. 그는 읽지는 못하지만 문자를 순수하게 아름다운 형태로 파악할 수 있기 때문에, 기도서나 미사 전례서의 찬란한 수식문자를 쓸 수 있을 것이다. 그는 교회의 제단

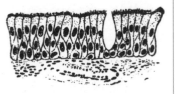

새끼고양이의 호흡기관에 있는
유모상피(225배 확대한 상태)

뒤에 있는 벽을 모자이크와 채색한 나무로 아름답게 장식할 수도 있다. 또한 묘비에 멋진 묘비명을 새길 수도 있다. 현재 그는 병원에서 알리는 갖가지 '통지문'을 인쇄하는 일을 맡고 있다. 그는 꽃무늬와 장식문자를 이용해서 그러한 통지문들을 마치 현대판 마그나카르타처럼 만들고 있다. 그는 위에서 말한 모든 일들을 할 수 있다. 그것도 정말 근사하게 해낼 수 있을 것이다. 이러한 일들은 세상 사람들에게 도움이 될 뿐 아니라 그 자신에게 즐거운 일이기도 하다. 그는 능력을 갖고 있다. 그러나 이해심이 아주 깊은 사람이 그를 고용해서 정성스럽게 지도하지 않으면, 그는 아무것도 할 수 없다. 그러한 기회가 주어지지 않는다면 그는 다른 많은 자폐증 환자와 마찬가지로 주립병원의 구석진 병동에서 무의미한 나날을 보낼 것이다.

뒷이야기

이 글을 발표한 뒤에 나는 또다시 많은 엽서와 편지를 받았다. 그 가운데 가장 흥미로운 것은 C. C. 파크 박사의 편지였다. 나디아가 피카소처럼 특별한 사람일 수도 있겠지만, 자폐증 환자 가운데는 상당히 뛰어난 예술적 재능을 지닌 사람이 적지 않다(데니스도 이 점에 대해서는 어렴풋하게나마 느끼고 있었다). 굿이노프의 '인물묘사지능 테스트'와 같은 예술능력 테스트는 거의 무의미하다. 나디아, 호세 그리고 파크가의 엘라의 경우가 그렇지만, 깜짝 놀랄 그림은 완전히 자발적인 잠재 능력의 발로임에 틀림없다.

파크 박사의 〈나디아론〉(1978년)은 대단한 역작이며 삽화도 많이 수록되어 있다. 그런데 이 논문에서 박사는 전 세계의 문헌뿐 아니라 자신의 아이들에 대한 경험을 토대로 자폐증 환자가 그린 그림의 주요한 특징이라고 말할 수 있는 몇 가지를 소개했다. 그 특징 중에는 좋지 않은 점도 있지만 반대로 뛰어난 점도 있다. 부정적인 특징은 파생적이라는 점과 정형화되고 있다는 점이다. 반면에 긍정적인 특징은 나중에라도 기억을 떠올려 그릴 수 있다는 점 그리고 대상을 생각해서 그리는 게 아니라 본 그대로 그릴 수 있는 특이한 능력이다. 그렇기 때문에 그들의 그림에서는 놀라울 정도의 천진난만함과 순진함이 엿보인다. 또한 파크 박사는 자폐증이 있는 어린이는 타인이 어떤 반응을 보이더라도 그것에 대해서 비교적 무관심한 태도를 보인다고도 했다. 그렇다면 자폐증이 있는 어린이는 아무리 훈련을 받아도 소용없지 않을까 하고 생각하기 쉽지만 사실은 그렇지 않다. 누가 가르쳐주거나 주의를 주는 것에 대해 그들이 언제나 무반응으로 일관하는 것만은 아니다. 개중에는 전혀 반응을 보이지 않는 어린이도 있지만 그것은 대단히 특별한 유형에 속한다.

파크 박사는 자신의 딸(지금은 성인이 되어 뛰어난 예술가로 활동하고 있다)에 대한 경험 외에도 모리시마와 모츠기라는 일본 의사들의 치료 경험을 예로 들어 말했다. 그들의 치료 경험은 훌륭하기는 하지만 충분히 널리 인정받고 있다고는 말할 수 없다. 그들은 지도를 받은 일도 없는(지도가 도저히 불가능하다고 여겨진) 자폐증 어린이의 재능을 전문적이고 숙련된 장인적인 기술로 발전시키는 데 성공했다. 모리시마는 특수한 지도 테크닉을 즐겨 사용했다. 고도의 체계적인 기술 트레이닝이며, 일본의 전통문화에서 볼 수 있는 도제제도와 같은 것이다. 그는 그림 그리기를 하나의 커뮤니케이션 수단으로 장려했다. 그러나 그러한 형식적인 훈련도 중요하기는 하지만 그것만으로는 불충분하다. 친밀하고 마음이 서로 잘 통하는 관계가 필요한 것이다. 파크 박사는 다음과 같은 말로 논문을 마무리 지었다. 그것은 이 책의 제4부 '단순함의 세계'의 맺음말로도 잘 어울린다.

성공의 비밀은 좀더 특별한 곳에 있다. 모츠기는 이 지능 낮은 예술가를 집으로 데려와서 함께 살기로 했다. 상대를 위해서 몸을 내던지는 헌신, 비밀은 바로 거기에 있었다. 모츠기는 이렇게 말했다.
"야나무라의 재능을 키우기 위해서 내가 한 일은, 그의 영혼을 내 영혼으로 여기는 일이었다. 교사는 아름답고 순수한 뒤처진 이들을 사랑하고, 그들의 정제된 세계와 더불어 살아야 한다."

과학자의 눈으로 바라본 영혼의 경이로움

이 책은 올리버 색스의 대표작 《아내를 모자로 착각한 남자》를 번역한 것이다. 이 책은 1985년에 덕워스사에서 출판하자마자 대단한 호평을 받아 베스트셀러가 되었다. 의학계뿐 아니라 일반 독서계에 준 영향은 대단했는데, 이는 당시의 연구지, 신문, 잡지에 실린 수많은 서평을 읽어보면 미루어 짐작할 수 있다.

색스는 1933년에 런던에서 태어나 세인트폴고등학교에서 공부한 후 옥스퍼드 대학교에서 학위를 땄다. 전공은 그의 부모와 같은 의학이었다. 그는 1960년에 미국 샌프란시스코로 건너가 UCLA에서 레지던트 생활을 하다가 뉴욕으로 갔다. 이후 알베르트아인슈타인 의과대학에서 교수직을 얻어 브롱크스 주립병원에서 일하기 시작했다. 그는 1970년에 첫 저서를 출간했는데, 그 책이 바로 《편두통》이다. 그는 1966년부터 환자가 약 80명 정도인 베스에이브러햄 자선병원에서 근무하게 되어, 이때부터 지능장애, 뇌염후유증 환자 등 어려운 치료에 심혈을 기울였다. 1969년 봄, 환자들에게 기적과도 같은 변화가 일어났다.

극적인 사건이었다. 그때의 기록을 정리한 것이 바로 《깨어남》(1973년)이며, 이 책을 통해 그의 이름은 일약 세상에 널리 알려졌다. 시인 W. H. 로덴은 이 책을 걸작이라고 극찬했고, 해롤드 핀터는 이 책에서 소재를 얻어 희곡 〈일종의 알래스카〉를 썼다고 한다. 이어서 나온 색스의 저서는 《나는 침대에서 내 다리를 주웠다》(1984년)이다. 색스는 옛날에 노르웨이 산중의 절벽에서 추락하여 한쪽 다리의 감각이 없어질 정도로 큰 부상을 입은 일이 있었다. 이 책은 그때의 자신을 대상으로 한 상세한 병례 보고라고 말할 수 있다. 그 뒤에 나온 책이 바로 《아내를 모자로 착각한 남자》이다. 이 책은 《깨어남》을 능가하는 걸작으로, 색스는 이 책을 통해 금세기의 손꼽히는 논픽션 작가로 불리게 된다.

이쯤에서 색스에 대한 개략적인 소개를 마치고 《아내를 모자로 착각한 남자》에 대해 몇 가지 살펴보기로 하자. 이 책이 쓰인 경위와 의도에 대해서는 본문에도 — 특히 들어가는 글 부분에 — 잘 나타나 있지만 옮긴이로서도 이 글의 몇몇 중요한 점을 지적하고 싶다.

분명히 이 책에 실린 글들은 저자가 말한 대로 '기적'에 가까운 이야기들을 모은 것이다. 뇌신경에 무언가 이상이 일어나면 기묘하고 이상한 증상이 나타나고, 그로 인해 일반인의 상상을 뛰어넘는 동작과 상태가 나타난다. 이 책에 실린 24편의 이야기는 모두 그러한 예라고 말해도 좋다. 그러나 우리가 그러한 사례들을 그저 호기심 어린 눈으로 본다거나 흥미 본위로 읽는다면 그것은 큰 잘못이며, 저자의 의도나 진심을 올바르게 이해하지 못하는 결과가 될 것이다. 병마의 도전을 받아 정상적인 기능을 상실하고 일상생활을 단념해야 하는 환자들은 그 나름대로 병마와 싸우며 인간으로서의 정체성을 찾으려고 노력한다. 비록 이길 수 없는 싸움이고 뇌의 기능은 정상으로 되돌아올 수 없지만, 그렇다고 해서 그들이 인간이라는 사실까지 부정되는 것은 아니다. 이것이야말로 색스가 거듭 주장하려는 것이며, 여기에 문제의 핵심이 있다고 말할 수 있다. '영혼'은 과학적인 용어가 아니기 때문에 그는 이 단어를 사용하는 데 약간 주저하면서 되도록 많이 사용하지 않으려고 애쓴다. 그러나 이 단어로밖에 표현할 수 없는 현상이 있음을 그는 믿고 있다. 우리는 24편의 이야기 가운데 어느 것을 읽어도 그의 환자에 대한 애정이 가슴 찡하게 전해지는 것을 느낄 수 있는데, 이것도 '영혼'이라는 개념을 굳게 신뢰하는 그의 신념과 깊은 관계가 있다고 말할 수 있다. 만일 그가 병 자체에 대해서만 관심을 기울였다면 이렇게 진한 감동을 주지는 못했을 것이다. 그는 병보다는 인간에게 관심을 기울이는 인간적인 의사이기 때문에 이 책과 같은 걸작도 집필할 수 있었던 것이다.

조석현

휴링스 잭슨, 쿠르트 골드슈타인, 헨리 헤드, A. R. 루리야. 이들 네 사람이야말로 신경학의 아버지라고고 할 만하다. 이들은 우리 현대인들이 겪고 있는 상황과 별다른 차이가 없는 문제점이나 환자를 대상으로 자신들의 모든 삶을 내던져 정력적으로 연구를 행하였다. 그들은 나의 사고와 이 책에 서술된 내용에 지대한 영향을 미쳤다. 우리들은 간단히 이해할 수 없는 복잡한 인물조차도 아주 단순화시킨 어떤 유형으로 분류하는 잘못을 저지르기 쉽다. 또 그들의 사고 속에 자리 잡은 다양한 모순을 인정하려 들지 않는다. 나 역시 그런 예에서 크게 벗어나지 않으며, 따라서 이따금씩 '고전적인 잭슨파 신경학'이라는 표현을 써왔다. 그러나 사실 '몽환 상태'라든가 '회상'에 대해서 언급할 때의 잭슨은 모든 사고를 명제론으로 바라본 잭슨과는 전혀 다르다. 전자는 시인이며 후자는 논리학자이기 때문이다. 잭슨 자신이 시인이자 논리학자였던 것이다. 도식화를 특히 좋아했던 헤드는 '필링 톤'을 날카롭게 서술한 헤드와는 전혀 다르다. 골드슈타인은 '추상적인 것'을 추상적으로 썼지만, 개개의 구체적인 사례에 나타나는 구체성은 충분히 평가한 사람이다. 마지막으로 루리야는 이중성을 처음부터 자각했던 인물이다. 그는 두 종류의 책을 써야 한다고 스스로 느꼈다. 하나는 이른바 연구서답게 형식이나 구조면에서 잘 정돈된 저작물이고, 또 하나는 소설에 가까운 전기풍의 이야기책이다. 그는 전자를 '고전적 과학', 후자를 '낭만적 과학'이라고 이름 붙였다.

휴링스 잭슨Hughlings Jackson

잭슨 이전에도 개별적인 증례연구에 대한 뛰어난 저작(예를 들면 1817년에 파킨슨이 쓴 "Essay on the Shaking Palsy")이 있었지만, 신경기능을 전반적으로 다루며 체계적인 견해를 세운 사람은 없었다. 잭슨은 신경학을 최초로 과학으로 확립한 인물이라고 할 수 있다. 잭슨 신경학의 전모를 알려주는 책으로는 J. 테일러(J. Taylor)의 *Selected Writings of John Hughlings Jackson*(London: 1931; repr. New York: 1958)이 있다. 시사하는 내용이 많고 명쾌한 설명이 제시되어 있긴 하지만, 이 책은 난해하기 때문에 통독하기가 쉽지 않다. 이보다 짧게 정리해놓은 것으로는 퍼든 마틴이 죽기 직전에 거의 편집을 마쳐놓은 한 권의 책이 있다. 이 책에는 잭슨의 대화내용이나 회상기가 포함되어 있으며, 그의 탄생 150주년에 맞추어 출판될 예정이다.

헨리 헤드 Henry Head

헤드는 〈환각〉에 나오는 위어 미첼처럼 뛰어난 문장력을 타고난 인물이다. 그래서 그가 쓴 대부분의 저작은 알기 쉽고 재미있게 읽을 수 있도록 꾸며져 있다.

Studies in Neurology. 2 vols. Oxford: 1920.

Aphasia and Kindred Disorders of Speech. 2 vols. Cambridge: 1926.

쿠르트 골드슈타인 Kurt Goldstein

골드슈타인의 대표작은 *Der Aufbau des Organismus*(The Hague: 1934)이며 미국에서는 *The Organism: A Holistic Approach to Biology Derived from Pathological Data in Man*(New York: 1939)이라는 제목으로 출판되었다. 그 외에 일독할 만한 저작으로는 골드슈타인과 M. 쉬어러M. Sheerer가 함께 쓴 "Abstract & concrete behaviour" (*Psychol. Monogr.*: 1941)가 있다. 골드슈타인의 흥미로운 증례들은 수많은 책과 학술지에 흩어져 있다. 하루빨리 한곳으로 모여 나오길 바란다.

A. R. 루리야 A. R. Luria

루리야의 저작은 현대 신경학에서 매우 귀중한 재산이라고 할 수 있다. 그가 쓴 책들은 대부분 영어로 옮겨져 있다. 그 가운데 구하기 쉬운 것들은 다음과 같다.

The Man with a Shattered World. New York: 1972.

The Mind of Mnemonist. New York: 1968.

Speech & the Development of Mental Processes in the Child. London: 1959. (정신적 장애, 발화, 놀이, 쌍둥이에 관해 연구한 책.)

Human Brain and Psychological Process. New York: 1966. (이마엽 증후군의 증례에 관해 연구한 책.)

The Neuropsychology of Memory. New York: 1976.

Higher Cortical Functions in Man. 2nd ed. New York: 1980. (이 책은 루리야의 저작 중 가장 본격적이며 방대한 대표작이다.)

The Working Brain. Harmondsworth: 1973. (위의 대표작을 간결하게 정리한 책으로, 신경심리학의 가장 적절한 입문서이다.)

1부 상실

아내를 모자로 착각한 남자

Macrae. D. and Trolle, E. "The defect of function in visual agnosia." *Brain* (1956) 77 : pp. 94~110.

Kertesz, A. "Visual agnosia: the dual deficit of perception and recognition." *Cortex* (1979) 15 : pp. 403~419.

Marr. D. 〈회상〉 참조.

길 잃은 뱃사람

코르사코프의 경우 1887년의 논문뿐만 아니라 그후의 저작물도 영어로 옮겨져 있지 않다. 그가 지은 모든 작품의 목록은 루리야의《기억의 신경심리학》에 실려 있다. 일부 초역한 것과 논평 따위도 실려 있다. 한편 루리야의 이 책에는 〈길 잃은 뱃사람〉과 닮은 기억상실의 증례가 많이 기록되어 있다.

이 책에서는 안톤, 푀츨, 프로이트의 세 사람에 대해 다루었지만, 그중에서 프로이트의 논문만이 영어로 옮겨져 있다. 매우 중요한 논문이다.

Anton, G. "Über die Selbstwarnehmung der Herderkrankungen des Gehirns durch den Kranken." *Arch. Psychiat.* (1899) 32.

Freud, S. Zur Auffassung der Aphasia. Leipzig: 1891. Authorized English tr., by E. Stengel, as *On Aphasia: A Critical Study*. New York: 1953.

Pötzl, O. Die Aphasielehre vom Standpunkt der klinischen Psychiatrie: *Die Op-*

tische-agnostischen Störungen. Leipzig: 1928. 푀츨이 여기에 서술한 증후군 가운데 에는 단순히 시각적인 것뿐만 아니라 신체의 일부 또는 절반이 환자 본인에게 전혀 지각 되지 않는 사례도 있다. 따라서 이 연구는 〈몸이 없는 크리스티너〉 〈침대에서 떨어진 남 자〉 〈우향우!〉와도 관계가 있다.

몸이 없는 크리스티너

Sherrington, C. S. *The Integrative Action of the Nervous System. Cambridge*: 1906. esp. pp. 335~343.

_____*Man on his Nature. Cambridge*: 1940. ch. 11. esp. pp. 328~329. 이 책은 본문에 나오는 환자의 증상과 특히 관계가 깊은 문제를 다루고 있다.

Sterman A. B. et al. "The acute sensory neuronopathy syndrome." *Annals of Neurology*(1979) 7: pp. 354~358.

Purdon Martin, J. *The Basal Ganglia and Posture*. London: 1967. 이 책은 중요한 책 으로서 〈수평으로〉의 문제와 한층 관계가 깊다.

Weir Mitchell, S. 〈환각〉 참조.

침대에서 떨어진 남자

Pöczl, O. 앞의 책.

매들린의 손

Leont'ev, A. N. and Zaporozhets, A. V. *Rehabilitation of Hand Function*. Eng. tr. Oxford: 1960.

환각

Sterman. A. B. et al. 앞의 책.

Weir Mitchell, S. *Inguries of Nerves*. 1872; Dover repr. 1965. 이 책은 미국의 남북 전쟁 뒤에 미첼이 접한 환각 팔다리 증세와 반사마비 등에 관한 여러 가지 예를 기록해 놓았다. 그는 신경학자이면서 동시에 소설가이기도 했다. 상상력이 풍부했던 그의 논 문은(조지 디드로의 경우에도 그렇지만) 과학잡지에 발표된 것이 아니라 1860년대와 1870년대의 〈애틀랜틱 먼슬리〉지에 발표되었으며 그런 관계로 당시에는 많은 독자들을 확보했을지 모르지만 오늘날에는 찾아보기 쉽지 않다.

수평으로

Purdon Martin, J. 앞의 책. esp. ch. 3, pp. 36~51.

우향우!

Battersby, W. S. et al. "Unilateral 'spatial agnosia' (inattention) in patients with cerebral lesions." *Brain* (1956) 79: pp. 68~93.

대통령의 연설

'상태tone'에 관한 프레게의 사고를 알기 위해서는 다음의 저작이 최적이다.

Dummett, M. Frege: Philosophy of Language. London: 1973. esp. pp. 83~89.

스피치와 언어, 특히 '필링 톤'에 관한 헤드의 사고는 실어증을 논한 그의 저서(앞의 책)에 가장 잘 드러나 있다. 스피치에 관한 잭슨의 연구는 몇 개의 논문에 분산되어 발표되었지만, 그가 죽은 뒤 주요한 논문은 다음과 같이 정리되어 나왔다.

"Hughlings Jackson on aphasia and kindred affections of speech, together with a complete bibliography of his publications of speech and a reprint of some of the more important papers." Brain (1915) 38: pp. 1~190.

청각적 실인증은 아직도 복잡하고 개척이 덜 된 영역이지만, 이 문제에 관해서는 Hecaen, H. and Albert, M. L. Human Neuropsychology. New York: 1978. pp. 265~276을 참조.

2부 과잉

익살꾼 틱 레이

1885년에 질 드 라 투렛Gilles de la Tourette은 2부로 구성된 논문을 발표했다. 이 논문은 그의 이름을 따서 오늘날 투렛이라 불리는 증후군에 대해 훌륭하게 서술하고 있다(그는 신경학자일 뿐만 아니라 극작가이기도 했다).

"Etude sur an affection nerveuse caracterisée par l'incoordination motrice accompagnée d'echolalie et de coprolalie." *Arch. neurol.* 9: pp. 19~42, pp. 158~200(이 논문의 첫 영역본인 Goetz, C.G. and Klawans, H.L., *Gilles de la Tourette on Tourette Syndrome*, New York: 1982에는 흥미로운 편집자 주들이 달려 있다).

메쥬Meige와 피델Fiedel이 지은 대작 *Les Tics et leur traitement* (1902년)은 1907년에 키니에 윌슨Kinnier Wilson이 영어로 옮겼다. 이 책의 앞머리에는 한 환자의 개인적 회상기(Les confidences d'un ticqueur)가 실려 있는데, 이는 어디에서도 유례를 찾기 어려운 독특한 글이라 할 만하다.

큐피드병

투렛 증후군의 경우와 마찬가지로, 연대는 오래되었지만 임상적 연구에 극히 뛰어난 저작물이 있다. 프로이트와 동시대를 산 크래펠린Kraepelin은 신경매독에 대해 분량이 짧긴 하지만 뛰어난 글을 많이 남겼다. 흥미 있는 독자들에게는 E. Kraepelin의 *Lectures on Clinical Psychiatry* (Eng. tr. London: 1904)를 권하고 싶다. 이 책의 제10장과 제12장은 과대망상과 전신마비에서의 정신착란delirium을 다루고 있다.

정체성의 문제

루리야(1976년)를 참조.

예, 신부님, 예, 간호사님

루리야(1966년)를 참조.

투렛 증후군에 사로잡힌 여자

〈익살꾼 틱 레이〉 참조.

3부 이행

회상

Alajouanine, T. "Dostoievski's epilepsy." *Brain*(1963) 86: pp. 209~221.

Critchley, M. and Henson, R. A. eds,. *Music and the Brain: Studies in the Neurology of Music*. London: 1977. esp. chs. 19 and 20.

Penfield, W. and Perot, P. "The brain's record of visual and auditory experience: a final summary and discussion." *Brain*(1963) 86: pp. 595~696. 이 책은 100쪽에 달하는 장편의 논문으로서 30년간에 걸친 심도 있는 관찰과 실험, 사색의 결정이다. 신경학 분야의 가장 독창적이고 중요한 연구이며, 1967년에 《편두통》을 쓰는 동안 이 책의 내용은 내 머릿속에서 한시도 떠나지 않았다. 〈회상〉을 쓸 때도 마찬가지였다. 웬만한 소설보다 훨씬 재미있고 기발하며 매우 풍부한 소재를 다루고 있다.

Salaman, E. A *Collection of Moments*. London: 1970.

Williams, D. "The structure of emotions reflected in epileptic experiences." *Brain*(1956) 79: pp. 29~67.

잭슨은 '정신적 발작'에 주목하여 발작이 일어나는 모습을 마치 소설처럼 생생하게 서술하고, 뇌의 어떤 위치에서 일어나는지를 밝혀낸 최초의 인물이었다. 이 문제에 대해 여러 편의 논문을 썼지만 그 가운데 〈회상〉과 관계가 깊은 논문은 그의 *Selected Writings*(1931년)의 vol 1p. 251ff., p. 274ff에 있다. 다음 논문은 vol. 1 가운데에는 없지만 크게 참고가 될 것 같아 적어놓는다.

Jackson, J. H. "On right-or left-sided spasm at the onset of epileptic paroxysms, and on crude sensation warnings, and elaborate mental states." *Brain*(1880) 3: pp. 192~206.

_____"On a particular variety of epilepsy('Intellectual Aura')." *Brain*(1888) 11 : pp. 179~207.

퍼든 마틴은 헨리 제임스에 대해 흥미 있는 사실을 기록해놓았다. 제임스가 잭슨을 만났을 때 두 사람 사이에 〈회상〉에 나오는 것과 같은 발작이 화제가 되었다. 뒤에 제임스가 소설 *The Turn of the Screw*을 쓰면서 기괴한 유령을 묘사할 때, 그가 잭슨과의 대화에서 얻은 지식을 기본으로 삼았다고 한다.

Martin, P. "Neurology in fiction: The Turn of the Screw." *British Medical J.* (1973) 4: pp. 717~721.

Marr, D. *Vision: A Computational Investigation of Visual Representatino in Man.* San Francisco: 1982. 매우 독창성 있는 중요한 연구이다. 그가 죽은 후에 출판(마는 젊었을 적부터 백혈병을 앓았다)되었다. 펜필드는 뇌에서의 표현의 최종적인 형태(도상성) 즉 소리, 얼굴, 음색, 장면 등을 밝히려 한 데 비해, 마는 뇌에서의 표현의 원초적인 형태(직관을 통해 이거다라고 할 수도 없고, 일반적인 의미의 경험이라고도 할 수 없는 것)를 제시하려고 했다. 마에 대해서는 〈아내를 모자로 착각한 남자〉에서 다뤄야 했는지도 모르겠다. 음악가 P의 사례는 마가 말한 결손과 유사했기 때문이다. P에게는 얼굴인식불능증도 있었지만, 마가 말하는 '원초적 스케치'를 형성할 수도 없었으리라고 여겨진다. 신경학에서 심상이나 기억을 생각할 때, 마의 고찰을 무시할 수 없다.

억누를 길 없는 향수

Jelliffe, S. E. Psychopathology of Forced Movements and Oculogyric Crises of Lethargic Encephalitis. London: 1932. esp. p. 114ff. discussing Zutt's paper of 1930. 《깨어남Awakenings》(London: 1973; 3rd. ed. 1983)의 Rose R에 관한 부분도 참조.

인도로 가는 길

이 장의 내용과 같은 문제를 다룬 글이 달리 있는지는 모르겠다. 그러나 나는 아주 비슷한 예를 한 번 더 경험한 적이 있다. 그 환자 또한 신경아교종으로 인해 머릿속의 압력이 커지고 발작이 잦아져, 스테로이드를 투여해야만 했다. 죽음이 가까워지면서 그녀 역시 그리운 고향을 떠올렸다. 다만 그녀의 경우에는 고향이 미국 중서부였다.

내 안의 개

Bear, D. "Temporal-lobe epilepsy: a syndrome of sensory-limbic hyper-connection." *Cortex* (1979) 15: pp. 357~384.

Brill, A. A. "The sense of smell in neuroses and psychoses." *Psychoanalytical Quarterly* (1932) 1: pp. 7~42. 약간 긴 이 논문은 제목의 내용보다는 오히려 그 지반을 이루는 문제에 많은 지면을 할애하고 있다. 특히 여러 동물, 미개인, 아이들의 후각은 대단히 발달되어 있고 중요한 요소라는 사실을 상세하게 적어놓았다. 후각은 인간의 경우 성인이 되면 약해진다고 한다.

살인

이와 유사한 이야기는 들은 바가 없다. 그러나 내가 경험한 사실을 토대로 말하자면, 극히 드문 사례이긴 하지만 이마엽 손상, 이마엽 종양, 이마엽내발작 또는 이마엽 절제술의 경우 강박관념에 사로잡히는 경우가 있다. 이마엽 절제술은 이러한 '회상'이 일어나지 않도록 실시하는 치료이지만, 때로는 증상을 악화시키는 경우도 있다. 펜필드와 페로트의 앞의 책 참조.

힐데가르트의 환영

Singer, C. "The visions of Hildegard of Bingen." in *From Magic to Science*(Dover repr. 1958)

《편두통-Migraine》(1970; 3rd. ed. 1985). 특히 제3장 '편두통 아우라와 고전적 편두통' 참조. 도스토옙스키의 간질에 대해서는 Alajouanine의 앞의 논문 참조.

4부 단순함의 세계

Bruner, J. "Narrative and paradigmatic modes of thought." presented at the Annual Meeting of the American Psychological Association, Toronto, Augutst 1984. (for transcripts, apply to Professor Jerome Bruner, Institute for Humanities New York University, NY 10003)

Scholem, G. *On the Kabbalah and its Symbolism*. New York: 1965.

Yates, F. *The Art of Memory*. London: 1966.

시인 리베카

Bruner, J. 같은 책. Peters. L. R. "The role of dreams in the life of a mentally retarded individual." *Ethos*(1983): pp. 49~65.

살아 있는 사전

Hill, L. "Idiots savants: a categorisation of abilities." *Mental Retardation*. December 1974.

Viscott, D. "A musical idiot savant: a psychodynamic study and some speculation on the creative process." *Psychiatry*(1970) 33(4) : pp. 494~515.

쌍둥이 형제

Hamblin, D. J. "They are 'idots savants'-wizards of the calendar." *Life 60*(18 March 1966): pp. 106-108.

Horwitz. W. A. et al. "Identical twin 'idiots savants'-calendar calculators." *American J. Psychiat*.(1965) 121: pp. 1075~1079.

Luria, A. R. and Yudovich, F. Ia. *Speech and the Development of Mental Processes in the Child*. Eng. tr. London: 1959.

Myers, F. W. H. Human Personality and its Survival of Bodily Death. London: 1903(ch.3 "Genius" esp. pp. 70~87 참조). 마이어스는 천재이고 이 책 역시 걸작이다.

이 점은 이 책의 제1권을 보면 분명하게 알 수 있다. 이 부분은 때때로 윌리엄 제임스William James의 《심리학 원론Principles of Psychology》에 비견된다. 제2권 'Phantasms of the Dead' 등은 나를 몹시도 당혹스럽게 만들었다.

Nagel, E. and Newmann, J. R. *Gödel's Proof*. New York: 1958.

Park, C. C. and D. 〈자폐증을 가진 예술가〉 참조.

Silverberg, R. *Thorns*. New York: 1967.

Smith, S. B. *The Great Mental Calculators: The Psychology, Methods, and Lives of Calculating Prodigies, Past and Present*. New York: 1983.

Stewart, I. *Concepts of Modern Mathematics*. Harmondsworth: 1975.

Wollheim. R. *The Thread of Life*. Cambridge, Mass: 1984. 특히 도상성과 중심성을 논한 제3장을 참조할 것. 내가 이 부분을 읽은 것은 마침 마틴과 쌍둥이 형제, 호세에 관한 글을 쓰고 있을 때였다. 따라서 이 책은 〈살아 있는 사전〉〈쌍둥이 형제〉〈자폐증을 가진 예술가〉와 모두 관계가 있다.

자폐증을 가진 예술가

Buck, L. A. et al. "Artistic talent in 'autistic' adolescents and young adults." *Empirical Studies of the Arts*(1985) 3(1): pp. 81~104.

_____ "Art as a means of interpersonal communication in autistic young adults." *JPC*(1985) 3: pp. 73~84.위의 두 논문은 모두 Talented Handicapped Artist's Workshop(뉴욕, 1981년에 설립)의 힘으로 간행되었다.

Morishima, A. "Another Van Gogh of Japan: the superior art work of a retarded boy." *Exceptional Children*(1974) 41: pp. 92~96.

Motsugi, K. "Shyochan's drawing of insects." *Japanese Journal of Mentally Retarded Children*(1968) 119: pp. 44~47.

Park, C. C. The Siege: The first Eight Years of an Autistic Child. New York: 1967(paperback: Boston and Harmondsworth: 1972).Park, D. and Youderian, P. "Light and number: ordering principles in the world of an autistic child." *Journal of Autism and Childhood Schizophrenia*(1974) 4(4): pp. 313~323.

Rapin, I. *Children with Brain Dysfunction: Neurology, Cognition, Language and Behaviour*. New York: 1982.

Selfe, L. Nadia: *A Case of Extraordinary Drawing Ability in an Autistic Child*. London: 1977. 특수재능을 지닌 소녀에 관한 연구를 기술한 이 책은 출판과 동시에 주목을 받아 많은 비평과 서평의 대상이 됐다. 그중 특히 중요한 두 가지 글만 소개하기로 한다. Nigel Dennis, *New York Review of Books*, 4 May, 1978과 C. C. Park, *Journal of Autism and Childhood Schizophrenia*(1978) 8: pp. 457~472이다. 후자는 자폐증 화가의 뒤를 돌봐준 일본인의 놀랄 만한 노력의 자취를 기록한 것이다. 나는 이 글에서 따온 인용문을 이 책의 맺음말로 삼았다.

아내를 모자로 착각한 남자

개정1판 1쇄 펴냄 2016년 8월 17일
개정1판 133쇄 펴냄 2024년 10월 25일

지은이 올리버 색스
옮긴이 조석현
펴낸이 안지미
CD Nyhavn
그린이 이정호

펴낸곳 (주)알마
출판등록 2006년 6월 22일 제2013-000266호
주소 04056 서울시 마포구 신촌로4길 5-13, 3층
전화 02.324.3800 판매 02.324.3232 편집
전송 02.324.1144

전자우편 alma@almabook.by-works.com
페이스북 /almabooks
트위터 @alma_books
인스타그램 @alma_books

ISBN 979-11-5992-025-7 03400

알마출판사는 다양한 장르간 협업을 통해 실험적이고 아름다운 책을 펴냅니다.
삶과 세계의 통로, 책book으로 구석구석nook을 잇겠습니다.